高等职业教育应用型人才培养教材

数字电子技术
项目教程

徐献灵　李　靖　主　编

张文梅　杨　娜　吴楚珊　副主编

刘沛强　熊汉杰　参　编

電子工業出版社

Publishing House of Electronics Industry

北京·BEIJING

内容简介

本书根据高等职业技术教育的特点和要求编写，采用“项目导向、任务驱动”的模式，设计了6个相对独立的教学项目：三人表决器电路、数码显示电路、抢答器电路、简易数字钟电路、双音门铃电路、数字电压表电路等，涵盖了数字电子技术的主要内容。每个项目由若干个任务组成，配有相关内容的技能训练及一定量的练习题。全书以基本理论与实际应用相结合，注重基本技能和综合应用能力的培养，重点突出、概念清楚、实用性强。

本书可作为高等职业技术学院、本科院校举办的二级职业技术学院和民办高校的电子、通信、电气、自动化、计算机、机电等专业的数字电子技术课程的教材，也可供从事电子技术工作的工程技术人员参考。

图书在版编目（CIP）数据

数字电子技术项目教程／徐献灵，李靖主编．—北京：电子工业出版社，2016.12

ISBN 978-7-121-30326-5

Ⅰ．①数…　Ⅱ．①徐…　②李…　Ⅲ．①数字电路-电子技术-高等学校-教材　Ⅳ．①TN79

中国版本图书馆 CIP 数据核字（2016）第 271236 号

策划编辑：王昭松
责任编辑：靳　平
印　　刷：北京虎彩文化传播有限公司
装　　订：北京虎彩文化传播有限公司
出版发行：电子工业出版社
　　　　　北京市海淀区万寿路173信箱　邮编 100036
开　　本：787×1 092　1/16　印张：14.25　字数：364.8 千字
版　　次：2016 年 12 月第 1 版
印　　次：2024 年 8 月第 11 次印刷
定　　价：45.00 元

凡所购买电子工业出版社图书有缺损问题，请向购买书店调换。若书店售缺，请与本社发行部联系，联系及邮购电话：(010)88254888，88258888。

质量投诉请发邮件至 zlts@phei.com.cn，盗版侵权举报请发邮件至 dbqq@phei.com.cn。

本书咨询联系方式：wangzs@phei.com.cn。

前　言

本书根据高职高专教育特点和要求，结合编者多年的教学和工程实践经验编写而成。全书以“基本理论与实际应用相结合、突出学生基本技能的培养”作为指导思想，采用“项目导向、任务驱动”的教学模式，在内容安排上，以应用为目的，注重实用性、先进性，尽量删繁就简，遵循由浅入深、循序渐进的认知规律，将基本知识的学习融合在实际实训项目中，重点放在元器件的外部特性和使用上，使教材重点突出、概念清楚、实用性强，注重基本技能和综合应用能力的培养。在体系上贯穿应用实例，重点阐明元器件、电路、系统的工作原理，强调分析与应用、实践技能的提高。

全书设计了6个相对独立的教学项目：三人表决器电路、数码显示电路、抢答器电路、简易数字钟电路、双音门铃电路、数字电压表电路等，涵盖了数字电子技术的主要内容。每个项目由若干个任务组成，配有相关内容的技能训练及一定量的练习题。在项目的学习中体现了真实、完整的实际工作任务，充分体现了基于工作过程的教、学、做一体化的全新教学理念。

本书由广东农工商职业技术学院教师和中国移动通信集团广东有限公司、华为技术有限公司工程师合作编写。杨娜编写项目1，张文梅、徐献灵编写项目2，徐献灵、熊汉杰编写项目3和项目4，吴楚珊编写项目5，李靖、刘沛强编写项目6。本书由徐献灵、李靖任主编，张文梅、杨娜、吴楚珊任副主编，徐献灵负责全书的统稿、审阅、定稿。

由于编者水平有限，书中一定仍有错漏之处，恳请读者批评指正。

编　者

目　录

项目 1

三人表决器电路的设计

项目介绍

三人表决器电路由集成逻辑门电路组成。门电路是组成各种复杂逻辑电路的基础。最基本的逻辑门电路有与门、或门和非门。在数字集成电路中，常用的门电路有与非门、或非门、与或非门、异或门、三态门等。

本项目介绍数字电路的特点、分类及应用，数字电路涉及的数制与编码的概念，以及基本逻辑运算、逻辑关系、逻辑函数的表示方法、相互转换及化简等逻辑代数知识，重点讲解分立元件门电路、TTL 集成门电路、CMOS 集成门电路及其使用等内容，最后通过三人表决器电路的设计来训练集成门电路的应用。

学习目标

（1）了解数字电路的特点及应用。

（2）了解数制与编码相关知识。

（3）掌握逻辑代数基础知识及应用。

（4）了解半导体器件的开关特性，认识二极管、三极管构成的基本逻辑门电路。

（5）掌握 TTL 集成门电路的逻辑功能及使用方法。

（6）掌握 CMOS 集成门电路的逻辑功能及使用方法。

（7）熟悉三人表决器电路的设计，掌握集成门电路的应用。

任务1.1 认识数字电路

1.1.1 数字信号和数字电路

在电子技术应用中，电信号按其变化规律可以分为模拟信号和数字信号两大类。模拟信号是在时间上和幅值上连续的物理量，具有无穷多的数值，从自然界感知的大部分物理量都是模拟性质的，如速度、压力、温度、声音、重量及位置等都是最常见的物理量。例如，电话线中的语音信号就是随时间做连续变化的模拟信号，它的电压信号在正常情况下是连续变化的，不会出现跳变，如图1.1.1（a）所示，用于传递、加工和处理模拟信号的电子电路称为模拟电路。

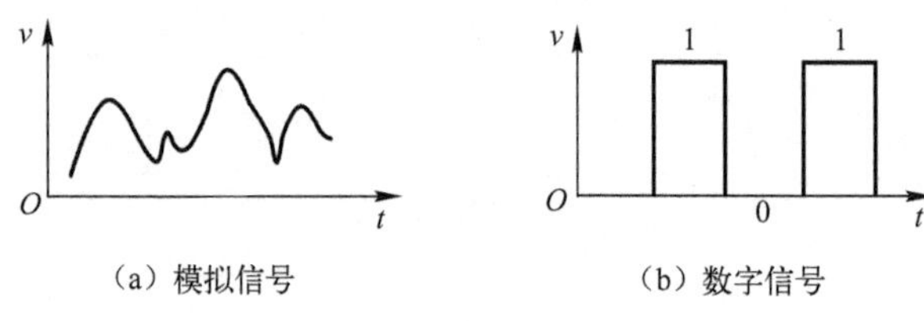

（a）模拟信号　　（b）数字信号

图1.1.1　模拟信号和数字信号

在数字电子技术中，被传递、加工和处理的信号是数字信号，这类信号的特点是在时间和幅值上都是断续变化的离散信号，如计算机等数字设备中运行的信号，如图1.1.1（b）所示，其离散值分别用1和0来表示。这里的1和0不仅可以表示数量的大小，还可以表示一个事物相反的两种状态，如电平的高与低、脉冲的有与无、开关的闭合与断开、灯的亮与灭、真与假等。矩形波、方波信号就是典型的数字信号。用于传递、加工和处理数字信号的电子电路称为数字电路。它主要是研究输出与输入信号之间的对应逻辑关系，其分析的主要工具为逻辑代数，因此数字电路又称为数字逻辑电路。

1.1.2 数字电路的分类

1. 按电路的逻辑功能分类

根据电路的逻辑功能不同，可分为组合逻辑电路和时序逻辑电路。组合逻辑电路没有记忆功能，其输出信号只与当时的输入信号有关，而与电路以前的状态无关；时序逻辑电路具有记忆功能，其输出信号不仅与当时的输入信号有关，而且与电路以前的状态有关。

2. 按构成电路的半导体器件分类

根据构成电路的半导体器件类型的不同，可分为双极型（TTL型）和单极型（CMOS型）电路。TTL（Transistor－Transistor－Logic）电路是晶体管—晶体管逻辑电路的英文缩写，是数字集成电路的一大门类。它采用双极型工艺制造，具有产品参数稳定、工作可靠、开关速度高和品种多等特点，因此被广泛应用；CMOS（Complementary Metal Oxide Semiconductor）互补金属氧化物半导体，是电压控制的一种放大器件，是组成 CMOS 数字集成电路的基本单元。单极型电路的优点是功耗低、抗干扰能力强。

3. 按电路结构分类

数字电路可分为分立电路和集成电路 IC（Integrated Circuit）两种类型。分立电路是指将电阻、电容、晶体管等分立器件用导线在电路板上逐个连接起来的电路，从外观上可以看到一个一个的电子元器件；而集成电路则是将上述元器件和导线通过半导体制造工艺做在一块硅片上而成为一个不可分割的整体电路（集成芯片），通常把一个封装内含有等效元器件个数（或逻辑门的个数）定义为集成度。

分立电路因体积大、可靠性不高而逐渐被数字集成电路所取代。

4. 按集成电路的集成度分类

根据集成的密度不同，数字电路可分为小规模集成电路（SSI）、中规模集成电路（MSI）、大规模集成电路（LSI）和超大规模集成电路（VLSI）。数字集成电路的分类如表1.1.1所示。

表1.1.1　数字集成电路分类

集成电路分类	集　成　度	电路规模与范围
小规模集成电路 SSI	1～10 门/片，或 10～100 个元器件/片	逻辑单元电路 包括：逻辑门电路、集成触发器等
中规模集成电路 MSI	10～100 门/片，或 100～1000 个元器件/片	逻辑部件 包括：计数器、译码器、编码器、数据选择器、寄存器、算术运算器、比较器、转换电路等
大规模集成电路 LSI	100～1000 门/片，或 1000～100 000 个元器件/片	数字逻辑系统 包括：中央控制器、存储器、各种接口电路等
超大规模集成电路 VLSI	大于 1000 门/片，或 大于 10 万个元器件/片	高集成度的数字逻辑系统 例如，各种型号的单片机，即在一片硅片上集成一个完整的微型计算机电路

1.1.3　数字电路的特点

与模拟电路相比，数字电路具有以下特点。

（1）集成度高。数字电路的基本单元电路结构简单，电路参数可以有较大的离散性，便于将数目庞大的基本单元电路集成在一块硅片上，集成度高。

（2）工作可靠性好、抗干扰能力强。数字信号是用 1 和 0 来表示信号的有和无，数字电路辨别信号的有和无是很容易做到的，从而大大提高了电路工作的可靠性，同时，数字信号不易受到噪声干扰，因此它的抗干扰能力很强。

（3）存储方便、保存期长、保密性好。数字存储器件和设备种类较多（如磁盘、光盘等），存储容量大，性能稳定；同时数字信号的加密处理方便可靠，不易丢失和被窃。

（4）数字电路产品系列多，品种齐全，通用性和兼容性好，使用方便。

1.1.4 数字电路的应用

数字电路在数字通信、电子计算机、自动控制、电子测量仪器等各个方面均得到广泛的应用。

(1) 数字通信。用数字电路构成的数字通信系统与传统的模拟通信系统相比较，不仅抗干扰能力强，保密性能好，适于多路远程传输，而且还能应用于计算机进行信息处理和控制，实现以计算机为中心的自动交换通信网。

(2) 电子计算机。以数字电路构成的数字计算机，处理信息能力强，运算速度快，工作温度可靠，便于参与过程控制。

(3) 自动控制。以数字电路构成的自动控制系统，具有快速、灵敏、精确等特点，如数控机床、电厂参数的远距离测控、卫星测控等。

(4) 电子测量仪器。用数字电路构成的测量仪器与模拟测量仪器相比较，不仅测量准确度高、测试功能强，而且便于进行数据处理，实现测量自动化和智能化。

以上仅概括说明了数字电路的一些应用。实际上，数字电路的应用非常广泛，数字电子技术的应用领域不断扩大，并产生越来越深刻的影响，因此数字电子技术是现代电子工程技术人员必须掌握的一门基础知识。

任务 1.2 认识数制与编码

1.2.1 数制

数制是计数的方法，是人们对数量计数的一种统计规律，日常生活中，最常见的数制是十进制，而在数字系统中进行数字的运算和处理时，广泛采用的则是二进制的数字信号，但二进制数有时表示起来不太方便，位数太多，所以也经常采用八进制和十六进制。

进制：数码从低位向高位的进位规则称为进制。

数码：数制中表示基本数值大小的不同数字符号。

基数：数制所使用数码的个数。

位权：在某一进制数中，每一位的大小都对应着该位上的数码乘上一个固定的数，这个固定的数就是这一位的权数。

1. 十进制

十进制是以 10 为基数的计数体制，在十进制中，每一位有 0、1、2、3、4、5、6、7、8、9 十个数码，任何一个十进制数都可以用上述十个数码按一定规律排列起来表示，其计数规律是逢十进一，即 $9+1=10=1\times10^1+0\times10^0$。在十进制数中，数码所处的位置不同时，其所代表的数值是不同的，如：

$$(1352.87)_{10}=1\times10^3+3\times10^2+5\times10^1+2\times10^0+8\times10^{-1}+7\times10^{-2}$$

其中，10^3、10^2、10^1、10^0 为整数部分千位、百位、十位、个位的权，而$10^{-1}=0.1$ 和 $10^{-2}=0.01$ 为小数部分十分位和百分位的权，他们都是基数 10 的幂，这样，各位数码所表示的数值等于该位数码乘以该位的权，数码与权的乘积称为加权系数，如上述的 1×10^3、3×10^2、5×10^1、2×10^0、8×10^{-1}、7×10^{-2}，因此十进制数的数值为各位加权系数之和。

2. 二进制

一个电路用十种不同状态表示十个不同的数码是比较复杂的，因此数字电路和计算机中经常采用二进制。因为二进制只有两个数码 0 和 1，因此它的每一位都可以用任何具有两个不同稳定状态的元器件来表示，如灯泡的亮与灭、晶体管的导通与截止、开关的接通与断开、继电器触点的闭合与断开等。只要规定其中一种状态为 1，则另一种状态就为 0，这样就可以用来表示二进制数了。可见二进制的数字装置简单可靠，所用元器件少，而且二进制的基本运算规则简单，运算操作简便，这些特点使得数字电路中广泛采用二进制。

二进制是以 2 为基数的计数体制，它的进位规律是逢二进一，即 $0+1=1$、$1+0=1$、$1+1=10$（读"一零"）、$10+1=11$、$11+1=100$、……。各位的权为 2 的幂，如二进制数 $(101.01)_2$ 可表示为

$$(101.01)_2=1\times2^2+0\times2^1+1\times2^0+0\times2^{-1}+1\times2^{-2}=(5.25)_{10}$$

其中，整数部分的权为 2^2、2^1、2^0，小数部分的权为 2^{-1}、2^{-2}，因此二进制数的各位加权系数的和就是其对应的十进制数。

3. 八进制

八进制是以 8 为基数的计数体制，在八进制中，每一位有 0、1、2、3、4、5、6、7 八个数码，运算规律是逢八进一，即 $7+1=10$，各位的权为 8 的幂，如八进制数 $(207.04)_8$ 可表示为

$$(207.04)_2=2\times8^2+0\times8^1+7\times8^0+0\times8^{-1}+4\times8^{-2}=(135.0625)_{10}$$

其中，整数部分的权为 8^2、8^1、8^0，小数部分的权为 8^{-1}、8^{-2}，因此八进制数的各位加权系数的和就是其对应的十进制数。

4. 十六进制

十六进制是以 16 为基数的计数体制，在八进制中，每一位有 0、1、2、3、4、5、6、7、8、9、A(10)、B(11)、C(12)、D(13)、E(14)、F(15) 十六个数码，运算规律是逢十六进一，即 $F+1=10$，各位的权为 16 的幂，如十六进制数 $(D8.A)_{16}$ 可表示为

$$(D8.A)_{16}=13\times16^1+8\times16^0+10\times16^{-1}=(216.625)_{10}$$

其中，整数部分的权为16^1、16^0，小数部分的权为16^{-1}，因此十六进制数的各位加权系数的和为其对应的十进制数。

表 1.2.1 中列出了二进制、八进制、十进制、十六进制不同数制的对照关系。

表 1.2.1 几种数制间的对应关系

十进制	二进制	八进制	十六进制	十进制	二进制	八进制	十六进制
0	0000	0	0	8	1000	10	8
1	0001	1	1	9	1001	11	9
2	0010	2	2	10	1010	12	A
3	0011	3	3	11	1011	13	B
4	0100	4	4	12	1100	14	C
5	0101	5	5	13	1101	15	D
6	0110	6	6	14	1110	16	E
7	0111	7	7	15	1111	17	F

1.2.2 不同数制间的转换

1. 二进制、八进制、十六进制转换为十进制

将二进制、八进制、十六进制数按权展开再求和，即可得到相应的十进制数。

【例 1.2.1】 分别将 $(1010.1)_2$、$(265.3)_8$、$(4B3.7)_{16}$转换为十进制数。

解：

$$
\begin{aligned}
(1010.1)_2 &= 1\times2^3+0\times2^2+1\times2^1+0\times2^0+1\times2^{-1}\\
&=8+0+2+0+0.5\\
&=10.5\\
(265.3)_8 &= 2\times8^2+6\times8^1+5\times8^0+3\times8^{-1}\\
&=128+48+5+0.375\\
&=181.375\\
(4B3.7)_{16} &= 4\times16^2+11\times16^1+3\times16^0+7\times16^{-1}\\
&=1024+176+3+0.4375\\
&=1203.4375
\end{aligned}
$$

2. 十进制转换为二进制、八进制、十六进制

整数部分采用“除基取余法”，将得到的余数由低至高排列，小数部分采用“乘基取整法”，得到的整数由高至低排列。

【例 1.2.2】 将十进制数 $(107.625)_{10}$转换成二进制数、八进制数、十六进制数。

解：(1) 整数部分转换。将十进制数的整数部分转换为二进制数采用“除 2 取余法”，它是将整数部分逐次被 2 除，依次记下余数，直到商为 0，第一个余数为二进制数的最低位，最后一个余数为最高位。将十进制数的整数部分转换为八进制数、十六进制数的方法与转换为二进制数的方法类似。

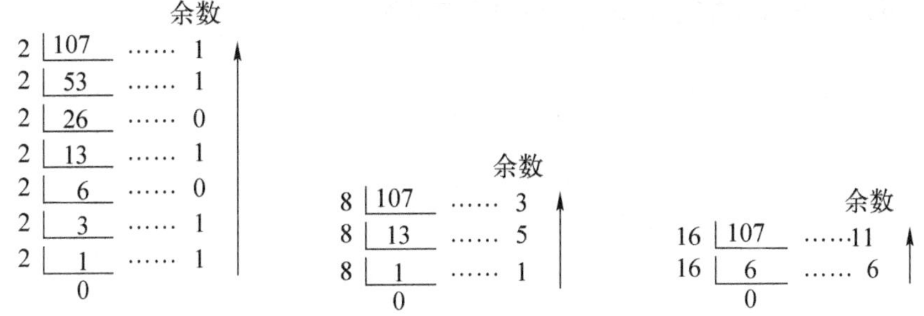

所以：

$$(107)_{10} = (1101011)_2 = (153)_8 = (6B)_{16}$$

（2）小数部分转换。将十进制数的小数部分转换为二进制数采用“乘2取整法”，它是将小数部分连续乘以2，取乘数的整数部分作为二进制数的小数。十进制数的小数部分转换为八进制数、十六进制数的方法与转换为二进制数的方法类似。

```
  0.625
×     2        整数
―――――――
  1.250   …… 1
  0.250
×     2
―――――――
  0.500   …… 0
  0.500
×     2
―――――――
  1.000   …… 1
```

```
  0.625                    0.625
×     8      整数       ×    16        整数
―――――――                 ――――――――
  5.000   …… 5            10.000    …… 10
```

所以：

$$(0.625)_{10} = (101)_2 = (5)_8 = (A)_{16}$$

由此可得十进制数（$107.625)_{10}$对应的二进制数、八进制数、十六进制数：

$$(107.625)_{10} = (1101011.101)_2 = (153.5)_8 = (6B.A)_{16}$$

3. 二进制与八进制之间的转换

1）二进制数转换为八进制数

由于3位二进制数可以表示1位八进制数，所以将二进制数转换为八进制数的方法是：以小数点为界，将二进制数的整数部分从低位开始，小数部分从高位开始，每3位为一组，首尾不足3位的补零，最后将每一组3位的二进制数所对应的八进制数按原来的顺序写出即可。

【例1.2.3】 将二进制数（$10111011.11)_2$转换成八进制数。

解：

```
010  111  011  .  110
 ↓    ↓    ↓       ↓
 2    7    3   .   6
```

所以：

$$(10111011.11)_2 = (273.6)_8$$

2）八进制数转换为二进制数

将每位八进制数用3位二进制数来代替，再按原来的顺序写出来便得到相应的二进制数。

【例 1.2.4】将八进制数 $(375.4)_8$ 转换成二进制数。

解：

3 7 5 . 4

↓ ↓ ↓ ↓

011 111 101 . 100

所以：

$$(375.4)_8 = (11111101.1)_2$$

4. 二进制与十六进制之间的转换

1）二进制数转换为十六进制数

由于 4 位二进制数可以表示一位十六进制数，所以将二进制数转换为十六进制数的方法是：以小数点为界，将二进制数的整数部分从低位开始，小数部分从高位开始，每 4 位为一组，首尾不足 4 位的补零，最后将每一组 4 位的二进制数所对应的十六进制数按原来的顺序写出即可。

【例 1.2.5】将二进制数 $(10011111011.111011)_2$ 转换成十六进制数。

解：

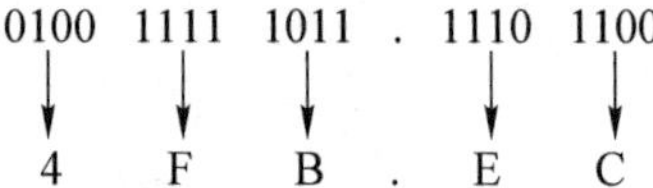

所以：

$$(10011111011.111011)_2 = (4FB.EC)_{16}$$

2）十六进制数转换为二进制数

将每位十六进制数用 4 位二进制数来代替，再按原来的顺序写出来便得到相应的二进制数。

【例 1.2.6】将十六进制数 $(3E5.9D)_{16}$ 转换成二进制数。

解：

3 E 5 . 9 D

↓ ↓ ↓ ↓ ↓

0011 1110 0101 . 1001 1101

所以：

$$(3E5.9D)_{16} = (1111100101.10011101)_2$$

1.2.3 编码

数字系统中常用 0 和 1 组成的二进制数码表示数值的大小，这类信息为数值信息，同时也采用一定位数的二进制数码来表示各种文字、符号信息，这个特定的二进制码称为代码。建立这种代码与文字、符号或特定对象之间的一一对应的关系称为编码。编码的规则称为码制，它是将若干个二进制码 0 和 1 按照一定的规则排列起来表示某种特定的含义。

数字电路中用得最多的是二—十进制码，所谓二—十进制码，是指用 4 位二进制数来表示 1 位十进制数的编码方式，简称 BCD 码。4 位二进制代码有十六种不同的组合，从中取出十种组合来表示 0 ～ 9 十个数可有多种方案，所以 BCD 码也有多种方案，常见的为有权

BCD码和无权BCD码，有权BCD码是指每位都有固定权值的BCD码，如8421BCD码、2421BCD码、5421BCD码等，无权BCD码是指每位的权值不固定的BCD码，如余3码、格雷码等。几种常见的BCD码如表1.2.2所示。

表1.2.2　几种常见的BCD码

十进制数	有权码			无权码	
	8421码	5421码	2421码	余3码	格雷码
0	0000	0000	0000	0011	0000
1	0001	0001	0001	0100	0001
2	0010	0010	0010	0101	0011
3	0011	0011	0011	0110	0010
4	0100	0100	0100	0111	0110
5	0101	1000	1011	1000	0111
6	0110	1001	1100	1001	0101
7	0111	1010	1101	1010	0100
8	1000	1011	1110	1011	1100
9	1001	1100	1111	1100	1000

1. 8421BCD码

8421BCD码是一种应用十分广泛的代码，这种代码每位的权值是固定不变的，为恒权码。它取了自然二进制数的前十种组合表示1位十进制数0～9，即0000(0)～1001(9)，从高位到低位的权值分别为8、4、2、1，其余六种组合1010～1111是无效的。8421BCD码每组二进制代码各位加权系数的和便为它所代表的十进制数。例如，8421BCD码0110按权展开式为

$$0\times8+1\times4+1\times2+0\times1=6$$

所以8421BCD码0110表示十进制数6。

2. 5421BCD码和2421BCD码

5421BCD码和2421BCD码也属于恒权码，从高位到低位的权值分别为5、4、2、1和2、4、2、1，用4位二进制表示1位十进制数，每组代码各位加权系数的和为其表示的十进制数，如5421BCD码、2421BCD码的1100按权展开式分别为

$$1\times5+1\times4+0\times2+0\times1=9$$

$$1\times2+1\times4+0\times2+0\times1=6$$

所以5421BCD码1100表示十进制数9，2421BCD码1100表示十进制数6。

由表1.2.2可看出，2421BCD码具有互补性，即0和9、1和8、2和7、3和6、4和5这5对代码互为反码。

3. 余3BCD码

余3BCD码没有固定的权值，称为无权码。它是在相应的8421BCD码的基础上加0011

得到的，因此称为余3码。由表1.2.2可看出，在余3码中，0和9、1和8、2和7、3和6、4和5这5对代码也互为反码。

4. 格雷码

为了减少数码在传输过程中发生错误的可能性，并便于发现和纠正已经出现的错误，需要采用可靠性编码，常用的可靠性编码有格雷码、奇偶校验码等。

格雷码是一种无权码，它的特点是相邻性和循环性，即相邻两组代码之间只有1位代码不同，其余各位都相同，而0和最大数9两组代码之间也只有1位代码不同，因此它是循环码。例如，计算器按格雷码计数，则计数器每次状态更新也只有1位代码变化，这与其他代码同时改变两位或多位的情况相比，出现错误的概率更小，工作更为可靠。

5. 奇偶校验码

为避免二进制信息在存储及传输过程可能出现的将0误传为1或将1误传为0，就出现了奇偶校验。它的每个代码由两部分组成：一是奇偶校验位，占1位，它是根据计算方法求得并附加在信息位后的；二是信息位，它是需传递的信息，由位数不限的二进制代码组成。

奇偶校验位分为奇校验和偶校验两种，代码中有奇数个1称为奇校验，代码中有偶数个1称为偶校验，奇偶校验码如表1.2.3所示。

表1.2.3 奇偶校验码

十进制数	8421奇校验码		8421偶校验码	
	信息码	校验位	信息码	校验位
0	0000	1	0000	0
1	0001	0	0001	1
2	0010	0	0010	1
3	0011	1	0011	0
4	0100	0	0100	1
5	0101	1	0101	0
6	0110	1	0110	0
7	0111	0	0111	1
8	1000	0	1000	1
9	1001	1	1001	0

任务1.3 学习逻辑代数

1.3.1 逻辑代数中的常用运算

逻辑代数是处理数字电路的专用数学工具，它是由英国数学家乔治·布尔于1847年创立的，所以也称为布尔代数。

逻辑代数与普通代数相似之处在于它们都是用字母表示变量，用代数式描述客观事物间的关系。但不同的是，逻辑代数是描述客观事物间的逻辑关系，所谓逻辑就是指事物间的因果关系，当两个二进制数码表示不同的逻辑状态时，它们之间可以按照指定的某种因果关系进行推理运算，这种运算就称为逻辑运算，逻辑代数是按一定的逻辑规律进行运算的代数，是分析和设计数字电路最基本的数学工具。逻辑代数或逻辑函数表达式中的逻辑变量的取值只有0和1两个值，且0和1不表示数量的大小，只表示两种对立的逻辑状态。

数字电路在早期又称为开关电路，因为它主要是由一系列开关元件组成，具有相反的二状态特征，所以特别适合用逻辑代数来进行分析和研究，这就是逻辑代数广泛应用于数字电路的原因。

1. 基本逻辑运算

基本的逻辑关系有三种：与逻辑、或逻辑、非逻辑。在逻辑代数中与之对应的基本逻辑运算也有三种：与运算、或运算、非运算。其他逻辑运算都是通过这三种基本运算来实现的。

1）与逻辑和与运算

当决定某一事件的所有条件都满足时，这件事才会发生，这种因果关系称为与逻辑关系，也称为与运算或者逻辑乘。

与运算对应的逻辑电路可以用两个串联开关A、B控制电灯Y的亮和灭来表示，与逻辑电路示意图如图1.3.1所示。若用逻辑1表示开关的闭合和灯亮，用逻辑0表示开关的断开和灯灭，则电路的功能可以描述为：只有当输入变量A、B两个开关都闭合（A=1、B=1）时，输出变量电灯Y才亮（Y=1），否则，灯就灭，这种灯的亮与灭和开关的通与断之间的逻辑关系就是与逻辑，其对应关系如表1.3.1所示，这种表格称为真值表。

所谓真值表就是将输入变量的所有可能的取值组合对应的输出变量值一一列出了的表格，若输入有n个变量，则有2^n种取值组合存在，输出对应的有2^n个值。在逻辑分析中，真值表是描述逻辑功能的一种重要形式。

由真值表可看出逻辑变量A、B的取值和函数Y值之间的关系满足逻辑乘的运算规律，因此，可用下式表示：

$$Y = A \cdot B \tag{1.3.1}$$

式中“·”表示逻辑乘，在不需要特别强调的地方常将“·”号省略，写成Y=AB。对于多变量的与运算可以用下式表示：

$$Y = A \cdot B \cdot C \cdots \tag{1.3.2}$$

实现与运算的电路称为与门，其逻辑符号如图1.3.2所示。

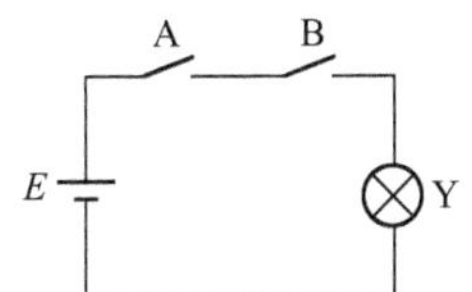

图1.3.1　与逻辑电路示意图

表1.3.1　与逻辑真值表

A	B	Y
0	0	0
0	1	0
1	0	0
1	1	1

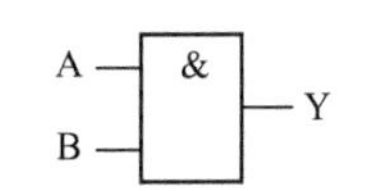

图1.3.2　与门逻辑符号

2）或逻辑和或运算

在决定某一事件的所有条件中，只要满足一个条件，则该事件就发生，这种因果关系称为或逻辑关系，也称为或运算或者逻辑加。

或运算对应的逻辑电路可以用两个并联开关 A、B 控制电灯 Y 的亮和灭来表示，或逻辑电路示意图如图 1.3.3 所示，若仍用 1 代表开关闭合和灯亮，用 0 表示开关断开和灯灭，则电路的功能可以描述为：只要 A、B 两个开关中至少有一个闭合，电灯 Y 就亮，否则，灯就灭。或逻辑真值表如表 1.3.2 所示，当 A、B 取值都为 1 时，其运算结果仍为 1，不能是其他数，因为逻辑加和普通算术加法不同，逻辑加中的 $1+1=1$ 表示至少有一个或几个条件具备时，事件便会发生这样的或逻辑关系。或运算的逻辑表达式为

$$Y=A+B \tag{1.3.3}$$

对于多变量的或运算可以写成：

$$Y=A+B+C+\cdots \tag{1.3.4}$$

实现或运算的电路为或门，其逻辑符号如图 1.3.4 所示。

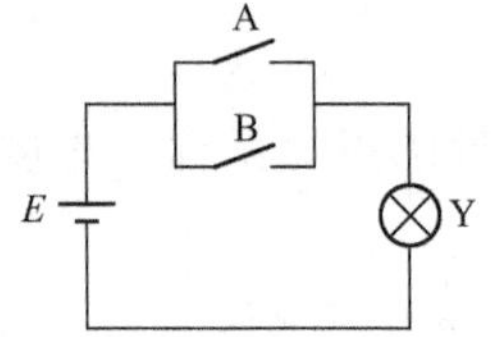

图 1.3.3 或逻辑电路示意图

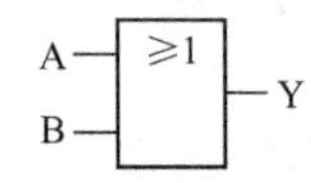

图 1.3.4 或门逻辑符号

表 1.3.2 或逻辑真值表

A	B	Y
0	0	0
0	1	1
1	0	1
1	1	1

3）非逻辑和非运算

非运算表示这样的逻辑关系，即当某一条件具备时，事件便不会发生，而当此条件不具备时，事件一定发生。

非逻辑对应的逻辑关系可以用如图 1.3.5 所示电路来表示，在此非门逻辑电路中，若开关 A 闭合，则灯 Y 就亮，反之，灯就灭，非逻辑真值表如表 1.3.3 所示，非运算的逻辑表示为

$$Y=\overline{A} \tag{1.3.5}$$

在式（1.3.5）中，变量上方的“－”号表示非，$\overline{A}$读作 A 非，显然 A 与$\overline{A}$是互为反变量，实现非运算的电路称为非门，其逻辑符号如图 1.3.6 所示，由于非门的输出信号和输入信号反相，故“非门”又称为“反相器”。非门是只有一个输入端的逻辑门。

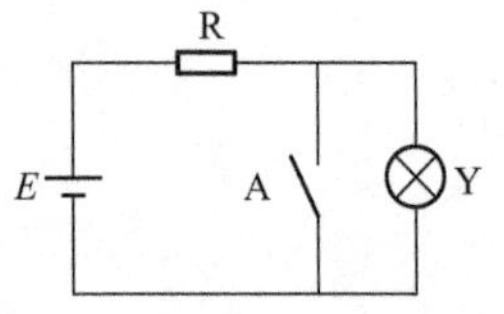

图 1.3.5 与逻辑电路示意图

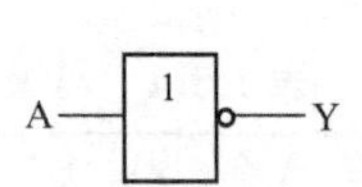

图 1.3.6 非门逻辑符号

表 1.3.3 非逻辑真值表

A	Y
0	1
1	0

基本逻辑运算中，非运算优先级最高，其次是与运算，或运算最低，加括号可以改变运算的优先顺序。

2. 复合逻辑运算

将与、或、非三种基本的逻辑运算进行组合，可以得到各种形式的复合逻辑运算，常见的复合运算有：与非运算、或非运算、与或非运算、异或运算、同或运算等。

1）与非运算

与非运算是由与运算和非运算两种基本逻辑运算按照先与后非的顺序复合而成。以两输入与非运算为例，其逻辑表达式为

$$Y=\overline{A\cdot B} \tag{1.3.6}$$

对于与非运算，只有当其输入全部为 1 时，输出才为 0。与非逻辑符号如图 1.3.7 所示。

2）或非运算

或非运算是或运算和非运算的复合运算，先进行或运算，后进行非运算，以两输入或非运算为例，其逻辑表达式为

$$Y=\overline{A+B} \tag{1.3.7}$$

对于或非运算，只有当其输入全部为 0 时，输出才为 1。或非逻辑符号如图 1.3.8 所示。

3）与或非运算

与或非运算是与、或、非三种基本逻辑的复合运算，先进行与运算，再进行或运算，最后进行非运算，有 4 个基本输入端的与或非逻辑表达式为

$$Y=\overline{AB+CD} \tag{1.3.8}$$

与或非逻辑符号如图 1.3.9 所示。

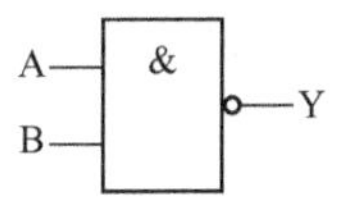

图 1.3.7　与非逻辑符号

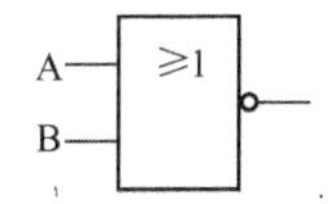

图 1.3.8　或非逻辑符号

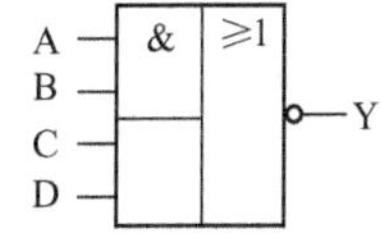

图 1.3.9　与或非逻辑符号

4）异或运算

异或逻辑运算是只有两个输入变量的运算。当输入变量 A、B 相异时，输出 Y 为 1；当 A、B 相同时，输出 Y 为 0。异或逻辑真值表如表 1.3.4 所示，其逻辑表达式为

$$Y=\overline{A}B+A\overline{B}=A\oplus B \tag{1.3.9}$$

式中的“$\oplus$”号表示异或运算。将实现异或运算的电路称为异或门，其逻辑符号如图 1.3.10所示。

表 1.3.4　异或逻辑真值表

A	B	Y
0	0	0
0	1	1
1	0	1
1	1	0

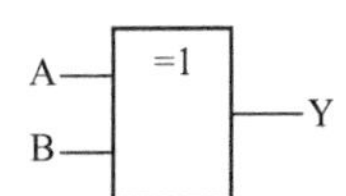

图 1.3.10　异或逻辑符号

5）同或运算

同或逻辑运算是只有两个输入变量的运算。当输入变量 A、B 相异时，输出 Y 为 0；当 A、B 相同时，输出 Y 为 1。同或逻辑真值表如表 1.3.5 所示，其逻辑表达式为

$$Y = \overline{A}\,\overline{B} + AB = A \odot B \tag{1.3.10}$$

式中的"⊙"号表示同或运算。将实现同或运算的电路称为同或门，其逻辑符号如图 1.3.11所示。

表 1.3.5　同或逻辑真值表

A	B	Y
0	0	1
0	1	0
1	0	0
1	1	1

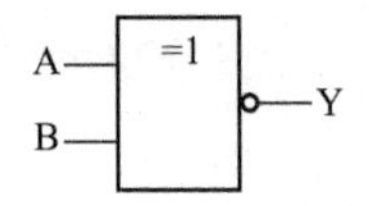

图 1.3.11　同或逻辑符号

比较异或运算和同或运算的真值表可知，异或函数与同或函数在逻辑上是互为反函数，即

$$A \oplus B = \overline{A \odot B},\quad A \odot B = \overline{A \oplus B} \tag{1.3.11}$$

1.3.2　逻辑代数的基本公式及定理

1. 逻辑代数基本公式

逻辑代数的基本公式都是一些不需要证明的、直观的、可以看出的恒等式。它们是逻辑代数的基础，利用这些基本公式可以化简逻辑函数，还可以用来推证一些逻辑代数的基本定律。

1）逻辑常量运算公式

逻辑常量只有 0 和 1 两个，对于常量间的与、或、非三种基本逻辑运算公式列于表 1.3.6中。

表 1.3.6　逻辑常量运算公式

与　运　算	或　运　算	非　运　算
$0 \cdot 0 = 0$	$0 + 0 = 0$	$\overline{1} = 0$
$0 \cdot 1 = 0$	$0 + 1 = 1$	
$1 \cdot 0 = 0$	$1 + 0 = 1$	$\overline{0} = 1$
$1 \cdot 1 = 1$	$1 + 1 = 1$	

2）逻辑变量、常量运算公式

设 A 为逻辑变量，则逻辑变量与常量间的运算公式列于表 1.3.7 中。

表 1.3.7　逻辑变量、常量运算公式

0－1 律	重叠率	互补律	还原律
$A \cdot 0 = 0$	$A \cdot A = A$	$A \cdot \overline{A} = 0$	$\overline{\overline{A}} = A$
$A \cdot 1 = A$			
$A + 0 = A$	$A + A = A$	$A + \overline{A} = 1$	
$A + 1 = 1$			

2. 逻辑代数的基本定律

逻辑代数的基本定律是分析、设计逻辑电路，化简和变换逻辑函数式的重要工具。这些定律有其独自具有的特性，但也有一些与普通代数相似的规律，因此要严格区分，不能混淆。

1）与普通代数相似的定律

与普通代数相似的定律有交换律、结合律、分配律，如表 1.3.8 所示。

表 1.3.8 逻辑变量、常量运算公式

交换律	$A+B=B+A$
	$A\cdot B=B\cdot A$
结合律	$(A+B)+C=A+(B+C)$
	$(A\cdot B)\cdot C=A\cdot(B\cdot C)$
分配律	$A(B+C)=AB+AC$
	$A+BC=(A+B)\cdot(A+C)$

表 1.3.8 中分配律的第二条是普通代数所没有的，现用逻辑代数的基本公式和基本定律证明如下：

右式 $=(A+B)(A+C)$

$=AA+AC+AB+BC$ 利用第一条分配律将右式展开

$=A+AC+AB+BC$ 利用 $A\cdot A=A$

$=A(1+C+B)+BC$ 利用第一条分配律，提出公用因子

$=A+BC=$ 左式 利用 $1+A=1$

2）吸收律

吸收律可以利用上面的一些基本公式推导出来，是逻辑函数化简中常用的基本定律。吸收律列于表 1.3.9 中。

表 1.3.9 吸收律

吸收律	证明
$AB+A\overline{B}=A$	$AB+A\overline{B}=A(B+\overline{B})=A\cdot 1=A$
$A+AB=A$	$A+AB=A(1+B)=A\cdot 1=A$
$A+\overline{A}B=A+B$	$A+\overline{A}B=(A+\overline{A})(A+B)=1\cdot(A+B)=A+B$
$AB+\overline{A}C+BC=AB+\overline{A}C$	原式 $=AB+\overline{A}C+BC(A+\overline{A})$ $=AB+\overline{A}C+ABC+\overline{A}BC$ $=AB(1+C)+\overline{A}C(1+B)$ $=AB+\overline{A}C$

吸收律最后一个公式还有下面的推广：

$$AB+\overline{A}C+BCDE=AB+\overline{A}C \tag{1.3.12}$$

这个推广可以表述为：若一个逻辑式中有 3 个与项，其中一个含有原变量 A，另一个含

有反变量$\overline{A}$，而这两个与项中的其余因子都是第三个与项中的因子，则第三个与项是冗余项，可以消去。

由表 1.3.9 可知，利用吸收律化简逻辑函数时，某些项的因子在化简中被吸收掉，使逻辑函数式变得更简单。

3）摩根定律

摩根定律又称为反演律，它有下面两种形式：

$$\overline{A \cdot B} = \overline{A} + \overline{B}, \overline{A + B} = \overline{A} \cdot \overline{B} \qquad (1.3.13)$$

摩根定律可利用真值表来证明，如表 1.3.10 所示。

表 1.3.10 吸收律

A	B	$\overline{A \cdot B}$	$\overline{A} + \overline{B}$
0	0	1	1
0	1	1	1
1	0	1	1
1	1	0	0

摩根定律的第二种形式的证明，读者可以依照表 1.3.10 的形式，自己加以证明。

摩根定律可推广到多个变量，其逻辑式如下：

$$\overline{A \cdot B \cdot C \cdot \cdots} = \overline{A} + \overline{B} + \overline{C} + \cdots, \overline{A + B + C + \cdots} = \overline{A} \cdot \overline{B} \cdot \overline{C} \cdot \cdots \qquad (1.3.14)$$

3. 逻辑代数的基本规则

1）代入规则

在任意逻辑等式中，如果将等式两边的某一变量都代之以另一个变量（或一个逻辑函数），则该等式仍成立，这个规则称为代入规则。

【例 1.3.1】 已知等式$\overline{AB} = \overline{A} + \overline{B}$中，将函数 F(C，D) = CD 代替原等式中的变量 B，证明等式仍然成立。

证明：将 F(C，D) = CD 代入原等式，因为等式左边为$\overline{AB} = \overline{ACD} = \overline{A} + \overline{CD}$，等式右边为$\overline{A} + \overline{B} = \overline{A} + \overline{CD}$。

等式左边与右边相等，所以等式成立。

2）反演规则

对于任何一个逻辑表达式 Y，如果将表达式中的所有“·”换成“+”，“+”换成“·”；“0”换成“1”，“1”换成“0”，原变量换成反变量，反变量换成原变量，那么所得到的表达式就是函数 Y 的反函数$\overline{Y}$，这个规则称为反演规则。

【例 1.3.2】 试求 $Y = AC + \overline{A(B+C)}$的反函数$\overline{Y}$。

解：$\overline{Y} = (\overline{A} + \overline{C}) \cdot \overline{\overline{A} + \overline{B} \cdot \overline{C}} = (\overline{A} + \overline{C})A(B + C) = A\,\overline{C}(B + C) = AB\,\overline{C}$

注意：

（1）变换后的运算顺序要保持变换前的运算优先顺序不变，必要时可加括号表明运算的先后顺序。

（2）对于原函数式中两个变量以上的“大非号”，在反演规则变换时应保持不变。

3）对偶规则

对于任何一个逻辑表达式 Y，如果将表达式中的所有“·”换成“+”，“+”换成“·”；“0”换成“1”，“1”换成“0”，而变量保持不变，则可得到一个新的函数表达式 Y′，Y′称为函数 Y 的对偶函数，这个规则称为对偶规则。

【例 1.3.3】 试求 $A(B+C)=AB+AC$ 的对偶式。

解： 根据对偶规则，其对偶式为 $A+BC=(A+B)(A+C)$。

这个公式比较难理解，但只要记住了第一个公式，它的对偶式仍然成立。可见，利用对偶规则可以使公式应用扩大一倍。因此，上面讲到的定律公式往往是成对出现的。

1.3.3　逻辑函数的表示方法及相互转换

逻辑函数的描述方法有真值表、逻辑函数式、逻辑图、卡诺图等，此处介绍前三种，卡诺图将在后面叙述。

1. 逻辑函数的表示方法

1）真值表

真值表是根据给定的逻辑问题，把输入逻辑变量各种可能取值的组合和对应的输出函数值排列成的表格。在列真值表时，为避免遗漏，变量取值的组合一般按 n 位二进制数递增顺序列出。用真值表表示逻辑函数的优点是直观、明了，可直接看出逻辑函数值与变量取值之间的关系。

【例 1.3.4】 有 A、B、C 3 个输入信号，只有当 A 为 1，且 B、C 至少有一个为 1 时输出为 1，其余情况输出为 0。要求按题意列出真值表。

解： A、B、C 3 个输入信号共有八种可能的组合，如表 1.3.10 左侧三列所示，对应每一个输入信号的组合均有一个确定输出，根据题意，输出为表 1.3.10 右侧列所示，则表 1.3.10为所求真值表。

表 1.3.11　【例 1.3.4】真值表

A	B	C	Y
0	0	0	0
0	0	1	0
0	1	0	0
0	1	1	0
1	0	0	0
1	0	1	1
1	1	0	1
1	1	1	1

2）逻辑函数式

逻辑函数式表示输出函数和输入变量逻辑关系的表达式，又称为逻辑表达式，简称逻辑式。

根据【例 1.3.4】中的要求及与、或逻辑的定义，“B、C 中至少有一个为 1”，可以表示为或逻辑关系，同时还要 A 为 1，可以表示为与逻辑关系，写成 A(B+C)，因此可以得到【例 1.3.4】的逻辑函数表达式：Y = A(B+C)。

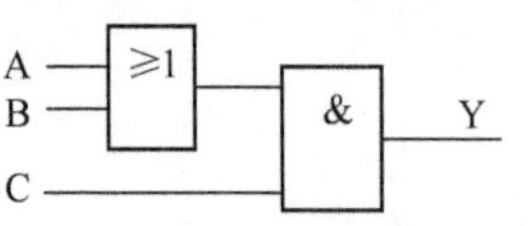

图 1.3.12 【例 1.3.4】的逻辑图

3）逻辑图

将逻辑函数式中各变量之间的与、或、非等逻辑关系用逻辑图形符号表示，即得到表示函数关系的逻辑图。【例 1.3.4】的逻辑图如图 1.3.12 所示。

2. 各种表示方法间的相互转换

1）由真值表写出逻辑函数式

由真值表写出逻辑函数式的一般方法如下。

(1) 由真值表中找出使逻辑函数输出为 1 的对应输入变量取值组合。

(2) 每个输入变量取值组合状态以逻辑乘形式表示，用原变量表示变量取值 1，用反变量表示变量取值 0。

(3) 将所有使输出为 1 的输入变量取值逻辑乘进行逻辑加，即得到逻辑函数式。

【例 1.3.5】 由表 1.3.12 写成逻辑函数式。

解： 由表 1.3.12 可见，使 Y=1 的输入组合有 ABC 为 000、001、010、100 和 111，所以逻辑函数式为 $Y=\overline{A}\,\overline{B}\,\overline{C}+\overline{A}\,\overline{B}C+\overline{A}B\overline{C}+A\overline{B}\,\overline{C}+ABC$。

表 1.3.12 【例 1.3.5】的真值表

A	B	C	Y
0	0	0	1
0	0	1	1
0	1	0	1
0	1	1	0
1	0	0	1
1	0	1	0
1	1	0	0
1	1	1	1

由真值表直接写出的逻辑式是标准的与或逻辑式。在标准与或式中，每个乘积项里都包含了逻辑函数的全部变量，且每个变量或以原变量或以反变量在乘积项中只出现一次。这样的乘积项称为逻辑函数的最小项，因此逻辑函数的标准与或式又称为逻辑函数的最小项表达式。

2）由逻辑函数式列出真值表

将输入变量取值的所有状态组合逐一列出，并将输入变量组合取值代入表达式，求出函

数值，列成表，即为真值表。

3）由逻辑函数式画出逻辑图

用逻辑图符号代替函数表达式中的运算符号，即可画出逻辑图。

【例 1.3.6】画出逻辑函数式 $Y = AB + BC$ 的逻辑图。

解：$Y = AB + BC$ 的逻辑图如图 1.3.13 所示。

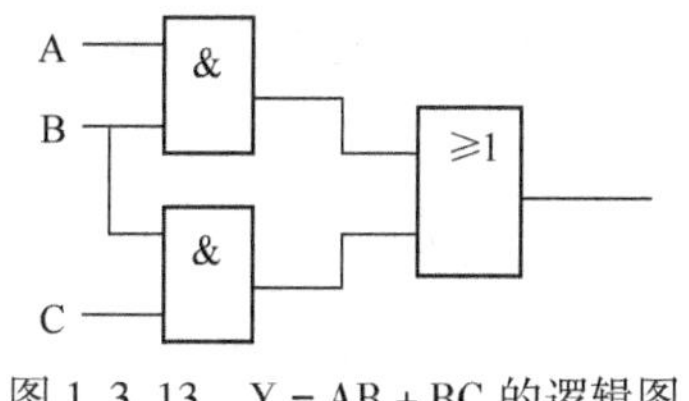

图 1.3.13　$Y = AB + BC$ 的逻辑图

4）由逻辑图写逻辑函数式

从输入端开始逐级写成每个逻辑图形符号对应的逻辑运算，直至输出，就可以得到逻辑函数式。

1.3.4　逻辑函数的化简

对于某一给定的逻辑函数，其真值表是唯一的，但是描述同一个逻辑函数的逻辑表达式却可以是多种多样的，往往根据实际逻辑问题归纳出来的逻辑函数并非最简，因此有必要对逻辑函数进行化简。如果用电路元器件组成实际的电路，则化简后的电路不仅元器件用得较少，而且门输入端引线也少，使电路的可靠性得到了提高。

常用的逻辑函数化简方法有两种：公式化简法（代数法）和卡诺图化简法（图形法）。

不同形式的逻辑函数式有不同的最简形式，而这些逻辑表达式的繁简程度又相差很大，但大多都可以根据最简与或式变换得到。最简与或式的标准如下。

（1）逻辑函数式中的乘积项（与项）的个数最少。

（2）每个乘积项中的变量数最少。

最简与或表达式的结果不是唯一的，可以从函数式的公式化简和卡诺图化简中得到验证。

逻辑函数的最小项：在 n 个变量的逻辑函数中，若乘积项中包含了全部变量，并且每个变量在该乘积项中或以原变量或以反变量只出现一次，则该乘积项就定义为逻辑函数的最小项。n 个变量的全部最小项共有 2^n 个。例如，三变量 A、B、C 共有 $2^3=8$ 个最小项，分别是 $\overline{A}\,\overline{B}\,\overline{C}$、$\overline{A}\,\overline{B}C$、$\overline{A}B\overline{C}$、$\overline{A}BC$、$A\overline{B}\,\overline{C}$、$A\overline{B}C$、$AB\overline{C}$、$ABC$。

最小项的编号：为了书写方便，用 m 表示最小项，其下标为最小项的编号。编号的方法是：最小项中的原变量取 1，反变量取 0，则最小项取值为一组二进制数，其对应的十进制数便为该最小项的编号。若三变量最小项 $A\overline{B}C$ 对应的变量取值为 101，它对应的十进制数为 5，则最小项 $A\overline{B}C$ 的编号为 m_5，其余最小项的编号依次类推。

逻辑函数的最小项表达式：若一个与或逻辑表达式中的每一个与项都是最小项，则该逻辑表达式称为标准与或式，又称为最小项表达式。任何一种形式的逻辑表达式都可以利用基本定律和配项法变换为标准与或式，并且标准与或式是唯一的。

1. 逻辑函数的代数化简法

运用逻辑代数的基本定律和公式对逻辑函数式进行化简的方法称为代数化简法。基本方法有以下几种。

1）并项法

运用基本公式 $AB+A\overline{B}=A$，将两项合并为一项，同时消去一个变量，例如：

$$Y=A\overline{B}C+A\overline{B}\overline{C}=A\overline{B}(C+\overline{C})=A$$

2）吸收法

运用吸收律 $A+AB=A$ 和 $AB+\overline{A}C+BC=AB+\overline{A}C$ 消去多余项，例如：

$Y=AB+AB(E+F)=AB$

$$\begin{aligned}Y=ABC+\overline{A}D+\overline{C}D+BD &=ABC+D(\overline{A}+\overline{C})+BD\\ &=ABC+\overline{AC}\cdot D+BD\\ &=ABC+\overline{AC}D\\ &=ABC+\overline{A}D+\overline{C}D\end{aligned}$$

3）消去法

运用吸收律 $A+\overline{A}B=A+B$，消去多余因子，例如：

$$Y=AB+\overline{A}C+\overline{B}C=AB+(\overline{A}+\overline{B})C=AB+\overline{AB}C=AB+C$$

4）配项法

在不能直接运用公式、定律化简时，可通过 $A+\overline{A}=1$ 进行配项再化简，例如：

$$\begin{aligned}Y=AB+\overline{B}\overline{C}+A\overline{C}D &=AB+\overline{B}\overline{C}+A\overline{C}D(B+\overline{B})\\ &=AB+\overline{B}\overline{C}+AB\overline{C}D+A\overline{B}\overline{C}D\\ &=AB+\overline{B}\overline{C}\end{aligned}$$

【例 1.3.7】 化简逻辑式 $Y=AD+A\overline{D}+AB+\overline{A}C+\overline{C}D+A\overline{B}EF$

解：

$$\begin{aligned}Y &=A+AB+\overline{A}C+\overline{C}D+A\overline{B}EF\\ &=A+\overline{A}C+\overline{C}D\\ &=A+C+\overline{C}D\\ &=A+C+D\end{aligned}$$

【例 1.3.8】 化简逻辑式 $Y=AC+\overline{A}D+\overline{B}D+B\overline{C}$

解：

$$\begin{aligned}Y &=AC+\overline{A}D+\overline{B}D+B\overline{C}\\ &=AC+B\overline{C}+D(\overline{A}+\overline{B})\\ &=AC+B\overline{C}+D\,\overline{AB}\\ &=AC+B\overline{C}+AB+D\,\overline{AB}\\ &=AC+B\overline{C}+AB+D\\ &=AC+B\overline{C}+D\end{aligned}$$

代数法化简，对逻辑函数式中的变量个数没有限制，要求必须熟练应用基本公式和常用公式，有时还需要一定的经验与技巧，尤其是难以判断所得到的结果是否最简，为了解决这一问题，可采用卡诺图化简法。

2. 逻辑函数卡诺图化简法

1）相邻最小项

如果两个最小项中只有一个变量为互反变量，其余变量均相同时，那么这两个最小项就为逻辑相邻，并把他们称为相邻最小项，简称相邻项。例如，三变量最小项$\overline{A}BC$和 ABC，其中$\overline{A}$和 A 为互反变量，其余变量都相同，所以它们是相邻最小项。显然，两个相邻最小项可以合并为一项，同时消去互反变量，如$\overline{A}BC+ABC=(\overline{A}+A)BC=BC$，合并结果为两个最小项共有变量。

2）卡诺图

卡诺图又称为最小项方格图，用 2^n 个小方格表示 n 个变量的 2^n 个最小项，并且使相邻最小项在几何位置上也相邻，按这样的相邻要求排列起来的方格图称为 n 个变量最小项卡诺图，这种相邻原则又称为卡诺图的相邻性。下面介绍最小项卡诺图的做法。

（1）二变量卡诺图。

设两个变量为 A 和 B，则全部 4 个最小项为$\overline{A}\overline{B}$、$\overline{A}B$、$A\overline{B}$、AB，分别记为 m_0、m_1、m_2、m_3，按相邻性画出二变量卡诺图，如图 1.3.14 所示。

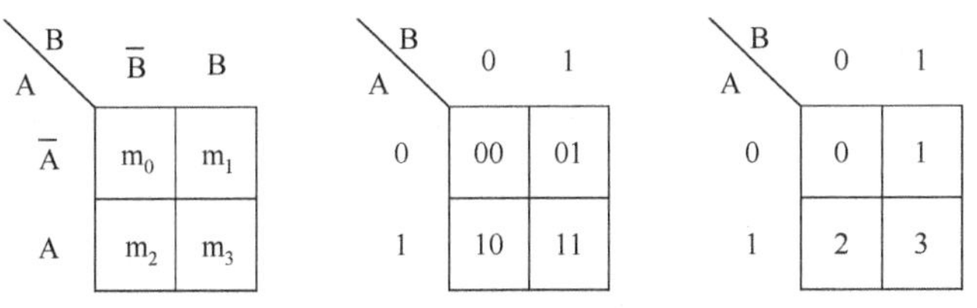

（a）方格内标最小项　（b）方格内标最小项取值　（c）方格内标最小项编号

图 1.3.14　二变量卡诺图

图 1.3.14（a）中标出了两个变量所在的位置，某个小方格中的变量组合，就是该方格在横向和纵向所对应的变量之积。其中左上角方格必须是 m_0，而变量取值顺序要按格雷码顺序排列，目的是为了保证卡诺图中最小项的相邻性。如果用 0 表示反变量，1 表示原变量，则 1.3.14（a）可用图 1.3.14（b）表示，此时方格中的数字就是相应最小项的变量取值。如果用最小项编号表示时，又可用图 1.3.14（c）表示。

（2）三变量卡诺图。

设 3 个变量为 A、B、C，全部最小项有 $2^3=8$ 个，卡诺图由 8 个方格组成，按相邻性安放最小项可画出三变量卡诺图，如图 1.3.15 所示。

注意：图 1.3.15 中变量 BC 的取值不是按自然二进制码（00，01，10，11）的顺序排列，而是按格雷码（00，01，11，10）的顺序排列的，这样才能保证卡诺图中最小项在几何位置上的相邻。

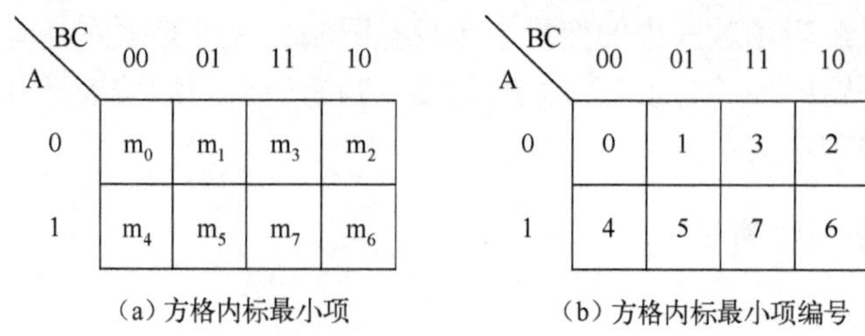

图 1.3.15　三变量卡诺图

(3) 四变量卡诺图。

设变量为 A、B、C、D，全部最小项有 $2^4=16$ 个，卡诺图由 16 个方格组成，按相邻性安放最小项可画出四变量卡诺图，如图 1.3.16 所示。

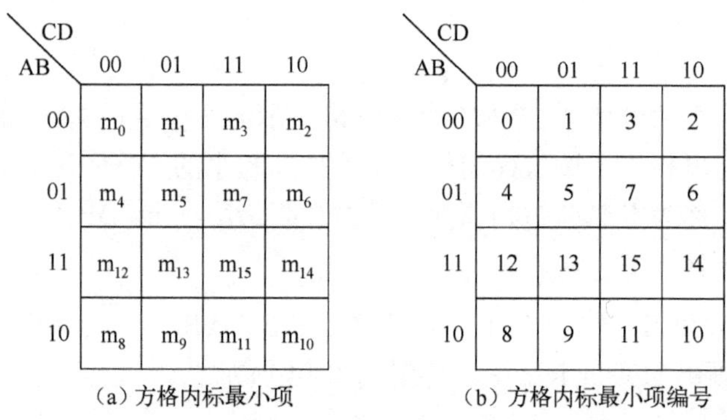

图 1.3.16　四变量卡诺图

注意：图 1.3.16 中的横向变量 AB 和纵向变量 CD 都是按格雷码顺序排列的，保证了最小项在卡诺图中的循环相邻性，即同一行最左方格与最右方格相邻，同一列最上方格和最下方格也相邻。

对于五变量及以上的卡诺图，由于很复杂，在化简中很少使用，这里不再介绍。

3) 用卡诺图表示逻辑函数

用卡诺图表示逻辑函数的步骤如下。

(1) 根据逻辑式中的变量数 n，画出 n 变量最小项卡诺图。

(2) 将逻辑函数式所包含的最小项在相应卡诺图的方格内填 1，没有最小项的方格内填 0 或者不填。

【例 1.3.9】 试画出逻辑函数 $Y=\sum m(0, 1, 12, 13, 15)$ 的卡诺图。

解：这是一个四变量的逻辑函数。

(1) 画出四变量最小项卡诺图，如图 1.3.17 所示。

(2) 填卡诺图。把逻辑式中的最小项 m_0、m_1、m_{12}、m_{13}、m_{15} 对应的方格填 1，其余不填。

【例 1.3.10】 已知逻辑函数 Y 的真值表如表 1.3.13 所示，试画出 Y 的卡诺图。

解：(1) 画出三变量最小项卡诺图，如图 1.3.18 所示。

(2) 将真值表中 Y = 1 对应的最小项 m_0、m_2、m_4、m_6 在卡诺图中相应的方格里填 1，其余方格不填。

AB \ CD	00	01	11	10
00	1	1		
01				
11	1	1	1	
10				

图 1.3.17　【例 1.3.9】逻辑函数的卡诺图

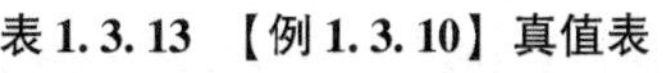
表 1.3.13　【例 1.3.10】真值表

A	B	C	Y
0	0	0	1
0	0	1	0
0	1	0	1
0	1	1	0
1	0	0	1
1	0	1	0
1	1	0	1
1	1	1	0

【例 1.3.11】 已知 $Y=\overline{A}D+\overline{\overline{AB}\,(C+\overline{BD})}$，试画出 Y 的卡诺图。

解：(1) 先把逻辑式展开成与或式。

$$Y=\overline{A}D+\overline{\overline{AB}(C+\overline{BD})}=\overline{A}D+AB+\overline{C+\overline{BD}}=\overline{A}D+AB+B\,\overline{C}D$$

(2) 画四变量最小项卡诺图，如图 1.3.19 所示。

(3) 根据与或式中的每个与项，填卡诺图。

第一个与项为$\overline{A}D$，缺少变量 B 和 C，共有 4 个最小项，$\overline{A}D$ 可用 A = 0、D = 1 表示，A = 0 对应的方格在第一和第二行内，D = 1 对应的方格在第二和第三列内，行和列相交的方格便为$\overline{A}D$ 对应的 4 个最小项，由图 1.3.19 可知，1、3、5、7 号方格为$\overline{A}D$ 对应的最小项方格，故在这 4 个方格内填 1。

第二个与项是 AB，同理可知，卡诺图中的 12、13、14、15 号方格为 AB 对应的最小项方格，故在这 4 个方格中填 1。

第三个与项是 $B\,\overline{C}D$ 卡诺图中的 5、13 号方格中为含有 $B\,\overline{C}D$ 的最小项方格，故这两个方格中填入 1。

对于有重复最小项的方格只要填入一个 1，如此填完全部与项，就画出了该逻辑函数对应的卡诺图，如图 1.3.19 所示。

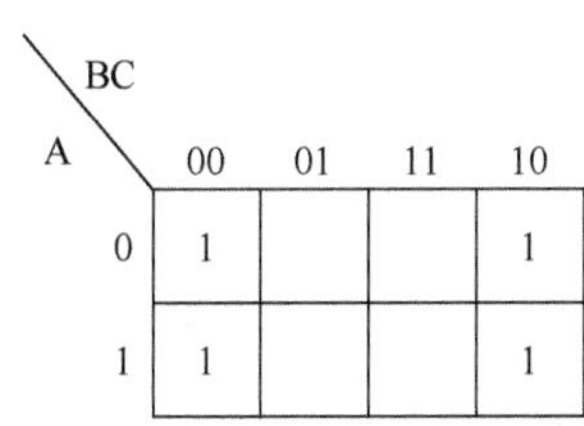

图 1.3.18　【例 1.3.10】逻辑函数的卡诺图

AB \ CD	00	01	11	10
00		1	1	
01		1	1	
11	1	1	1	1
10				

图 1.3.19　【例 1.3.11】逻辑函数的卡诺图

根据与或式直接画逻辑函数卡诺图的方法，省去了将与或式化为标准与或式的过程，填卡诺图方便、省时、效率高，但要细心。

4）用卡诺图化简逻辑函数

用卡诺图化简逻辑函数，原理是利用卡诺图的相邻性，找出逻辑函数的相邻最小项加以合并，消去互反变量，以达到化简的目的。

用卡诺图化简逻辑函数的步骤如下。

（1）将逻辑函数填入卡诺图中，得到逻辑函数卡诺图。

（2）找出可以合并（即几何上相邻）的最小项，并用包围圈将其圈住。

（3）合并最小项，保留相同变量，消去相异变量。

（4）将合并后的各乘积项相或，即可得到最简与或表达式。

用卡诺图化简逻辑函数画包围圈合并相邻项时，为保证化简结果的正确性，应注意以下规则。

（1）每个包围圈所圈住的相邻最小项（即小方块中对应的 1）的个数应为 2、4、8 个等，即为 2^n 个。

（2）包围圈尽量大。即包围圈中所包含的最小项越多，其公共因子越少，化简的结果越简单。

（3）包围圈的个数尽量少。因个数越少，乘积项就越少，化简的结果就越简单。

（4）每个最小项均可以被重复包围，但每个圈中至少有一个最小项是不被其他包围圈所圈过的，以保证该化简项的独立性。

（5）不能漏圈任何一个最小项。

【例 1.3.12】用卡诺图化简逻辑函数：

$$Y(A,B,C,D)=\sum m(0,1,5,6,9,11,12,13,15)$$

解：（1）画四变量最小项卡诺图，如图 1.3.20 所示。

（2）填卡诺图。将逻辑函数式中的最小项在卡诺图的相应方格内填 1。

（3）合并相邻最小项。将相邻为 1 的方格按 2^n 数目圈起来。一般先圈独立的 1 方格，再圈仅两个相邻的 1 方格，再圈仅 4 个相邻的 1 方格，依次类推即可得到图 1.3.20。

（4）合并包围圈的最小项，写出最简与或表达式，即

$$Y=\overline{A}BC\overline{D}+\overline{A}\,\overline{B}\,\overline{C}+AB\overline{C}+\overline{C}D+AD$$

【例 1.3.13】用卡诺图化简逻辑函数：$Y(A,B,C,D)=\sum m(0,2,5,7,8,10,12,14,15)$。

解：（1）画四变量逻辑函数卡诺图，如图 1.3.21 所示，并将各最小项在卡诺图相应方格内填 1。

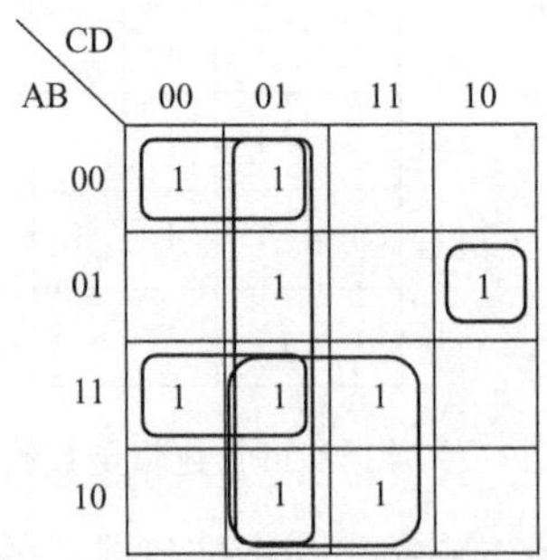

图 1.3.20 【例 1.3.12】逻辑函数的卡诺图

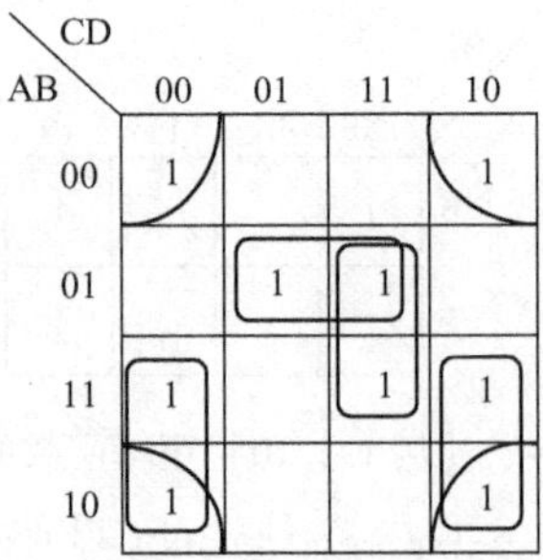

图 1.3.21 【例 1.3.13】逻辑函数的卡诺图

（2）合并相邻最小项。卡诺图 4 个角上的 1 方格也是循环相邻的，应圈在一起，一共可以画 4 个包围圈。

（3）写出逻辑函数的最简与或式，即

$$Y = \overline{A}BD + A\overline{D} + \overline{B}\overline{D} + BCD$$

【例 1.3.14】 用卡诺图化简逻辑函数 $Y = \overline{A}\overline{B}CD + \overline{A}B\overline{C}\overline{D} + A\overline{C}D + ABC + BD$。

解：（1）画逻辑函数卡诺图，如图 1.3.22（a）所示。

（2）合并相邻最小项。注意由少到多画包围圈。

（3）写出逻辑函数的最简与或式，即

$$Y = \overline{A}B\overline{C} + \overline{A}CD + A\overline{C}D + ABC$$

如果在该例题中先圈 4 个相邻的 1 方格，再圈两个相邻的 1 方格，便会多出一个包围圈，如图 1.3.22（b）所示，这样就不能得到最简与或式。

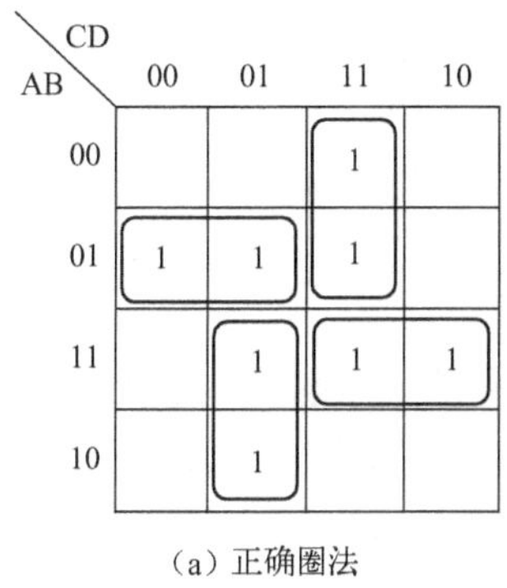

（a）正确圈法

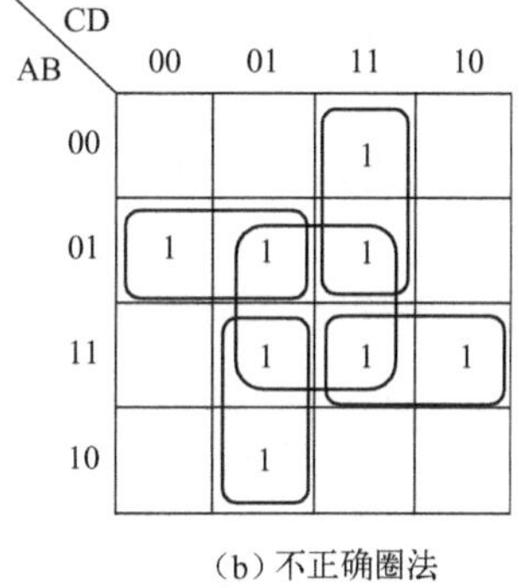

（b）不正确圈法

图 1.3.22 【例 1.3.14】逻辑函数的卡诺图

5）用卡诺图化简具有无关项的逻辑函数

（1）约束项、任意项和无关项。

在许多实际问题中，有些变量取值组合是不可能出现的，这些取值组合对应的最小项称为约束项。例如，在 8421BCD 码中，1010 ～ 1111 这六种组合是不使用的代码，它不会出现，是受到约束的。因此，这六种组合对应的最小项为约束项。而在某些情况下，逻辑函数在某些变量取值组合出现时，对逻辑函数值并没有影响，其值可以为 0，也可以为 1，这些变量取值组合对应的最小项称为任意项。约束项和任意项统称为无关项。合理利用无关项，可以使逻辑函数得到进一步简化。

（2）利用无关项化简逻辑函数。

在逻辑函数中，无关项用“d”表示，在卡诺图相应的方格中填入“×”。根据需要，无关项可以当做 1 方格，也可以当做 0 方格，以使化简的逻辑函数式为最简式为准。

【例 1.3.15】 用卡诺图化简以下逻辑函数式为最简与或式。

$$Y = \sum m(0, 13, 15) + \sum d(1, 2, 3, 9, 10, 11)$$

解：（1）画四变量逻辑函数的卡诺图，如图 1.3.23 所示；在最小项方格中填 1，在无关项方格中填 ×。

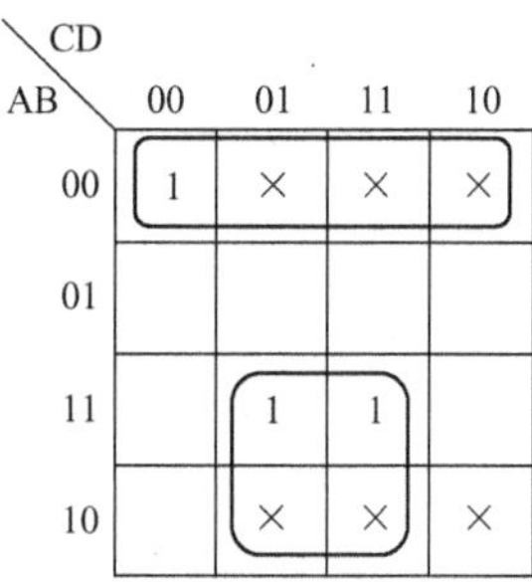

图 1.3.23 【例 1.3.15】逻辑函数的卡诺图

（2）合并相邻最小项，与 1 方格圈在一起的无关项被作为 1 方格，没有圈的无关项是丢弃不用的。

（3）写出逻辑函数的最简与或式为

$$Y = AD + \overline{A}\,\overline{B}$$

无关项对函数化简结果的繁简是非常重要的。利用无关项化简函数时应注意：填 1 的方格必须参与简化，而填 × 的方格则根据使化简结果是否更加简单来决定它是否参加化简。

1.3.5 利用 Multisim 仿真进行逻辑函数的化简与转换

Multisim 是美国国家仪器（National Instruments，简称 NI）有限公司推出的以 Windows 为基础的仿真工具。Multisim 作为一种电子技术的实验实训平台，具有界面直观、操作方便等优点，用户可以采用图形输入方式创建电路，元件和测试仪器均可以直接从屏幕图形中选取。测试和仿真方法也简单实用，可以大大提高电路分析和设计的效率。

通过 Multisim 构造的虚拟工作环境，不仅可以弥补由于实验经费不足使实验仪器、元件缺乏的问题，而且排除了实际材料消耗和仪器损坏等现象。使用 Multisim 可以帮助学生更快、更好地掌握课堂讲授的内容，加深学生对电子线路概念和原理的理解，弥补课堂理论教学的不足。并且通过仿真，可以使学生熟悉常用电子仪器的使用和测量方法，进一步培养学生的综合分析能力和开发创新能力。

在 Multisim 中当改变电路连接或元件参数，对电路进行仿真操作时，可以清楚地观察到各种变化对电路性能的影响。其数量众多的元件数据库、标准化的仿真仪器、直观的捕获界面、简洁明了的操作、强大的分析测试、可信的测试结果，使其非常适合电子类课程的教学和实验。

下面以逻辑转换仪为例来介绍逻辑函数的化简与转换过程。

1. 逻辑转换仪及其面板

逻辑转换仪是 Multisim 软件特有的虚拟仪器设备，实验室中并不存在这样的实际仪器。逻辑转换仪的主要功能是方便地完成真值表、逻辑表达式和逻辑电路三者之间的相互转换。逻辑转换仪的图标和面板如图 1.3.24 所示，逻辑转换仪的图标只有在将逻辑电路转换为真值表或逻辑表达式时，才需要与逻辑电路连接，逻辑转换仪的图标有 9 个端子，其中左边 8 个用于连接逻辑电路的输入端，右边的一个连接输出端。图 1.3.25 是转换方式选择按钮的含义。

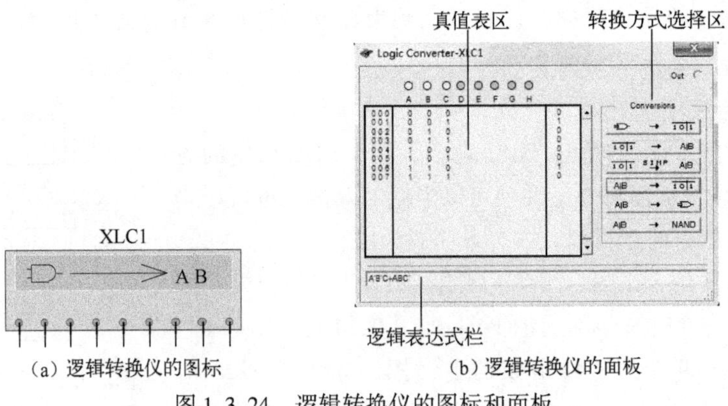

（a）逻辑转换仪的图标　（b）逻辑转换仪的面板

图 1.3.24　逻辑转换仪的图标和面板

将逻辑电路图转换成真值表的方法：首先画出逻辑电路图，将逻辑电路的所有输入端接逻辑转换仪的相应输入端。将逻辑电路的输出端（有多个输出端时接入其中之一）接逻辑转换仪的输出端。双击逻辑转换仪图标，展开仪器面板。根据逻辑电路输入端数量，单击面板上边的逻辑变量，这些逻辑变量的所有组合就在面板左侧以真值表的形式列出，但右侧一栏暂时为“?”。按动面板右侧转换方式（Conversions）栏内的“电路”→“真值表”按钮，真值表的值就在左侧表格右边一栏列出。

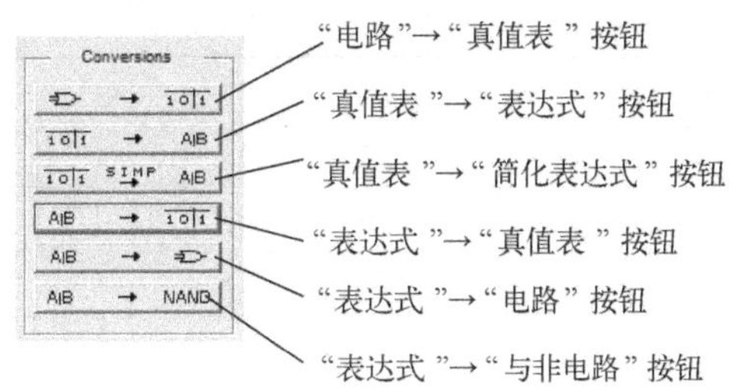

图 1.3.25　转换方式选择按钮的含义

将真值表转化为逻辑表达式：双击逻辑转换仪图标，展开仪器面板。在逻辑转换仪面板上边选择想用的输入端（A－H），下面的真值表区就会出现输入信号的所有组合，但右边列出的初始值全为“?”。单击真值表右边的“?”一次，会变成0，单击2次变为1，单击3次变为×，以此，根据所需要的逻辑关系，改变真值表的输出值。按动面板右侧转换方式栏内的“真值表”→“表达式”按钮。相应的逻辑表达式就出现在面板下边的逻辑表达式区。若按动面板右侧转换方式栏内的“真值表”→“简化表达式”按钮，则得简化表达式或者直接由真值表得到简化的逻辑表达式。注意表达式中用“'”表示逻辑变量的“非”运算。

此外还可以直接在逻辑表达式栏中输入表达式（与或式及或与式均可），然后单击“表达式”→“电路”按钮，可得到相应的真值表；单击“表达式”→“电路”按钮可得到相应的逻辑电路；单击“表达式”→“与非电路”按钮，可得到由与非门构成的电路。

注意：如果是逻辑“非”，例如，$\overline{A}$则应写成 A′；$\overline{A+B}$则应转换为$\overline{A}\overline{B}$，输入 A ′B ′。

2. 用逻辑转换仪进行逻辑函数的化简与转换

【例 1.3.16】 用逻辑转换仪实现一个判断输入 8421BCD 码大于 5 的逻辑电路。

解：（1）设输入变量为 A、B、C、D，根据题意可列出表 1.3.14 所示的真值表。

表 1.3.14　判断 8421BCD 码大于 5 的真值表

序　号	输　入				输　出
	A	B	C	D	Y
0	0	0	0	0	0
1	0	0	0	1	0
2	0	0	1	0	0
3	0	0	1	1	0
4	0	1	0	0	0
5	0	1	0	1	0
6	0	1	1	0	1

续表

序　号	输　入				输　出
	A	B	C	D	Y
7	0	1	1	1	1
8	1	0	0	0	1
9	1	0	0	1	1
10	1	0	1	0	非 8421BCD 码（无意义）
11	1	0	1	1	
12	1	1	0	0	
13	1	1	0	1	
14	1	1	1	0	
15	1	1	1	1	

（2）在 Multisim 的电路窗口上方出现逻辑转换仪图标，双击图标，在逻辑转换仪面板上的输入端部分选中 A、B、C、D，这时真值表中列出了一个 16 行的真值表，但其输出状态全部显示为“?”。

（3）根据表 1.3.14 所示的真值表，在逻辑转换仪面板中真值表的对应行输出状态处单击，可以看到其显示状态在 0、1、×这三种状态之间切换，将面板中的真值表设置成与表 1.3.14 一致的输出状态。

（4）单击逻辑转换仪面板上的 [1 0|1 → A|B] 或 [1 0|1 SIMP→ A|B] 按钮，可以得到最小项表达式和化简的表达式。

（5）单击 [A|B → ⊐D] 或 [A|B → NAND] 按钮，分别可以得到用与门或用与非门构成的逻辑电路图，可以根据实际需要进行选择。如图 1.3.26 所示为该例题的结果图。

注意：单击 [A|B → ⊐D] 或 [A|B → NAND] 按钮，得到的电路取决于当前表达式的形式，如果是化简的表达式，则电路较简单；如果是最小项表达式，则电路较复杂。

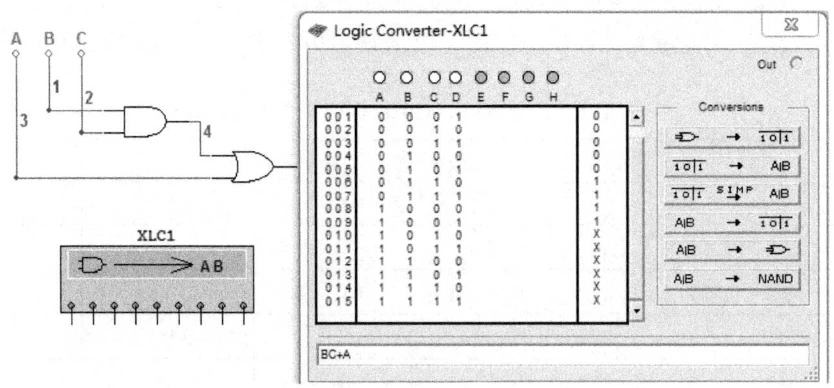

图 1.3.26　逻辑转换仪实现由真值表到电路的转换

任务1.4 学习逻辑门电路

1.4.1 分立元件门电路

用以实现逻辑关系的电路一般称为门电路，构成门电路的主要元器件为半导体晶体管。

在数字电路中，用高、低电平分别表示二值逻辑的1和0两种逻辑状态。如果以输出的高电平表示逻辑1，以低电平表示逻辑0，就称这种表示方法为正逻辑；反之，如果以输出的高电平表示逻辑0，以低电平表示逻辑1，就称这种表示方法为负逻辑。本书除特别说明外，一律采用正逻辑表示方法。

可以采用开关、电阻等器件来获得高、低电平，开关可以用半导体二极管、晶体管等器件构成，通过输入信号来控制二极管、晶体管工作在截止和导通两个状态，起到开关作用。为了分析门电路的电气特性，需要了解二极管、晶体管等器件的开关特性。

1. 晶体管的开关特性

1）二极管的开关特性

半导体二极管具有单向导电性，故相当于一个受外加电压极性控制的开关。二极管的伏安特性曲线如图1.4.1所示，由图可知，外加正向电压导通时，导通压降 U_D，硅管约为0.7V，锗管约为0.3V。正向导通电阻 R_D 约为几欧姆至几十欧。所以外加正向电压时，相当于开关闭合。二极管加反向电压时截止，由于反向饱和电流极小、反向电阻很大（约几十兆欧），相当于开关断开。

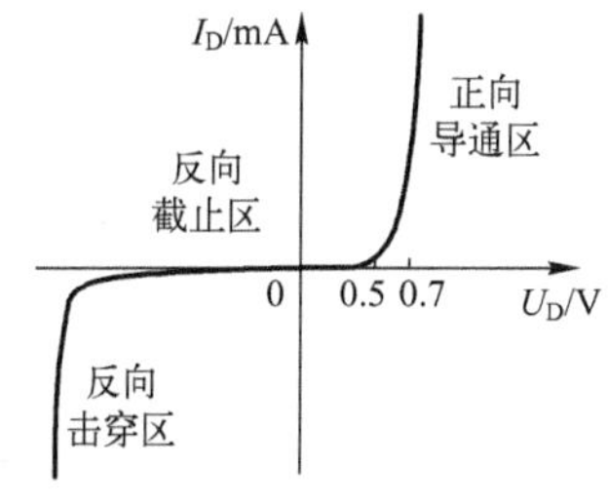

图1.4.1 二极管的伏安特性曲线

二极管从截止变为导通和从导通变为截止都需要一定的时间，两者相比，通常后者所需的时间长得多，一般为纳秒数量级。

2）三极管的开关特性

双极型晶体三极管简称三极管，在数字电路中是作为开关来使用的，不允许工作在放大状态，只能工作在饱和导通状态（饱和状态）或截止状态。图1.4.2为NPN型硅三极管组成的共发射极电路。

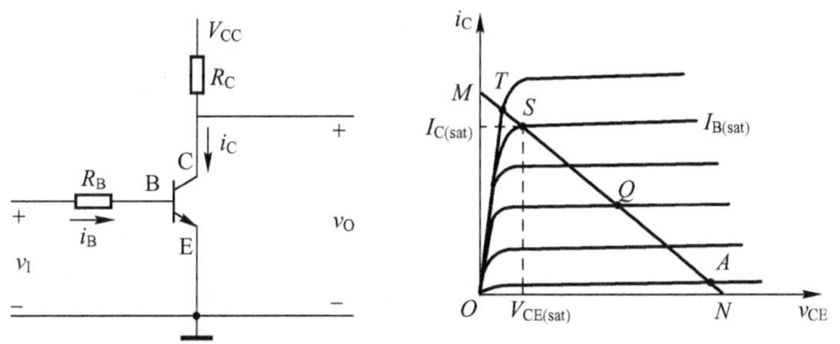

图1.4.2 共射极NPN三极管开关电路及三种工作状态

（1）截止状态。当输入电压 v_I 为低电平 $V_{IL}=0.3V$ 时，基射间的电压 v_{BE} 小于其门限电压 V_{th}（0.5V）时，三极管截止，这时，基极电流 $i_B\approx0$，集电极电流 $i_C\approx0$，输出电压 $v_O=v_{CE}\approx V_{CC}$。所以三极管截止时，E、B、C 3 个极互为开路，等效电路如图 1.4.3（a）所示。由上分析可知：当 $v_{BE}\leqslant0.5V$，三极管截止。要使其能可靠截止，则要求 $v_{BE}\leqslant0V$。

（2）饱和状态。当输入 v_I 为高电平 V_{IH}，且三极管工作在临界饱和状态时，此后，基极电流 i_B 再增加，集电极电流 i_C 不再增大，这时三极管的 i_B 称为临界饱和基极电流 $I_{B(Sat)}$，对应的集电极电流 i_C 称为临界饱和集电极电流 $I_{C(Sat)}$，基射间的电压 v_{BE} 称为临界饱和基极 $V_{BE(Sat)}$，对于 NPN 型硅三极管，其值约为 0.7V，集射间的电压 v_{CE} 称为临界饱和集电极电压 $V_{CE(Sat)}$，其值为 0.1 ～ 0.3V。三极管饱和时近似等效电路如图 1.4.3（b）所示。由于 $V_{BE(Sat)}$ 和 $V_{CE(Sat)}$ 值都很小，且可忽略不计，这时三极管的 E、B、C 极可看成相互连通，由以上分析可知：只有实际流入基极的电流 $i_B\geqslant I_{B(Sat)}$，三极管才会工作在饱和状态。

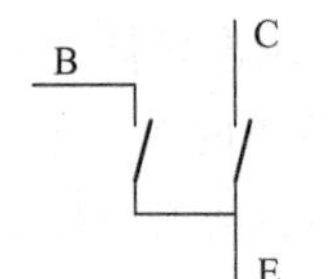

（a）截止时的理想等效电路

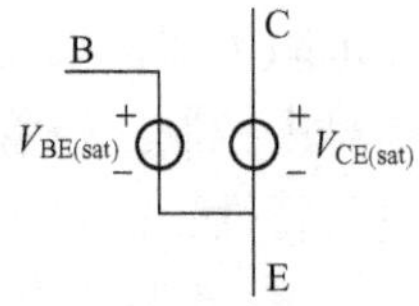

（b）饱和时的近似等效电路

图 1.4.3　NPN 硅三极管的开关等效电路

2. 分立元件门电路

1）二极管与门

与门是实现与逻辑关系的电路，由两个二极管构成的二输入与门如图 1.4.4 所示。

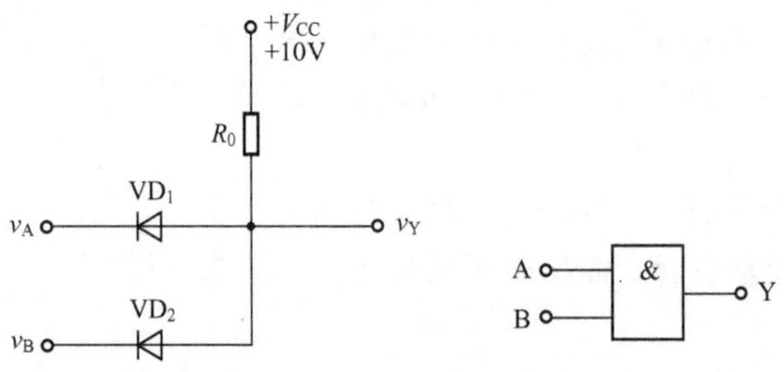

图 1.4.4　二极管与门

当两个输入 v_A、v_B 均为低电平 0V 时，二极管 VD_1、VD_2 均导通，输出端 v_Y 钳位在低电平 0.7V，当有一个输入为低电平 0V 时，二极管 VD_1、VD_2 中有一个导通，一个截止，输出仍为低电平 0.7V，当两个输入均为高电平 3V 时，二极管 VD_1、VD_2 也均导通，输出为高电平 3.7V，其电平关系如表 1.4.1 所示，转换成真值表如表 1.4.2 所示。

表 1.4.1　与门电平关系表

v_A(V)	v_B(V)	v_Y(V)	VD_1	VD_2
0	0	0.7	导通	导通
0	3	0.7	导通	截止
3	0	0.7	截止	导通
3	3	3.7	导通	导通

表 1.4.2　与门真值表

A	B	Y
0	0	0
0	1	0
1	0	0
1	1	1

2）二极管或门

或门是实现或逻辑关系的电路，二极管或门如图 1.4.5 所示，请自行分析该电路的工作过程。

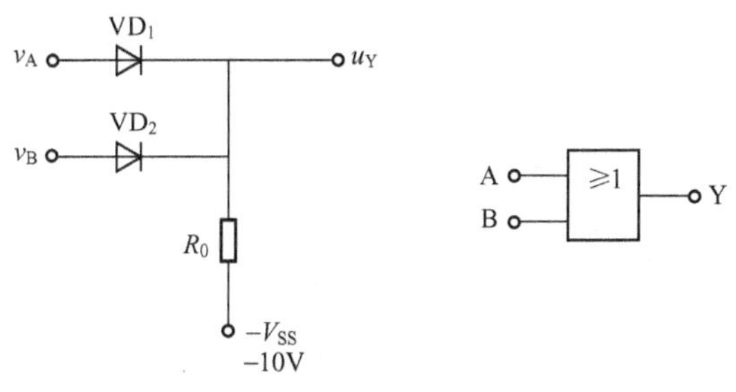

图 1.4.5　二极管或门

3）三极管非门

图 1.4.6 所示为非门电路，由图 1.4.6 可知：当输入 A 为低电平 0 时，三极管 VT 截止，输出 Y 为高电平 1；当输入 A 为高电平 1 时，合理选择 R_b 和 R_c，使三极管 VT 工作在饱和状态，输出 Y 为低电平 0，实现了非运算。其真值表如表 1.4.3 所示。

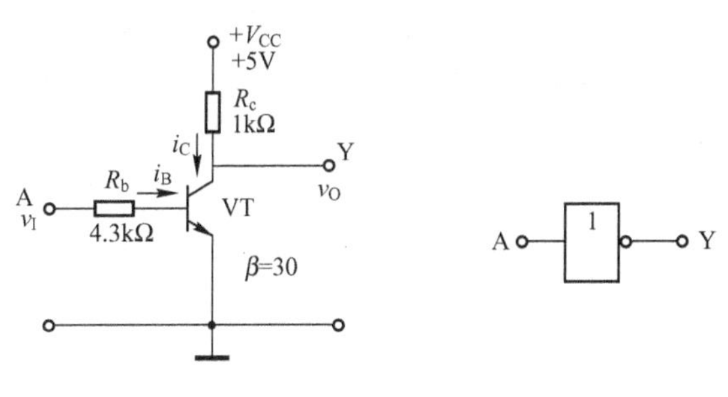

图 1.4.6　三极管非门

表 1.4.3　非门真值表

A	Y
0	1
1	0

由于非门的输出信号是输入信号的反相，故非门又称为反相器，非门用以实现非运算。

1.4.2　TTL 集成门电路

目前广泛应用的是集成门电路，基本上都是单片集成芯片，主要有两大类：TTL 集成门电路和 CMOS 集成门电路。其中集成与非门最为常用。

1. 电路结构

在普通三极管的基极和集电极之间并接一个肖特基势垒二极管（简称 SBD）构成了抗饱和三极管。其特点是：没有电荷存储效应；肖特基势垒二极管的导通电压只有 0.4V 而非 0.7V，因此 V_{BC} = 0.4V 时，肖特基势垒二极管便导通，使 V_{BC} 钳在 0.4V 上，降低了饱和深度。

在集成电路中肖特基势垒二极管和三极管制作在一起，其符号如图 1.4.7 所示。

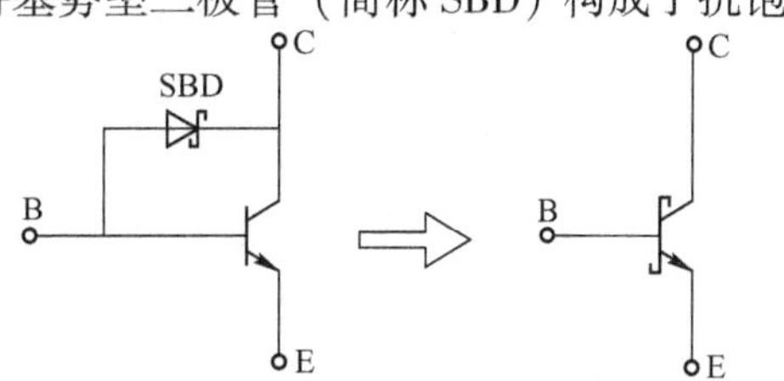

图 1.4.7　肖特基三极管

图 1.4.8（a）所示为 CT74S 肖特基系列 TTL（又称 STTL 系列）与非门电路，图 1.4.8（b）为其逻辑符号。除 V_4外，其余三极管都采用的是抗饱和三极管，用以提高门电路工作速度。V_4不会工作于饱和状态，因此用普通三极管。它主要由输入级、中间级和输出级三部分组成。

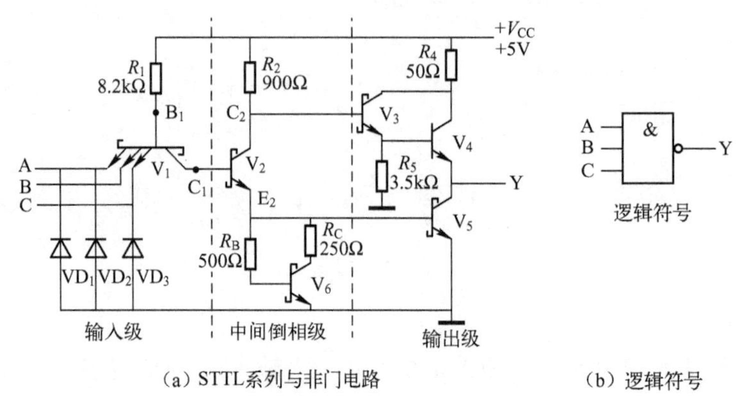

（a）STTL系列与非门电路　　（b）逻辑符号

图 1.4.8　肖特基三极管

输入级主要由多发射极管 V_1和基极电阻 R_1组成，用以实现输入变量 A、B、C 的与运算。VD_1～ VD_3为输入钳位二极管，用以抑制输入端出现的负极性干扰。正常信号输入时，VD_1～ VD_3不工作，当输入的负极性干扰电压大于二极管导通电压时，二极管导通，输入端负电压被钳在 -0.7V 上，这不但抑制了输入端的负极性干扰，对 V_1还有保护作用。

中间级起倒相放大作用，V_2集电极 C_2和发射极 E_2同时输出两个逻辑电平相反的信号，分别驱动 V_3和 V_5。R_B、R_C和 V_6构成有源泄放电路，用以减小 V_5管开关时间，从而提高门电路工作速度。

输出级由 V_3、V_4、R_4、R_5和 V_5组成。其中 V_3和 V_4构成复合管，与 V_5构成推拉式输出结构，提高了负载能力。

2. 工作原理

设电源电压 $V_{CC}=5V$，输入 v_I高电平 $V_{IH}=3.6V$，低电平 $V_{IL}=0.3V$，三极管发射结的正向压降为 0.7V。

（1）当输入 A、B、C 中有一个或数个为低电平 $V_{IL}=0.3V$ 时，输出 Y 为高电平 $V_{OH}=3.6V$。这时，电源 V_{CC}经 R_1向 V_1提供较大的基电流 i_{BI}，使其工作在饱和状态，集电极输出低电平，V_2截止，V_5也随之截止。这时，V_2集电极输出 v_{c2}为高电平，且接近电源电压 $V_{CC}=5V$，V_3导通，V_4也随之导通，输出 v_O为高电平 V_{OH}，其值为

$$v_O=V_{OH}=v_{C2}-(v_{BE3}+v_{BE4})\approx 5V-(0.7+0.7)V=3.6V。$$

（2）当输入 A、B、C 都为高电平 3.6V 时，输出 Y 为低电平 $V_{OL}=0.3V$。电源 V_{CC}经 R_1和 V_1集电结向 V_2提供较大的基极电流，使 V_2和 V_5饱和导通，输出 v_O为低电平 V_{OL}，其值为 V_5的饱和压降 $V_{EC5(sat)}$，即为 $v_O=V_{OL}=V_{CE5(sat)}\approx 0.3V$。

综上所述，对图 1.4.8（a）所示电路，如高电平用“1”表示，低电平用“0”表示时，则可列出表 1.4.4 所示的真值表。由该表可知：当输入中有一个或数个为低电平“0”

时，输出为高电平“1”；只有当输入都为高电平“1”时，输出才为低电平“0”，所以图1.4.8（a）所示电路为与非门，其输出逻辑表达式为

$$Y = \overline{ABC} \tag{1.4.1}$$

表1.4.4　TTL与非门的真值表

输　入			输　出
A	B	C	Y
0	0	0	1
0	0	1	1
0	1	0	1
0	1	1	1
1	0	0	1
1	0	1	1
1	1	0	1
1	1	1	0

由于在CT74S系列中V_1、V_2、V_3、V_5、V_6都采用了肖特基三极管，因此该系列门电路的开关速度是很高的，开关特性也很好。

3. TTL与非门集成器件实例

上面讨论的仅仅是一个与非门的工作原理，而实际的集成电路往往是将多个门电路集成在一个芯片中，下面以较常见的74LS00（四2输入与非门）为例来说明实际集成门电路的情况，如图1.4.9所示。

（a）实物

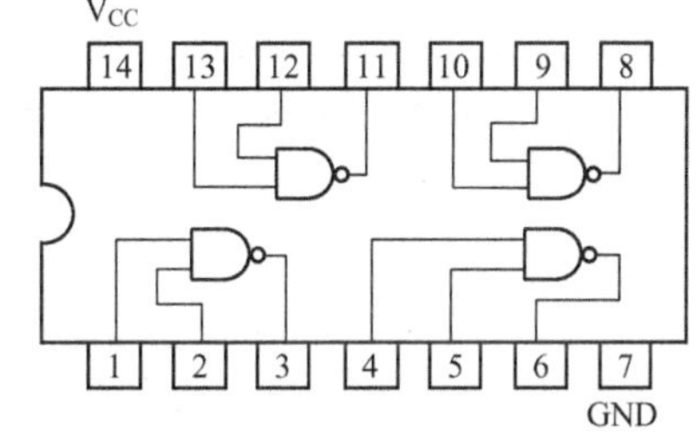

（b）外引脚排列结构图

图1.4.9　74LS00集成门电路

4. TTL门电路的主要特性与指标

为了保证数字电路很好地工作，必须充分了解它们的实际性能指标，这里虽然以TTL与非门为例进行讨论，但多数参数指标具有一定的普遍性。

电压传输特性是门电路输出电压v_O与输入电压v_I变化的特性曲线，如图1.4.10所示。

v_I较小时工作于AB段，这时V_2、V_5截止，V_3、V_4导通，输出恒为高电平，V_{OH}≈3.6V，称与非门工作在截止区或处于关门状态；v_I较大时工作于BC段，这时V_2、V_5工作于放大

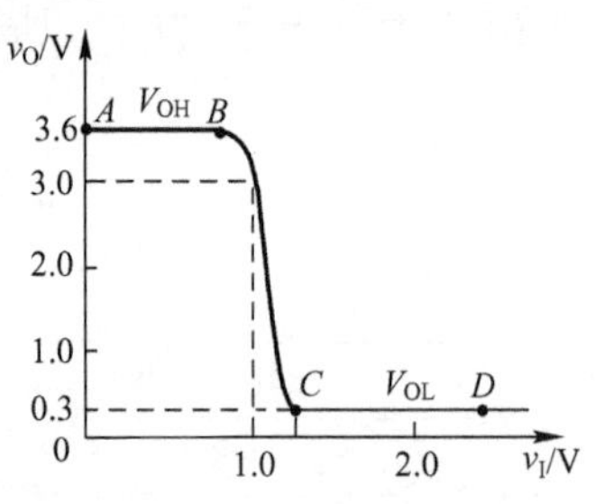

图 1.4.10　TTL 与非门电压传输特性曲线

区，v_I的微小增大引起 v_O急剧下降，称与非门工作在转折区。v_I很大时工作于 *CD* 段，这时 V_2、V_5饱和，输出恒为低电平，V_{OL}≈0.3V，称与非门工作在饱和区或处于开门状态。

输出高电平 V_{OH}：当与非门输入端有低电平 V_{IL}时，输出高电平 V_{OH}。当与非门外接负载个数增多时，输出的高电平也会下降。对于 TTL 与非门，输出高电平 V_{OH}在 2.4 ～ 3.6V 之间时，认为是合格的。

输出低电平 V_{OL}：当与非门所有输入端都为高电平 V_{IH}时，输出低电平 V_{OL}。对于 TTL 与非门，输出低电平 V_{OL}在 0 ～ 0.5V 之间时，认为是合格的。

关门电平 V_{OFF}：输出电压 v_O为高电平 V_{OH}的下限值 $V_{OH(min)}$时对应的输入电压值称为关门电平，用 V_{OFF}表示。显然只有当 $v_I < V_{OFF}$时，与非门才关闭，输出高电平。对于 TTL 与非门，V_{OFF}在 0.8 ～ 1.0V 之间。

开门电平 V_{ON}：输出电压 v_O为低电平 V_{OL}的上限值 $V_{OL(max)}$时对应的输入电压值称为开门电平，用 V_{ON}表示。显然只有当 $v_I > V_{ON}$时，与非门才开通，输出低电平。对于 TTL 与非门，V_{ON}在 1.4 ～ 1.8V 之间。

阈值电压 V_{TH}：V_{TH}为输出高电平和低电平的分界线，又称为门槛电平。TTL 与非典型值为 1.4V。

噪声容限 V_N：噪声容限又称为抗干扰能力，表示门电路在输入信号电压上允许叠加多大的噪声电压下仍能正常工作。噪声容限越大，抗干扰能力越强。其中，低电平噪声容限 V_{NL}是指输入低电平时，允许的最大正向噪声电压，$V_{NL} = V_{OFF} - V_{IL}$；高电平噪声容限 V_{NH}是指输入高电平时，允许的最大负向噪声电压，$V_{NH} = V_{IH} - V_{ON}$。

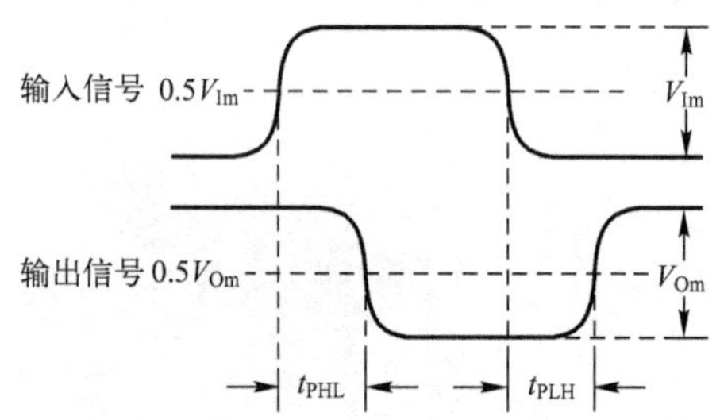

图 1.4.11　TTL 与非门的传输延迟时间

传输延迟时间：在 TTL 与非门中，由于二极管、三极管由导通变为截止或由截止变为导通时，都需要一定的时间。当输入电压 v_I为一个矩形脉冲时，输出电压 v_O的脉冲波形比输入波形延迟了一定的时间，如图 1.4.11 所示。输出电压 v_O的波形滞后于输入电压 v_I波形的时间称为传输延迟时间。从输入电压 v_I波形上升沿 $0.5V_{Im}$处到输出电压 v_O下降沿 $0.5V_{Om}$之间的时间，称为导通延迟时间，用 t_{PHL}表示。从输入电压 v_I下降沿 $0.5V_{Im}$处到输出电压 v_O上升沿 $0.5V_{Om}$之间的时间称为截止延迟时间，用 t_{PLH}表示。平均传输延迟时间 t_{pd}为 t_{PHL}和 t_{PLH}的平均值，即

$$t = \frac{t_{PHL} + t_{PLH}}{2} \tag{1.4.2}$$

t_{pd}是门电路重要的开关时间参数，t_{pd}越小，说明门电路的开关速度越高，工作频率也越高。

功耗—延迟积：一个性能优越的门电路应具有功耗低、工作速度高的特点，然而这两者是很难兼顾的。它们存在着一定的矛盾。为了能全面衡量门电路的品质，常用静态功耗 P_0和平均传输延迟时间 t_{pd}的乘积来评价门电路综合性能的优劣，简称功耗—延迟积，用 *M* 表

示，即

$$M = P_0 t_{pd} \tag{1.4.3}$$

M 又称为品质因数，其值越小，说明电路的综合性能越好。

5. 其他类型的TTL门电路

1）集电极开路与非门（OC门）

集电极开路与非门又称为OC门，如图1.4.12所示。OC门工作时需要在输出端Y和电源 V_{CC} 之间外接一个上拉负载电阻 R_L。其工作原理：当输入A、B、C都为高电平时，V_2 和 V_5 饱和导通，输出低电平；当输入A、B、C中有低电平时，V2和V5截止，输出高电平。因此OC门具有与非功能，其逻辑表达式为

$$Y = \overline{ABC} \tag{1.4.4}$$

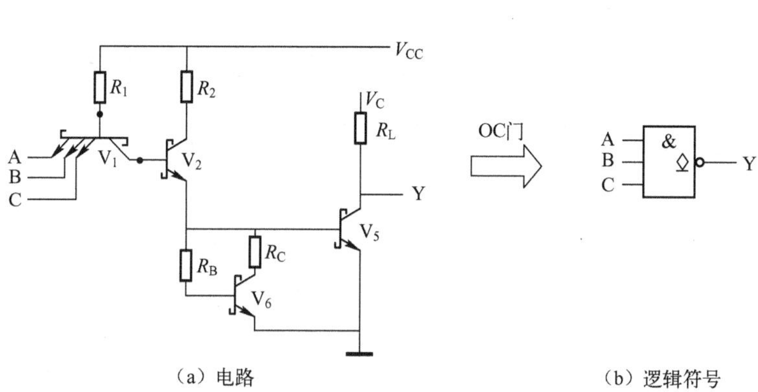

（a）电路　　（b）逻辑符号

图1.4.12　集电极开路与非门

集电极开路与非门的主要应用是可以实现“线与”，如图1.4.13所示。此外，还可以驱动LED显示和实现电平转换，分别如图1.4.14和图1.4.15所示。

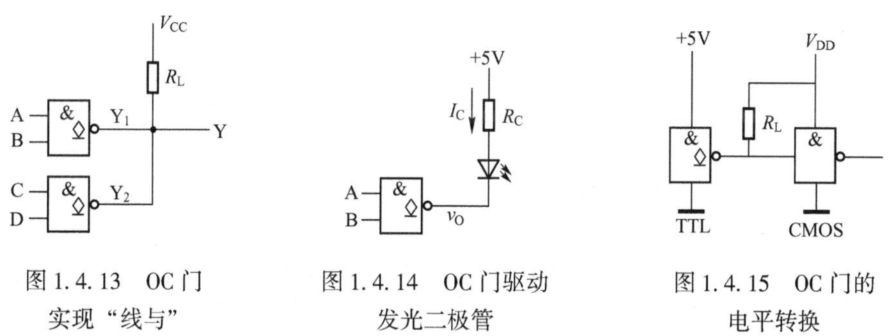

图1.4.13　OC门实现“线与”

图1.4.14　OC门驱动发光二极管

图1.4.15　OC门的电平转换

2）三态输出与非门（TSL门）

三态输出与非门的输出有高电平、低电平和高组态三种状态，简称三态门。与普通与非门不同，三态门有一个控制端（又称为使能端）EN，该控制端分为高电平有效和低电平有效，其逻辑符号如图1.4.16所示。表1.4.5为控制端低电平有效的三态门功能表，表1.4.6为控制端高电平有效的三态门功能表，其中Z表示高组态。

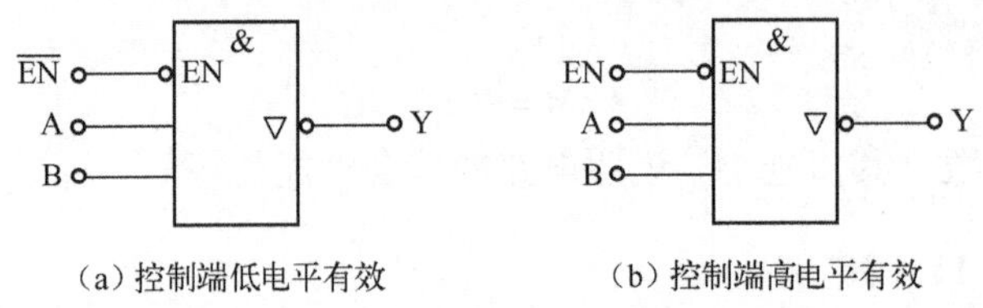

(a) 控制端低电平有效　　(b) 控制端高电平有效

图 1.4.16　三态输出与非门的逻辑符号

表 1.4.5　低电平有效的三态门功能表

$\overline{EN}$	Y
0	$\overline{AB}$
1	Z

表 1.4.6　高电平有效的三态门功能表

EN	Y
1	$\overline{AB}$
0	Z

三态门的主要应用是可以实现计算机总线上的分时传输数据，如图 1.4.17 所示。在同一时刻，只有一个三态输出门处于工作状态，其余三态门输出都为高阻态，则各个三态门输出的数据便轮流送到总线上，不会产生相互干扰。

三态门还可以实现双向数据总线，如图 1.4.18 所示。当 EN =1 时，G_1工作，G_2输出为高阻态，数据 D_0经 G_1反相后传送到总线上；当 EN =0 时，G_2工作，G_1输出为高阻态，总线上的数据 D_1经反相后在 G_2输出端输出。

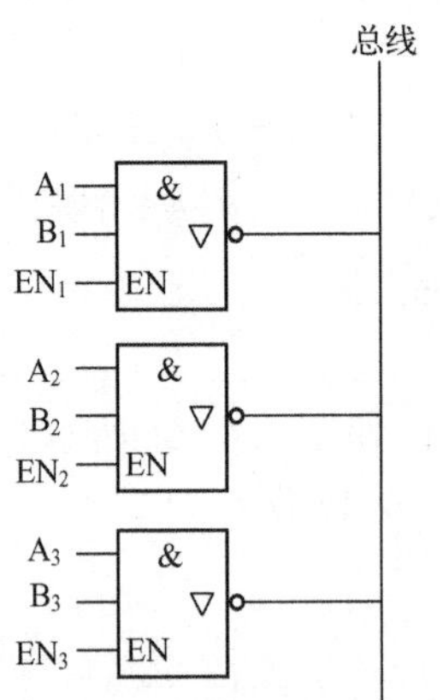

图 1.4.17　用三态门构成单向数据总线

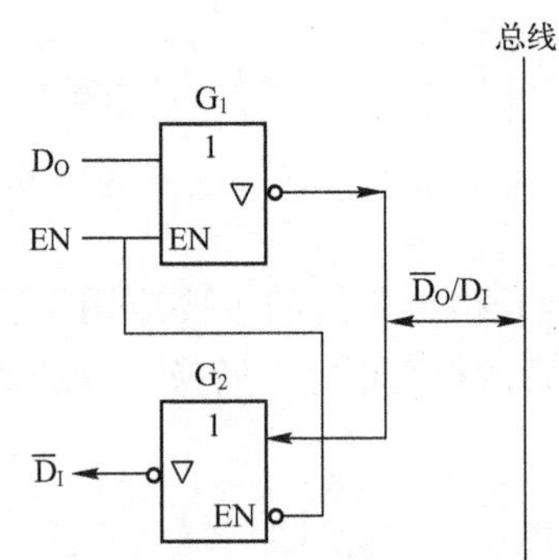

图 1.4.18　用三态门构成双向数据总线

1.4.3　CMOS 集成门电路

CMOS 门电路是由 N 沟道增强型 MOS 场效应晶体管和 P 沟道增强型 MOS 场效应晶体管构成的一种互补对称型场效应晶体管集成门电路。同 TTL 门电路相比，CMOS 门电路具有集成度高、微功耗和抗干扰能力强等优点，因此 CMOS 门电路发展迅速，广泛应用于中、大规模数字集成电路中。

1. CMOS 与非门

CMOS 与非门电路如图 1.4.19 (a) 所示，图 (b) 为其逻辑符号，两个串联的增强型 NMOS 管 V_{NA}和 V_{NB}为驱动管，两个并联的增强型 PMOS 管 V_{PA}和 V_{PB}为负载管。其工作原理如下：当输入 A=B=0 时，V_{NA}和V_{NB}都截止，V_{PA}和V_{PB}同时导通，输出 Y=1；当输入 A=0、B=1 时，V_{NA}截止，V_{PA}导通，输出 Y=1；当输入 A=1、B=0 时，V_{NB}截止，V_{PB}导通，输出 Y=1；当输入 A=B=1 时，V_{NA}和V_{NB}同时导通，V_{PA}和V_{PB}都截止，输出 Y=0。由以上分析可知，图 1.4.19（a）所示电路为与非门，即

$$Y=\overline{AB} \tag{1.4.5}$$

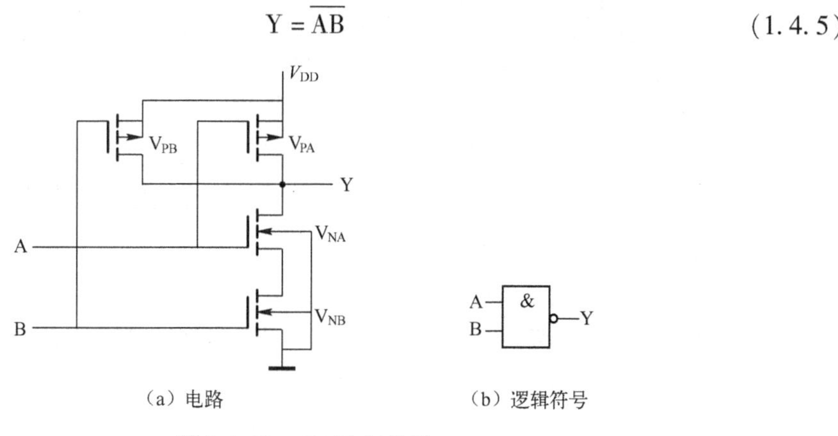

（a）电路　（b）逻辑符号

图 1.4.19　CMOS 与非门

除此之外，CMOS 门电路还有 CMOS 反相器、CMOS 或非门、CMOS 三态输出门、CMOS 传输门等，这里不再详述。

2. CMOS 集成门电路的主要特点

（1）静态功耗低。CMOS 门电路工作时，几乎不取静态电流，所以功耗极低。

（2）电源电压范围宽。CMOS 门电路的工作电源电压范围很宽（3～18V），与严格限制电源的 TTL 门电路相比要方便得多，便于和其他电路接口。

（3）抗干扰能力强。CMOS 门电路输出高、低电平的差值大，因此具有较强的抗干扰能力，工作稳定性好。

（4）制作工艺简单，集成度高，易于实现大规模集成。

（5）CMOS 门电路的缺点是工作速度比 74LS 系列低。

CMOS 门电路和 TTL 门电路在逻辑功能是相同的，而且当 CMOS 门电路的电源电压 $V_{DD}=+5V$ 时，它可以与 74LS 系列直接兼容。

1.4.4　TTL 与 CMOS 集成电路的使用

对于各种集成电路，在技术手册中都会给出各主要参数的工作条件和极限值，使用时一定要在推荐的工作条件范围内。

1. TTL 集成电路使用常识

为满足提高工作速度及低功耗等需要，TTL 电路有多种标准化产品，尤其以 54/74 系列应用最为广泛。其中 54 系列为军品，工作温度为 -55～125℃，工作电压为 5×(1±10%)V；74 系列为民品，工作温度为 0～70℃，工作电压为（5±5%）V，它们同一型号的逻辑功能、外引线排列均相同。TTL 集成电路主要有如表 1.4.7 所示的不同系列。

表 1.4.7 TTL 系列分布表

系 列	特 点
74 系列	标准 TTL 系列，早期产品，与国产 CT1000 系列对应，功耗 10mW，平均传输延迟时间 9ns
74L 系列	低功耗 TTL 系列，没有对应的国产系列与之对应，借助增大电阻元件阻值把功耗降到 1mW 以下，但平均传输延迟时间却增大为 33ns
74H 系列	高速 TTL 系列，与国产 CT2000 系列对应，与 74 系列相比，减少了电阻值，采用了达林顿管，提高了工作速度，功耗 22mW，平均传输延迟时间为 6ns
74S 系列	肖特基 TTL 系列，与国产 CT3000 系列对应，采用了正向压降只有 0.3V 的肖特基势垒二极管，有效地减轻三极管的饱和深度，功耗 19mW，平均传输延迟时间为 3ns
74LS 系列	低功耗肖特基 TTL 系列，与国产 CT4000 系列对应，除采用肖特基二极管来提高工作速度外，还通过增大电阻阻值来减少功耗，应用最为广泛，功耗 2mW，平均传输延迟时间为 9ns

TTL 集成电路使用时应注意以下几点。

（1）TTL 集成电路的电源电压不能高于 5.5V 使用，不能将电源与地颠倒错接，否则将会因为过大电流而造成元器件损坏，低于 4.5V 时元器件的逻辑功能将不正常。

（2）电路的各输入端不能直接与高于 5.5V 和低于 -0.5V 的低内阻电源连接，因为低内阻电源能提供较大的电流，导致器件过热而烧坏。

（3）除三态和集电极开路的电路外，输出端不允许并联使用。如果将集电极开路的门电路输出端并联使用而使电路具有线与功能时，应在其输出端加一个预先计算好的上拉负载电阻并接到 V_{CC} 端，如图 1.4.13 所示。

（4）输出端不允许与电源或地短路。否则可能造成器件损坏。但可以通过电阻与地相连，提高输出电平。

（5）在电源接通时，不要移动或插入集成电路，因为电流的冲击可能会造成其永久性损坏。

（6）多余的输入端最好不要悬空。对于一般小规模电路的输入端，实验时允许悬空处理，虽然悬空相当于高电平，并不影响与非门的逻辑功能，但悬空容易受干扰，有时会造成电路的误动作，在时序电路中表现更为明显，对于中规模以上的电路或较为复杂的电路，不允许悬空。因此，多余输入端一般不采用悬空办法，而是根据需要处理。例如，与门、与非门的多余输入端可直接接到 V_{CC} 上，如图 1.4.20（a）所示；或者将不同的输入端通过一个公用电阻（几千欧）连到 V_{CC} 上，如图 1.4.20（b）所示；如果前级驱动能力允许，也可将多余的输入端和使用端并联。不用的或门和或非门等器件的所有输入端接地，如图 1.4.20（c）所示。

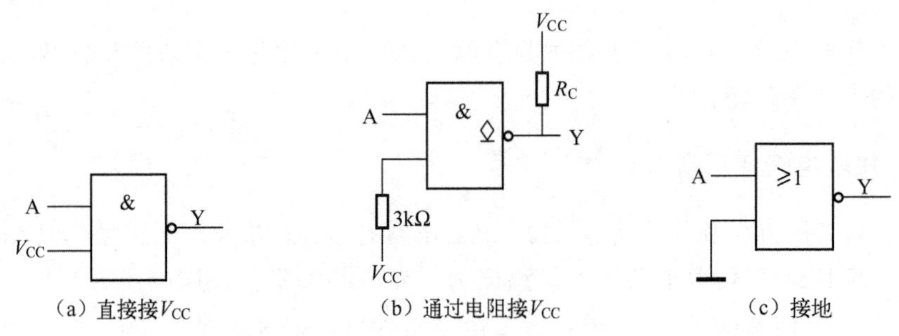

图 1.4.20 与非门和或非门多余输入端的处理

对触发器来说，不使用的输入端不能悬空，应根据逻辑功能接入电平。输入端连线应尽量短，这样可以缩短时序电路中时钟信号沿传输线的延迟时间。一般不允许将触发器的输出直接驱动指示灯、电感负载、长线传输，需要时必须加缓冲门。

2. CMOS 集成电路使用常识

CMOS 集成电路由于输入电阻很高，因此极易接受静电电荷。为了防止产生静电击穿，生产 CMOS 时，在输入端都要加上标准保护电路，但这并不能保证绝对安全，因此使用 CMOS 集成电路时，必须采取以下预防措施。

(1) 存放 CMOS 集成电路时要屏蔽，一般放在金属容器中，也可以用金属箔将引脚短路。

(2) CMOS 集成电路可以在很宽的电源电压范围内提供正常的逻辑功能，但电源的上限电压不得超过电路允许极限值、电源的下限电压不得低于系统工作所必需的电源电压最低值。

(3) 焊接 CMOS 集成电路时，一般用 20W 内热式电烙铁，而且电烙铁要有良好的接地线。也可以利用电烙铁断电后的余热快速焊接。禁止在电路通电的情况下焊接。

(4) 调试 CMOS 电路时，如果信号电源和电路板用两组电源，则刚开机时应先接通电路板电源，后开信号源电源。关机时则应先关信号源电源，后断电路板电源。即在 CMOS 本身还没有接通电源的情况下，不允许有输入信号输入。

(5) 多余输入端绝对不能悬空。否则不但容易受外界噪声干扰，而且输入电位不定，破坏了正常的逻辑关系，也消耗不少的功率。因此，应根据电路的逻辑功能需要分别情况加以处理。例如，与门和与非门的多余输入端应接到 V_{DD} 或高电平；或门和或非门的多余输入端应接低电平；如果电路的工作速度不高，不需要特别考虑功耗时，也可以将多余的输入端和使用端并联。

以上所说的多余输入端，包括没有被使用但已接通电源的 CMOS 电路所有输入端。例如，一片集成电路上有 4 个与门，电路中只用其中 1 个，其他 3 个门的所有输入端必须按多余输入端处理。

(6) 输出端的处理。输出端不允许直接与电源或地相连，因为电路的输出级通常为 CMOS 反相器结构，这会使输出级的 NMOS 管和 PMOS 管可能因电流过大而损坏；为提高电路的驱动能力，可将同一集成芯片上的电路的输入端、输出端并联使用；当 CMOS 电路输出端接大容量的负载电容时，需在输出端和电容之间串联一个限流电阻，以保证流过管子的电流不超过允许值。

任务 1.5　技能训练：74 系列集成逻辑门电路的功能测试

1. 训练目的

(1) 熟悉数字电路实验箱的构造和工作原理，学习其使用方法。

(2) 掌握数字芯片的辨认和使用方法。学习测试与门、或门、非门、与非门、或非门等基本逻辑门电路的逻辑功能。

（3）学习基本逻辑门电路的简单组合，掌握基本逻辑门电路的相互转换方法。

（4）巩固对摩根定律的认识。

2. 训练设备与器材

（1）数字电路实验箱

（2）万用表

（3）集成电路

74LS08　四 2 输入与门　1 片

74LS32　四 2 输入或门　1 片

74LS20　双 4 输入与非门　1 片

74LS02　四 2 输入或非门　1 片

74LS04　6 反相器　1 片

3. 预备知识

（1）与门、或门、非门、与非门、或非门等基本逻辑门电路的逻辑功能和相应的逻辑关系式。

（2）与非门和或非门如何用作反相器？如图 1.5.1 所示，分别有两种接法。

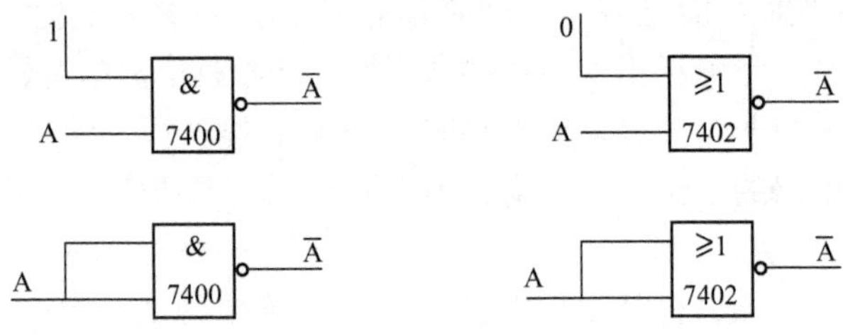

图 1.5.1

（3）与非门相当于一个与门串联一个非门，或非门相当于一个或门串联一个非门，分别如图 1.5.2、图 1.5.3 所示。

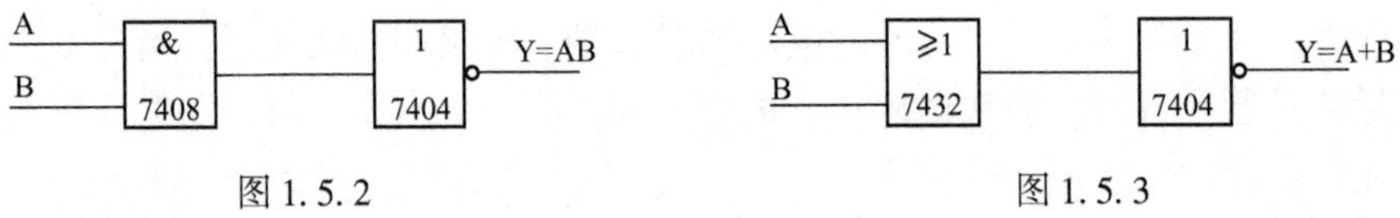

图 1.5.2　　图 1.5.3

（4）与门和或门可分别通过与非门和或非门在输出端加非门组成，如图 1.5.4、图 1.5.5 所示。

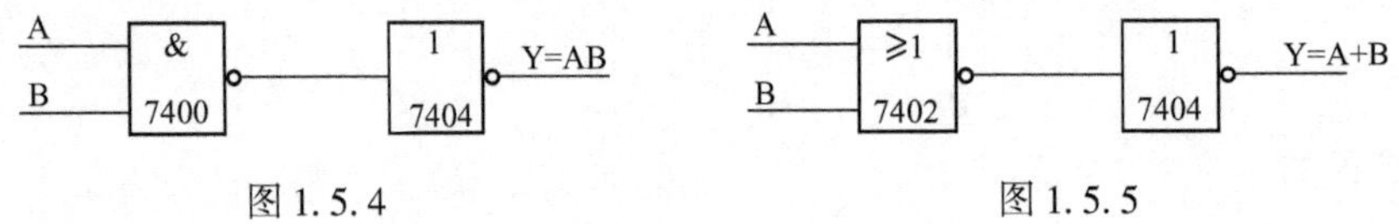

图 1.5.4　　图 1.5.5

（5）根据摩根定律，与非门和或非门在输入端加非门，可分别得到或门和与门，如图 1.5.6、图 1.5.7 所示。

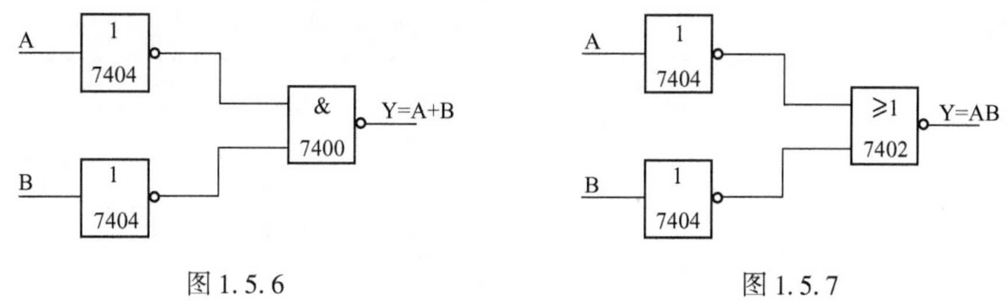

图 1.5.6　　　　　　图 1.5.7

(6) 据摩根定律，与门和或门在输入端加非门，可分别得到或非门和与非门，如图 1.5.8、图 1.5.9 所示。

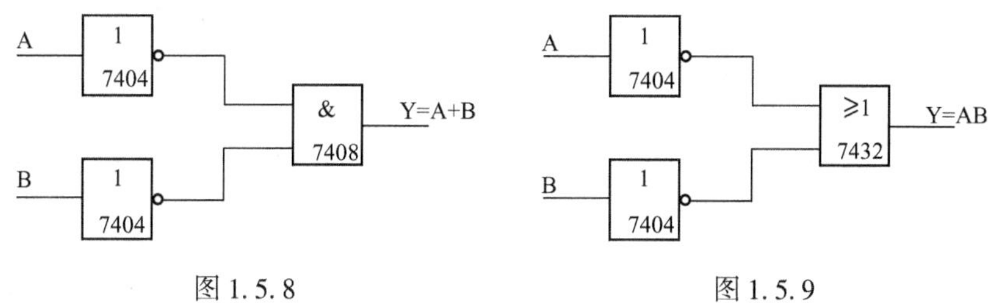

图 1.5.8　　　　　　图 1.5.9

4. 训练内容及步骤

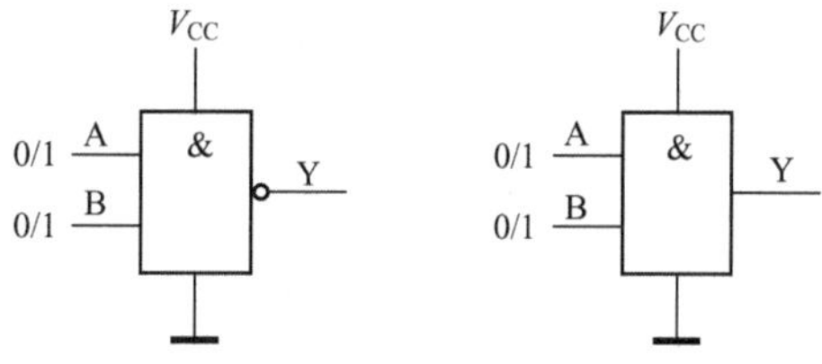

图 1.5.10　与门和与非门的测试电路

(1) 与门和与非门逻辑功能测试。

选取集成电路芯片 74LS00、74LS08 进行测试。

① 查阅 74LS00、74LS08 芯片的引脚排列。

② 将 74LS00（或 74LS08）芯片加上电源，即 V_{CC} 端接 +5V，GND 端接地。将输入端接逻辑电平开关，输出端接电平显示发光二极管。

③ 将逻辑电平开关依次按表 1.5.1 置高电平或低电平，观察输出端的状态，并用万用表测量相应的电压，记录在表 1.5.1 中。

④ 根据测量结果，写出逻辑表达式。

表 1.5.1　与门和与非门逻辑功能的测试数据

A	B	Y(74LS00)	Y(74LS08)
0	0		
0	1		
1	0		
1	1		

(2) 或门和或非门逻辑功能测试。

选取集成电路芯片 74LS32、74LS02 进行测试，步骤和方法同前，将或门和或非门逻辑功能的测试数据填入表 1.5.2 中。根据测量结果，写出逻辑表达式。

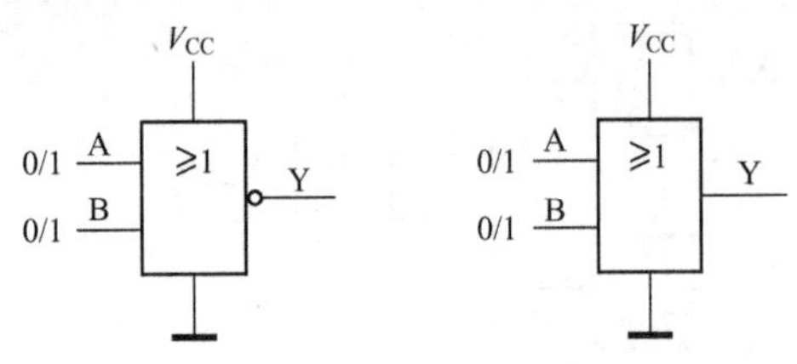

图 1.5.11 或门和或非门的测试电路

表 1.5.2 或门和或非门逻辑功能的测试数据

A	B	Y(74LS32)	Y(74LS02)
0	0		
0	1		
1	0		
1	1		

(3) 分别参照图 1.5.2、图 1.5.3 接线，验证与非门相当于一个与门串联一个非门，或非门相当于一个或门串联一个非门。自拟表格记录实验结果。

(4) 分别参照图 1.5.4、图 1.5.5 接线，验证与门和或门可分别通过与非门和或非门在输出端加非门组成。自拟表格记录实训结果。

(5) 摩根定律的运用。

① 与非门在输入端加非门得到或门。参照图 1.5.12 接线，完成表 1.5.3，根据测试结果分析 Y 和 A、B 的逻辑关系是否符合或逻辑关系。

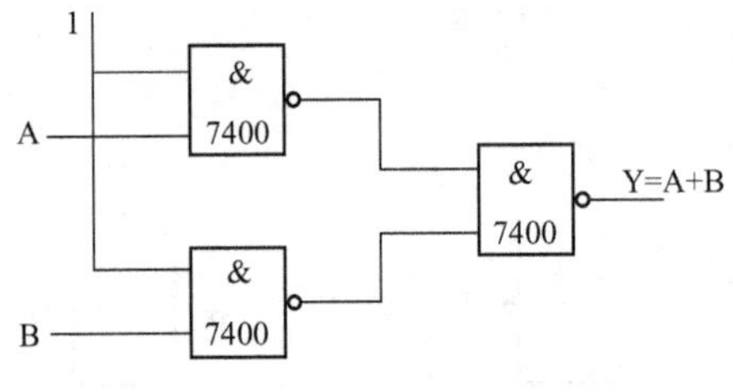

图 1.5.12 摩根定律的运用 1

表 1.5.3 电路测试数据表

A	B	Y
0	0	
0	1	
1	0	
1	1	

② 或门在输入端加非门，得到与非门。参照图 1.5.13 接线，完成表 1.5.4，根据测试结果分析 Y 和 A、B 的逻辑关系是否符合与非逻辑关系。

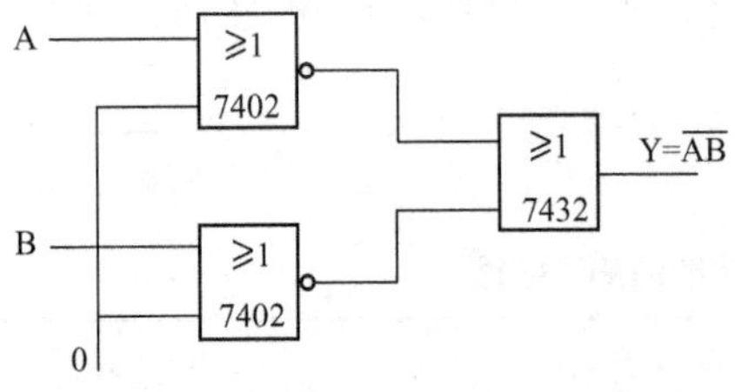

图 1.5.13 摩根定律的运用 2

表 1.5.4 电路测试数据表

A	B	Y
0	0	
0	1	
1	0	
1	1	

5. 训练注意事项

(1) 在接插集成门电路时，要认清定位标记，不得接反。不允许将电源极性接反，电源电压范围在 4.5 ～ 5.5V 之内。

(2) 不允许将门电路输出端直接接地或接电源，也不允许接逻辑电平开关，否则将损坏元器件。

6. 训练总结

（1）画出各个实训步骤的逻辑电路图，整理实训数据，加以分析。
（2）总结基本逻辑门电路的使用方法。
（3）思考题。
① 与非门输入端加反相器，输出为1，输入应怎样？
② 或非门输入端加反相器，输出为1，输入应怎样？
③ 与门输入端加反相器，输出为0，输入应怎样？
④ 或门输入端加反相器，输出为0，输入应怎样？
⑤ 如何使用一片74LS00四2输入与非门实现或非门？画出逻辑电路图。
⑥ 如何使用一片74LS02四2输入或非门实现与非门？画出逻辑电路图。

任务1.6　技能训练：三人表决器电路的设计

1. 任务要求

利用逻辑门电路设计一个三人多数表决器电路，当多数人同意时，表决通过。

2. 项目设计

（1）分析设计要求。设三人为A、B、C，同意为1，不同意为0；表决为Y，有两人或两人以上同意，表决通过，通过为1，否决为0。因此，A、B、C为输入量，Y为输出量。

（2）列出真值表。三人表决器电路的真值表如表1.6.1所示。

表1.6.1　三人表决器的真值表

输　入			输　出
A	B	C	Y
0	0	0	0
0	0	1	0
0	1	0	0
0	1	1	1
1	0	0	0
1	0	1	1
1	1	0	1
1	1	1	1

（3）写出最小项表达式，即

$$Y=\overline{A}BC+A\overline{B}C+AB\overline{C}+ABC$$

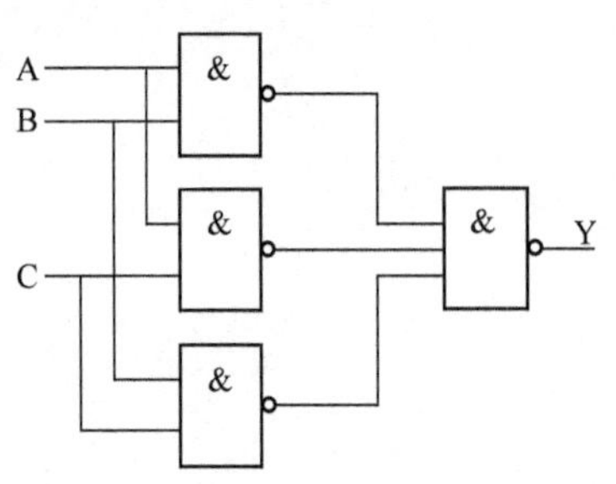

图 1.6.1 三人表决器的逻辑电路

(4) 化简逻辑表达式，即

$$Y = \overline{A}BC + A\overline{B}C + AB\overline{C} + ABC$$
$$= (A + \overline{A})BC + AC(B + \overline{B}) + AB(C + \overline{C})$$
$$= BC + AC + AB$$

(5) 画逻辑电路图。

若将上述与或表达式 $Y = BC + AC + AB$ 化为与非与非表达式，即 $Y = \overline{\overline{BC}\ \overline{AC}\ \overline{AB}}$，则三人表决器的逻辑电路可如图 1.6.1 所示。

3. 项目制作

1）电路安装准备

(1) 根据设计的逻辑电路，画出如图 1.6.2 所示的三人表决器的电路接线图。

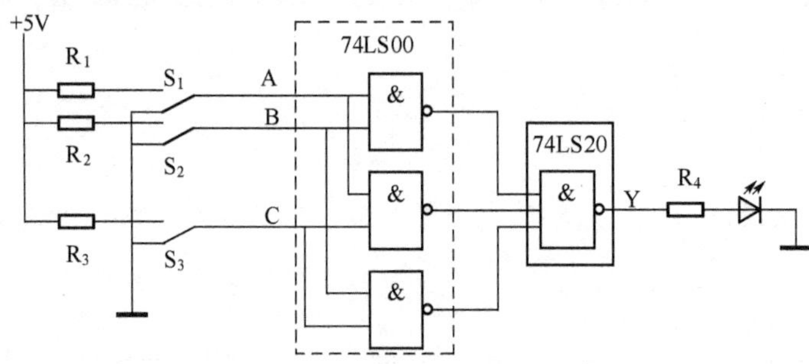

图 1.6.2 三人表决器的电路接线图

(2) 电路元器件主要有：集成门电路 74LS00 和 74LS20 各一片，电阻 1kΩ 4 只，LED 发光二极管 1 只，开关两只。

(3) 电路元器件的检测。集成逻辑门电路可以按逻辑功能检测方法进行检测，可用万用表的欧姆挡测量电阻的阻值，对 LED 发光二极管，可根据其具有的单相导电性，使用 $R \times 10k\Omega$ 挡测出其正、反向电阻，一般正向电阻应小于 30kΩ，反向电阻应大于 1MΩ，若正、反向电阻均为零，则说明内部击穿短路，若正、反向电阻均为无穷大，则证明内部开路，也可以用一节干电池给发光二极管加电压，看是否发光的方法进行测试。

2）电路安装

(1) 将检测合格的元器件按照图 1.6.2 所示的电路连接安装在万能电路板上。

(2) 当插芯片 74LS00 和 74LS20 时，应先校准两排引脚，使之与底板上的插孔对应，轻轻用力将芯片插上，在确定引脚与插孔吻合后，再稍用力将其插紧，以免将集成电路的引脚弯曲、折断或者接触不良。

(3) 导线应粗细适当，一般选取直径为 0.6 ～ 0.8mm 的单股导线，最好用不同色线以区分不同用途，如电源线用红色，接地线用黑色。

(4) 布线应有次序地进行，随意乱接容易造成漏接或接错，较好的方法是首先接好固定电平点，如电源线、地线、门电路闲置输入端、触发器异步置位复位端等；其次，按信号源的顺序从输入到输出依次布线。

(5) 连线应避免过长，避免从集成元器件的上方跨越，避免多次重叠交错，以利于布线、更换元器件、故障检查和排除。

(6) 电路布线应整齐、美观、牢固。水平导线应尽量紧贴底板，竖直方向的导线可沿边框四角敷设，导线转弯时弯曲半径不要过小。

(7) 安装过程要细心，防止导线绝缘层被损伤，不要让线头、螺钉、垫圈等异物落入安装电路中，以免造成短路或漏电。

(8) 在完成电路安装后，要仔细检查电路的连接，确认无误后再接入电源。

3) 电路调试

(1) A、B、C 输入端应分别输入高电平和低电平，高电平可将输入端接电源，低电平可接地实现。验证输出结果能否实现三人表决器功能。

(2) 调试中要做好绝缘保护，避免人体与带电部位直接接触。

(3) 调试结束，必须关掉电源。

4) 故障分析与检测

产生故障的原因主要有布线错误、电路元器件损坏和线路接触不良。

故障检测方法：静态检测是数字电路常用的检测方法。当电路出现故障时，首先观察元器件是否被烧坏，或者有变色、退落、松动等现象，电路连线是否有短路、断路、接触不良等现象。若元器件和电路连接都正常，则给电路通电，观察电路有无异样（如因电流过大烧坏元器件而产生异味或者冒烟，集成电路或元器件过热等）。用万用表直接测试集成电路的 V_{CC} 端是否加上电压；输入信号等是否被加到电路上；测试各个输入端、输出端的逻辑功能是否正常，以判断出故障是集成电路原因还是连线原因造成的。很多故障会在静态检查过程中被发现。

4. 项目总结

通过对三人表决器电路进行设计、安装及调试，可得到什么结论？获得哪些经验？

项目小结

1. 数字电路

数字信号在时间上和幅值上都是不连续的、离散的，它在数字电路中表现为突变的电压或电流。对数字信号进行传送、加工和处理的电子电路称为数字电路。数字电路有分立元器件电路和集成电路两大类，目前分立元器件电路已基本上被数字集成电路所代替。

数字信号的高、低电平可分别用 1 和 0 表示，它与二进制中的 1 和 0 正好对应，因此在数字电路中主要采用二进制数。

与模拟电路相比，数字集成电路具有集成度高、工作可靠性好、抗干扰能力强、存储方便、保存期长、保密性好、产品系列多、品种齐全，通用性和兼容性好、使用方便等优点，广泛地应用在数字通信、电子计算机、自动控制、电子测量仪器等方面。

2. 数制与编码

数字电路中常用二进制来表示，不同进制间可以相互转换。

二进制、八进制、十六进制转换为十进制的方法为：将二进制、八进制、十六进制数按权展开，求各位数值之和，即可得到相应的十进制数。

十进制转换为二进制、八进制、十六进制的方法为：将整数部分采用除基数取余法，将得到的余数由低至高排列；小数部分采用乘基数取整法，将得到的整数由高至低排列。

二进制转换为八进制的方法为：以小数点为界，将二进制数的整数部分从低位开始，小数部分从高位开始，每 3 位为一组，首尾不足 3 位的补零，最后将每一组 3 位的二进制数所对应的八进制数按原来的顺序写出即可。

二进制转换为十六进制的方法为：以小数点为界，将二进制数的整数部分从低位开始，小数部分从高位开始，每 4 位为一组，首尾不足 4 位的补零，最后将每一组 4 位的二进制数所对应的十六进制数按原来的顺序写出即可。

常用的码制有 8421BCD 码、5421BCD 码、2421BCD 码、余 3 码、格雷码、奇偶校验码等。

3. 三种最基本的逻辑运算：与逻辑运算、或逻辑运算及非逻辑运算

只有当决定某一事件的条件全部具备时，这一事件才会发生，这种因果关系称为与逻辑关系；只要决定某一事件的条件有一个或几个具备时，这一事件就会发生，这种因果关系称为或逻辑关系；当决定某一事件的条件具备时，这一事件就不会发生，反之，决定事件的条件不具备时，事件发生，这种因果关系称为非逻辑关系。

常用复合逻辑运算有与非、或非、与或非、同或、异或逻辑运算等。

4. 逻辑代数的基本公式、定律

逻辑代数的基本公式包含 0－1 律、互补律、交换律、分配律等，运算基本规则有代入定理、反演定理及对偶定理等。

5. 逻辑函数的标准形式

在一个逻辑函数的与或表达式中，每一个乘积项都包含了全部输入变量，每个输入变量或以原变量形式，或以反变量形式在乘积项中出现，并且仅仅出现一次，这样的函数表达式称为标准与或式，全部由最小项逻辑加构成的与或表达式又称为最小项表达式。

6. 逻辑函数的描述方法：真值表、函数式、逻辑图、卡诺图（它们之间可以相互转换）

逻辑函数可以通过公式法和卡诺图法进行简化。公式法常用的四种方法是：合并法、吸收法、消去法及配项法。用卡诺图化简逻辑函数时按的步骤是：将逻辑函数写出最小项表达式；按最小项表达式填卡诺图，凡式中包含了的最小项，其对应方格填 1，其余方格填 0；合并最小项，即将相邻的 1 格圈成一组，形成包围圈，每一组含 2^n 个方格，对应每个包围圈写出一个新的乘积项。将所有包围圈对应的乘积项相加。

无关项可以取 0，也可以取 1，它的取值对逻辑函数值没有影响，应充分利用这一特点化简逻辑函数，以得到更为满意的化简结果。

此外，还可以利用 Multisim 仿真进行逻辑函数的化简与转换。

7. 分立元件门电路

与、或、非是数字逻辑运算的三种基本关系，可用数字逻辑门电路去实现。能实现与运算的电路为与门，能实现或运算的电路为或门，能实现非运算的电路为非门（反相器）。

可用分立半导体二极管、三极管等组成与门、或门、非门、或非门、与非门等复合门电路。

8. TTL 和 CMOS 集成门电路

TTL 集成逻辑门电路的输入级多采用发射极三极管，输出级采用推拉输出结构，这不但能使门电路实现要求的逻辑功能，而且还能使电路具有较强的驱动负载能力。在 TTL 系列中，除了有实现各种基本逻辑功能的门电路外，还有集成开路门（OC 门）和三态门。OC 门可以实现线与，还可以用来驱动需要一定功率的负载；三态门可用来实现总线结构。

CMOS 集成电路与 TTL 门电路相比，优点是功耗低、集成度高、噪声容限大、开关速度与 TTL 接近等，已成为数字集成电路的发展方向。

在使用集成逻辑门电路时，未被使用的输入端应注意正确连接。对于与门和与非门，没有使用的输入端可通过上拉电阻或直接与正电源相连，也可和已用的输入端并联使用。对于或门和或非门，没有使用的输入端可直接接地，也可和已用的输入端并联使用。

习题

一、填空题

1. 与模拟信号相比，数字信号的特点是它的________性。一个数字信号只有________种取值，分别表示为________和________。

2. 数字电路主要是研究电路输出与输入信号之间的________，故数字电路又称为__________。

3. 十进制数转换为二进制数的方法是：整数部分用________法，小数部分用________。

4. 布尔代数中有三种最基本的运算是________、________和________，在此基础上又派生出五种复合运算，分别为______、______、________、________和________。

5. 描述逻辑函数值与对应变量取值关系的表格叫________。

6. 逻辑函数常用的化简方法有________和________。

7. 逻辑函数的常用表示方法有________、________、________等。

8. TTL 与非门多余输入端的处理方法是__________________________。

9. 三态门具有三种输出状态，它们分别是________、________和________。

10. OC 门的功能有________、________和________。

11. TTL 或非门不使用的闲置输入端应与________相接，CMOS 门的闲置输入端不允许________。

12. 有一数码 10010011，作为自然二进制数时，它相当于十进制数________，作为 8421BCD 码时，它相当于十进制数________。

13. 将2016个“1”进行异或运算得到的结果是________，将2016个“1”进行同或运算得到的结果是________。

14. 逻辑函数$\begin{cases} Y=\overline{A}\,\overline{B}+C \\ BC=0 \end{cases}$的卡诺图中有________个最小项，有________个无关项。

15. 摩根定律$\overline{A+B}=$________，$\overline{A\cdot B}=$________。

16. 在数字电路中，三极管一般作为开关元件使用，通常工作在________和________状态。

17. 典型的TTL与非门电路使用的电路电源为________V，其输出高电平为____________V。

18. 将或非门作为反相器使用，多余输入端应接________电平；将异或门作为反相器使用，多余输入端应接________电平。

二、判断题

1. 逻辑变量的取值，1比0大。 ( )
2. 约束项就是逻辑函数中不允许出现的变量取值组合，用卡诺图化简时，可将约束项看成1，也可看成0。 ( )
3. 二进制数的权值是10的幂。 ( )
4. 异或函数与同或函数在逻辑上互为反函数。 ( )
5. 如果逻辑表达式 A+B+AB=A+B 成立，则 AB=0 成立。 ( )
6. 同或门一个输入端接高电平时，可作为反相器使用。 ( )
7. 逻辑门电路的输出端可以并联在一起，实现“线与”功能。 ( )
8. 当CMOS与非门的输入端悬空时相当于接入逻辑1。 ( )
9. CMOS或非门与TTL或非门的逻辑功能完全相同。 ( )
10. 二极管和三极管在数字电路中可工作在截止区、饱和区和放大区。 ( )

三、选择题

1. 函数F(A，B，C)=AB+BC+AC的最小项表达式为（ ）。

A. $F(A, B, C)=\sum m(0,2,4)$　　B. $F(A, B, C)=\sum m(3,5,6,7)$

C. $F(A, B, C)=\sum m(0,2,3,4)$　　D. $F(A, B, C)=\sum m(2,4,6,7)$

2. 两个输入变量相同则输出为“0”，不同则输出为“1”，它的逻辑关系是（ ）。

A. 或逻辑　　B. 与逻辑　　C. 异或逻辑　　D. 同或逻辑

3. $(1000100101110101)_{8421BCD}$对应的十进制数为（ ）。

A. 8561　　B. 8975　　C. 7AD3　　D. 7971

4. 当逻辑函数有n个变量时，共有（ ）个变量取值组合。

A. n　　B. $2n$　　C. n^2　　D. 2^n

5. 函数$Y_1=AB+BC+AC$与$Y_2=\overline{AB}+\overline{B}\,\overline{C}+\overline{A}\,\overline{C}$（ ）。

A. 互为对偶式　　B. 互为反函数　　C. 相等　　D. A、B、C都不对

6. 输入或非门的一个输入端接低电平，另一个输入端接数字信号时，则输出数字信号

与输入数字信号的关系为（　　）。

A. 高电平　　B. 低电平　　C. 同相　　D. 反相

7. 要将异或门作为反相器使用时，另一个多余输入端应接（　　）。

A. 0　　B. 1　　C. 两个输入端相连　　D. A、B、C 都不对

8. 以下电路中常用于总线应用的是（　　）。

A. TSL 门　　B. OC 门　　C. 漏极开路门　　D. CMOS 与非门

9. CMOS 数字集成电路与 TTL 数字集成电路相比突出的优点是（　　）。

A. 微功耗　　B. 高速度　　C. 高抗干扰能力　　D. 电源范围宽

10. 下列各式中，四变量 A、B、C、D 的最小项是（　　）。

A. ABCD　　B. $AB(C+D)$　　C. $\overline{A}+B+\overline{D}$　　D. $A+B+C+D$

11. 为实现线与逻辑功能，应选用（　　）。

A. OC 门　　B. OD 门　　C. TSL 门　　D. A 和 B 均可

12. 集电极开路门（OC 门）在使用时，输出端须通过电阻接（　　）。

A. 地　　B. 电源 V_{CC}　　C. 输入端　　D. A 和 B 均可

13. 下面逻辑式中，不正确的是（　　）。

A. $\overline{ABC}=\overline{A}\,\overline{B}\,\overline{C}$　　B. $A+AB=A$　　C. $A(A+B)=A$　　D. $AB=BA$

14. 已知 $Y=A\overline{B}+B+\overline{A}B$，下列结果中正确的是（　　）。

A. $Y=A$　　B. $Y=B$　　C. $Y=A+B$　　D. $Y=\overline{A}+\overline{B}$

15. 对 CMOS 与非门电路，其多余输入端正确的处理方法是（　　）。

A. 通过大电阻接地（$>1.5\text{k}\Omega$）　　B. 悬空

C. 通过小电阻接地（$<1\text{k}\Omega$）　　D. 通过电阻接 V_{CC}

四、分析计算题

1. 将下列二进制数转换成为八进制数、十进制数、十六进制数。

（1）$(1001011)_2$　　（2）$(101110.011)_2$　　（3）$(1000110.1010)_2$

2. 将下列十进制数转换为二进制数、八进制数、十六进制数。

（1）$(174)_{10}$　　（2）$(81.39)_{10}$　　（3）$(0.416)_{10}$

3. 将下列十六进制数转换为二进制数、八进制数、十进制数。

（1）$(41)_{16}$　　（2）$(2B)_{16}$　　（3）$(C.4)_{16}$

4. 将下列十进制数改为 8421BCD 码。

（1）$(25)_{10}$　　（2）$(36.48)_{10}$　　（3）$(82)_{10}$

5. 用代数法化简下列各式。

（1）$Y=\overline{AB}+\overline{AC}+BC+\overline{ACD}$。

（2）$Y=\overline{AB}+\overline{B}\,\overline{C}+BC+AB$。

（3）$Y=\overline{AB}+AC+BC+\overline{B}\,\overline{CD}+B\,\overline{C}E+\overline{B}CF$。

（4）$Y=A\overline{B}+BD+DCE+\overline{A}D$。

6. 列出下述问题的真值表，写出其逻辑表达式，并画出对应的逻辑图。

(1) 设3个变量A、B、C，当输入变量的状态不一致时，输出为1，反之为0。

(2) 设3个变量A、B、C，当变量组合中出现偶数个1时，输出为1，反之为0。

7. 写出下列各式的对偶式。

(1) $Y=\overline{\overline{A+\overline{B}}+C}$。

(2) $Y=A\,\overline{B+\overline{D}}+(AC+BD)E$。

8. 用反演规则求下列函数的反函数。

(1) $Y=\overline{A}B+\overline{CD}$。

(2) $Y=\overline{\overline{AB}+ABC}(A+BC)$。

9. 用卡诺图化简下列逻辑函数为最简与或式。

(1) $Y=A\,\overline{C}+\overline{A}C+B\,\overline{C}+\overline{B}C$。

(2) $Y=ABC+ABD+\overline{CD}+A\,\overline{B}C+\overline{A}C\,\overline{D}+A\,\overline{C}D$。

(3) $Y=\overline{\overline{AB}+ABD}(B+\overline{C}D)$。

(4) $Y(A, B, C, D)=\sum m(0, 2, 5, 7, 8, 10, 13, 15)$。

(5) $Y(A, B, C, D)=\sum m(0, 1, 2, 3, 4, 6, 7, 8, 9, 10, 11, 14)$。

(6) $Y(A, B, C, D)=\sum m(3, 6, 8, 9, 11, 12)+\sum d(0, 1, 2, 13, 14, 15)$。

(7) $Y(A, B, C, D)=\sum m(0, 13, 14, 15)+\sum d(1, 2, 3, 9, 10, 11)$。

10. 用与非门实现下列逻辑函数。

(1) $Y=A\,\overline{B}+C+\overline{ACD}+B\,\overline{C}D$。

(2) $Y=AB+AC$。

11. 试说明TTL与非门输出端的下列接法会产生什么后果，并说明原因。

(1) 输出端接电源电压 $V_{CC}=5V$。

(2) 输出端接地。

(3) 多个TTL与非门的输出端直接相连。

12. 半导体三极管的开、关条件是什么？饱和导通和截止时各有什么特点？和半导体二极管相比较，它的主要优点是什么？

13. 试改正图T1.1电路的错误，使其正常工作。

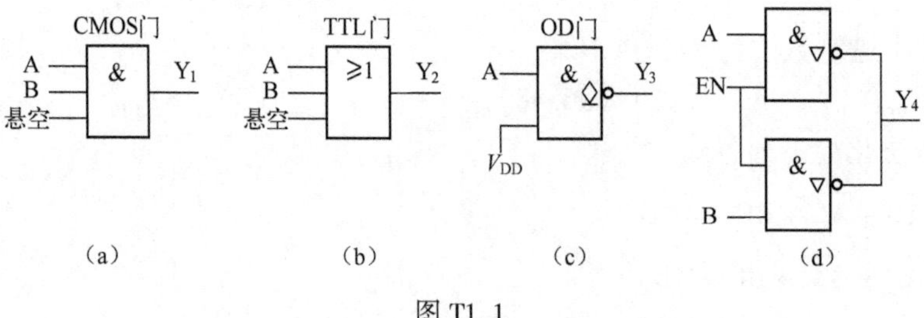

图T1.1

14. 试判断图T1.2所示TTL门电路输出与输入之间的逻辑关系哪些是正确的，哪些是错误的，并将接法错误的予以改正。

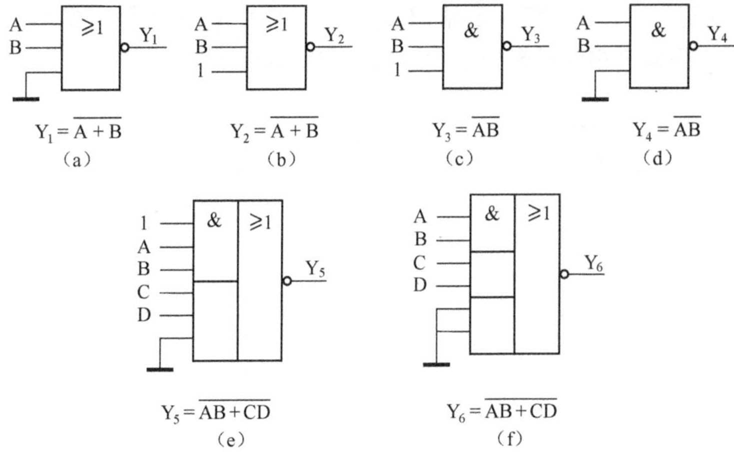

图 T1.2

15. 已知门电路输入 A、B 和输出 Y_1 和 Y_2 的电压波形如图 T1.3 所示，试分别列出它们的真值表，写出逻辑表达式，并画出相应的逻辑电路。

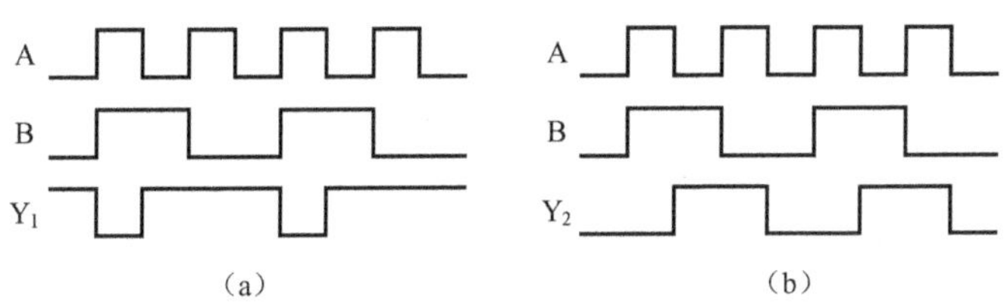

图 T1.3

16. 写出图 T1.4 所示电路的输出逻辑表达式，列出真值表，并说明逻辑功能。

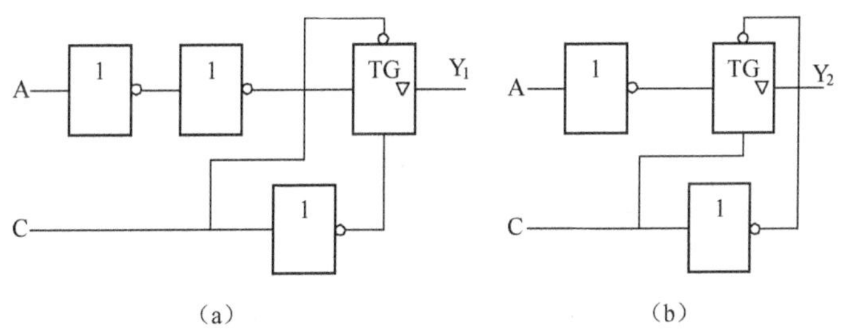

图 T1.4

17. 在图 T1.5（a）所示电路中，输入图 T1.5（b）所示的电压波形时，试对应输入 A、B 的电压波形画出输出 Y 的电压波形。

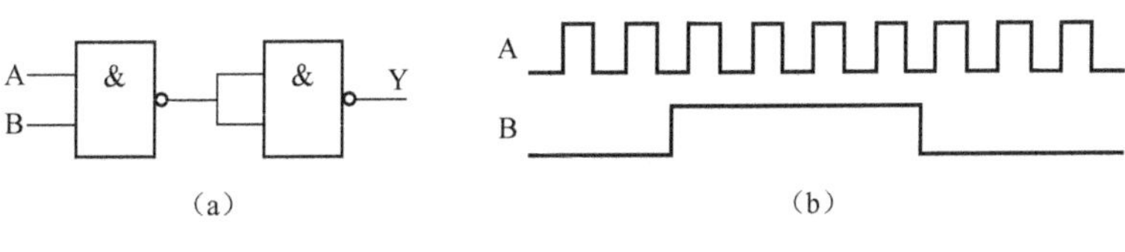

图 T1.5

18. 已知输入信号 A、B 的波形和输出 Y_1、Y_2、Y_3、Y_4 的波形如图 T1.6 所示，试判断各为哪种逻辑门，并画出相应逻辑门图形符号，写出相应逻辑表达式。

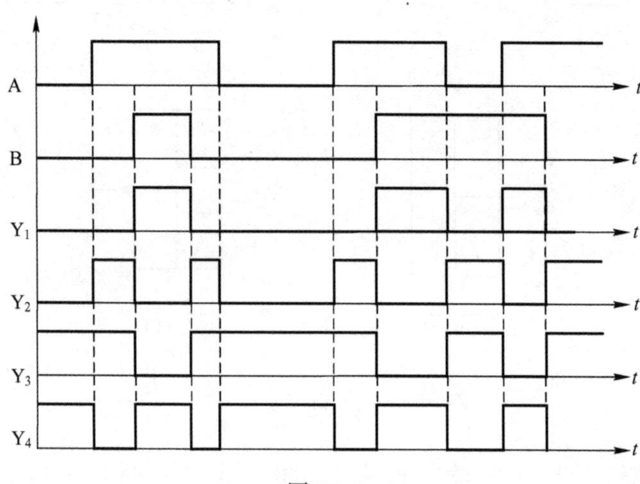

图 T1.6

项目 2

数码显示电路的设计

项目介绍

在数字系统中，为了便于信号的处理，常常需要将十进制数进行 BCD 编码，处理完再进行译码，最后通过数码管显示成人们熟悉的十进制数。本项目进行数码显示电路的设计与仿真，涉及的知识点有加法器、数值比较器、编码器、译码器、数据选择器和分配器。

学习目标

（1）了解组合逻辑电路分析与设计的方法。

（2）掌握典型 MSI（加法器、数值比较器、编码器、译码器、数据选择器和分配器）的结构、功能及使用方法。

（3）掌握使用译码器及数据选择器实现任意组合逻辑函数。

（4）掌握数码显示电路的设计方法。

任务 2.1　组合逻辑电路的分析与设计

2.1.1　组合逻辑电路的概念与特点

组合逻辑电路任意时刻的输出状态，只取决于该时刻输入信号的状态，而与输入信号作用前电路原来的状态无关。组合逻辑电路全部由门电路组成，电路中不含记忆单元，由输出到输入没有任何反馈线。图 2.1.1 是组合逻辑电路示意图。

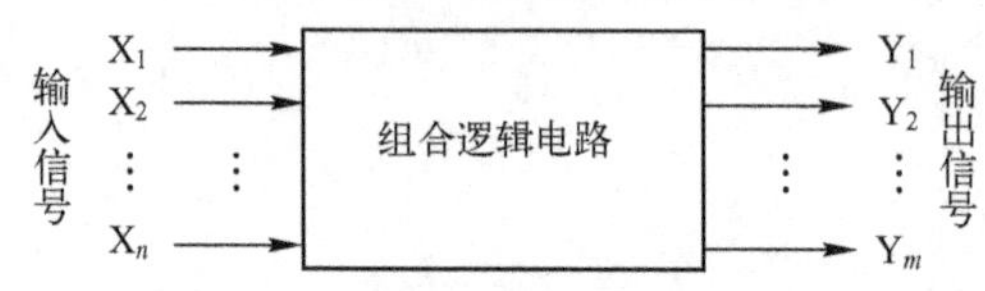

图 2.1.1　组合逻辑电路示意图

2.1.2　组合逻辑电路的分析方法

组合逻辑电路的分析，即分析已给定逻辑电路的逻辑功能，找出输出逻辑函数与逻辑变量之间的逻辑关系。组合逻辑电路的一般分析步骤如下。

（1）根据给定的逻辑图，从输入到输出逐级写出逻辑函数式。

（2）用公式法或卡诺图法化简逻辑函数。

（3）由已化简的输出函数表达式列出真值表。

（4）从逻辑表达式或从真值表概括出组合电路的逻辑功能。

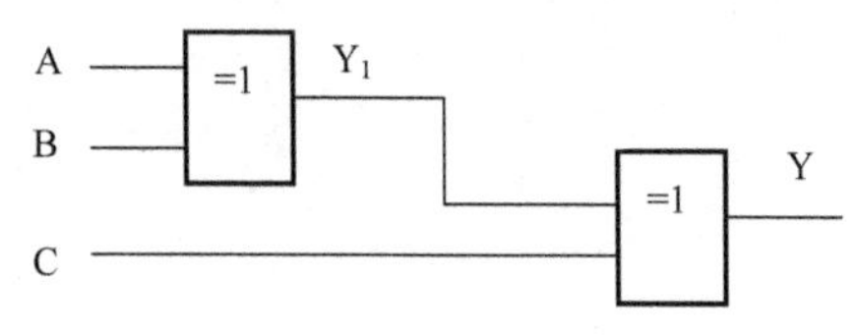

图 2.1.2　例 2.1.1 的逻辑图

【例 2.1.1】 已知逻辑电路如图 2.1.2 所示，分析该电路的功能。

解：（1）根据逻辑电路写出输出函数的逻辑表达式为

$$Y = Y_1 \oplus C = (A \oplus B) \oplus C$$

（2）写真值表：将输入变量 A、B、C 的八种可能的组合全部列出，根据每一组变量取值的情况和上述表达式，分别确定 Y 的值，填入表 2.1.1 中。

表 2.1.1　【例 2.1.1】的真值表

输　入			输　出
A	B	C	$Y = A \oplus B \oplus C$
0	0	0	0
0	0	1	1
0	1	0	1
0	1	1	0
1	0	0	1
1	0	1	0
1	1	0	0
1	1	1	1

（3）分析真值表可知，当 A、B、C 这 3 个输入变量中取值有奇数个 1 时，Y 为 1，否则为 0。可见该电路可用于检查 3 位二进制码的奇偶性，由于它在输入的二进制码中含有奇数个 1 时，输出有效信号，因此称为奇校验电路。

2.1.3　组合逻辑电路的设计方法

组合逻辑电路的设计，即分析给定逻辑要求，设计出能实现该功能的组合逻辑电路。设计结果通常以电路简单、器件最少为目标，在设计中普遍采用中、小规模集成电路产品，根据具体情况，尽可能减少所用的器件数目和种类，使组装好的电路结构紧凑，达到工作可靠、经济的目的。采用小规模集成器件设计组合逻辑电路的一般步骤如下。

（1）分析设计要求，确定输入、输出变量，对输入和输出变量赋予0、1值，并根据输入、输出之间的因果关系，列出输入、输出对应关系表，即真值表。

（2）根据真值表写出输出逻辑函数表达式。

（3）化简输出逻辑函数表达式（代数法或卡诺图法）。

（4）将输出逻辑函数表达式改写成适当的形式。

（5）画出逻辑电路图。

注意：有时由于输入变量的条件（如只有原变量输入，没有反变量输入）或采取器件的条件（如采用MSI器件）等因素，采用最简与或式实现电路，不一定是最佳电路结构。

【例2.1.2】设计一个由与非门组成的报警控制电路。要求功能如下：某设备有A、B、C 3个开关，只有开关A接通的条件下，开关B才能接通；开关C只有在开关B接通的条件下才能接通。违反这一规程，则发出报警信号。

解：由题意可知，该报警电路的输入变量是3个开关A、B、C的状态，设开关接通时用1表示，开关断开时用0表示；设该电路的输出报警信号为Y，Y为1表示报警，Y为0表示不报警。

（1）分析题意要求，列出真值表，如表2.1.2所示。

表2.1.2　【例2.1.2】的真值表

输　入			输　出
A	B	C	Y
0	0	0	0
0	0	1	1
0	1	0	1
0	1	1	1
1	0	0	0
1	0	1	1
1	1	0	0
1	1	1	0

（2）根据真值表写出输出Y的表达式。

$$Y = \overline{A}\,\overline{B}C + \overline{A}B\overline{C} + \overline{A}BC + A\overline{B}C$$

（3）化简输出Y的表达式，如图2.1.3所示。

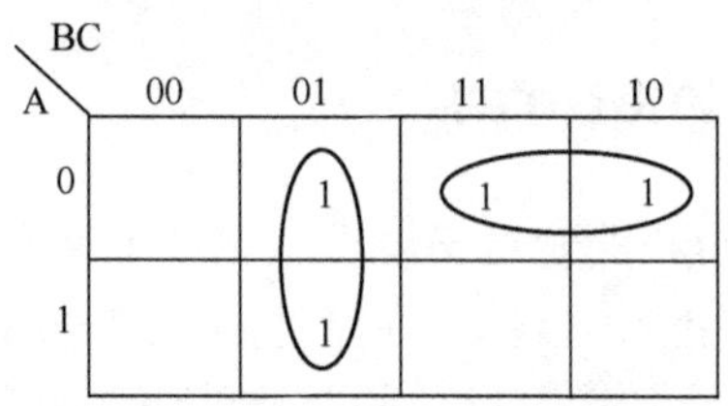

图 2.1.3 【例 2.1.2】的卡诺图化简

(4) 根据要求将输出表达式变换为与非形式。

$$Y=\overline{\overline{\overline{A}B+\overline{B}C}}=\overline{\overline{\overline{A}B}\cdot\overline{\overline{B}C}}$$

(5) 画逻辑图，如图 2.1.4 所示。

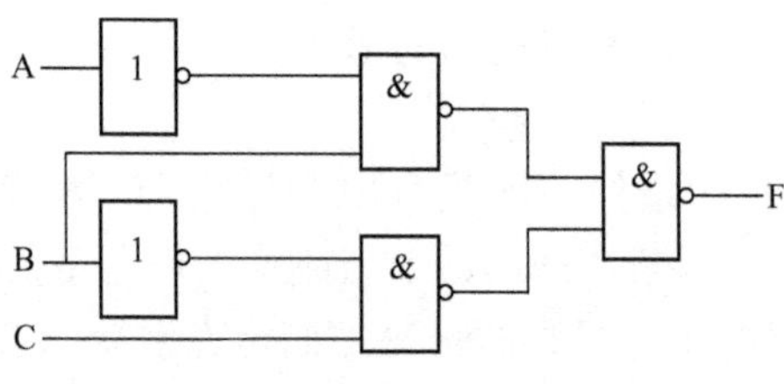

图 2.1.4 【例 2.1.2】设计的逻辑图

任务 2.2 认识加法器和数值比较器

2.2.1 加法器

在数字系统中算术运算都是利用加法进行的，因此加法器是数字系统中最基本的运算单元。由于二进制运算可以用逻辑运算来表示，因此可以用逻辑设计的方法来设计运算电路。加法在数字系统中分为半加和全加，所以加法器也分为半加器和全加器。

1. 半加器

只考虑两个 1 位二进制数的相加，而不考虑来自低位进位数的运算电路，称为半加器，英文为 Half Adder，简称 HA。

如将第 i 位的两个加数 A_i、B_i 相加，S_i 为本位的和，C_i 为向高位的进位，可列出表 2.2.1 所示的半加器真值表。

表 2.2.1 半加器的真值表

输　入		输　出	
A_i	B_i	S_i	C_i
0	0	0	0
0	1	1	0
1	0	1	0
1	1	0	1

由真值表 2.2.1，可得出半加器的逻辑函数表达式：

$$\begin{cases} S_i = A_i\overline{B_i} + \overline{A_i}B_i = A_i \oplus B_i \\ C_i = A_iB_i \end{cases}$$

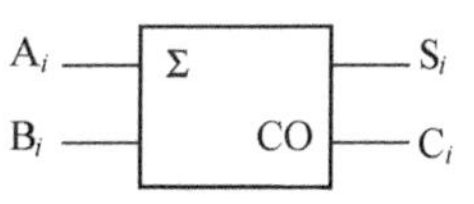

图 2.2.1 半加器逻辑符号

半加器的逻辑符号如图 2.2.1 所示。

2. 全加器

不仅考虑两个 1 位二进制数相加，而且还考虑来自低位进位数相加的运算电路，称为全加器，英文为 Full Adder，简称 FA。

如将第 i 位的两个加数 A_i、B_i相加，来自低位的进位为 C_{i-1}，S_i为本位的和，C_i为向高位的进位，可列出表 2.2.2 所示的全加器真值表。

表 2.2.2 全加器的真值表

输入			输出	
A_i	B_i	C_{i-1}	S_i	C_i
0	0	0	0	0
0	0	1	1	0
0	1	0	1	0
0	1	1	0	1
1	0	0	1	0
1	0	1	0	1
1	1	0	0	1
1	1	1	1	1

由此真值表，得出全加器的逻辑函数表达式：

$$\begin{cases} S_i = \overline{A_i}\,\overline{B_i}C_{i-1} + \overline{A_i}B_i\overline{C_{i-1}} + A_i\overline{B_i}\,\overline{C_{i-1}} + A_iB_iC_{i-1} \\ C_i = \overline{A_i}B_iC_{i-1} + A_i\overline{B_i}C_{i-1} + A_iB_i\overline{C_{i-1}} + A_iB_iC_{i-1} \end{cases}$$

整理化简得

$$\begin{cases} S_i = A_i \oplus B_i \oplus C_{i-1} \\ C_i = (A_i \oplus B_i)C_{i-1} + A_iB_i \end{cases}$$

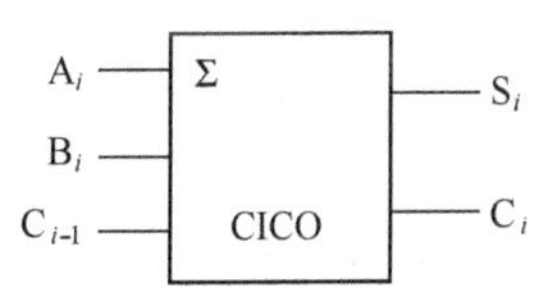

图 2.2.2 全加器逻辑符号

全加器的逻辑符号如图 2.2.2 所示。

3. 多位加法器

能够实现多位二进制加法运算的电路称为多位加法器。按照级联的方式不同，多位加法器可分为串行进位加法器和超前进位加法器。

1) 串行进位加法器

构成：把 n 位全加器串联起来，低位全加器的进位输出连接到相邻的高位全加器的进位输入。如图 2.2.3 所示是由 4 个全加器组成的 4 位二进制串行进位加法器。

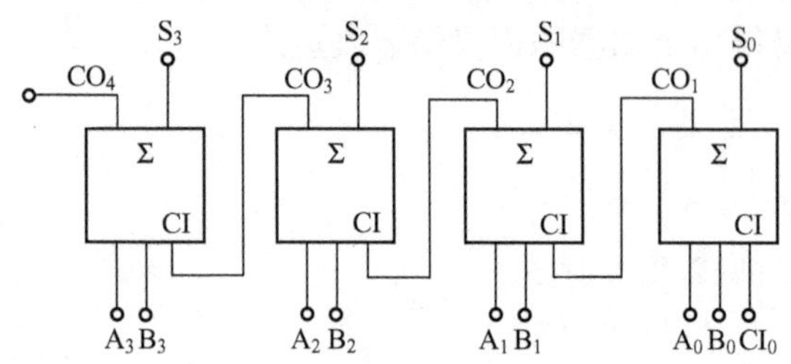

图 2.2.3　4 位二进制串行进位加法器

特点：进位信号是由低位向高位逐级传递的，速度不高。

2）超前进位加法器

为了提高速度，设计了一种多位数快速进位（又称超前进位）的加法器。CT74LS283 是一种典型的快速进位的集成 4 位加法器，不同于普通串行进位加法器由低到高逐级进位，超前进位加法器所有位数的进位大多数情况下同时产生，运算速度快，电路结构复杂。其引脚如图 2.2.4 所示。其中 CI 与 C_0 相对图 2.2.3 中的 CI_0 与 CO_4。

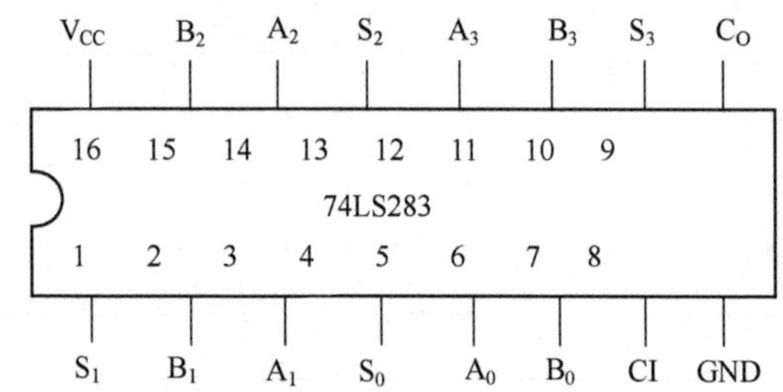

图 2.2.4　加法器 CT74LS283 的引脚

一片 CT74LS283 只能进行 4 位二进制数的加法运算，如果将多片 CT74LS283 进行级联，就可扩展加法运算的位数。

2.2.2　数值比较器

在数字电路中，经常要对两个位数相同的二进制数进行比较，以判断它们的相对大小或者是否相等，用来实现这一功能的逻辑电路称为数值比较器。

数值比较器对两数 A、B 进行比较，比较结果有 A > B、A < B 及 A = B 三种情况。

1. 1 位数值比较器

1 位数值比较器是多位数值比较器的基础。当 A 和 B 都是 1 位数时，它们只能取 0 或 1 两种值，由此可列出表 2.2.3 所示的一位数值比较器的真值表。

表 2.2.3　1 位数值比较器的真值表

输　入		输　出		
A	B	$F_{A>B}$	$F_{A=B}$	$F_{A<B}$
0	0	0	1	0
0	1	0	0	1
1	0	1	0	0
1	1	0	1	0

由真值表，可得出 1 位数值比较器的逻辑函数表达式：

$$\begin{cases} F_{A>B}=A\overline{B} \\ F_{A<B}=\overline{A}B \\ F_{A=B}=\overline{A}\,\overline{B}+AB=\overline{A\oplus B} \end{cases}$$

由上述表达式，可画出如图 2. 2. 5 所示的逻辑图。

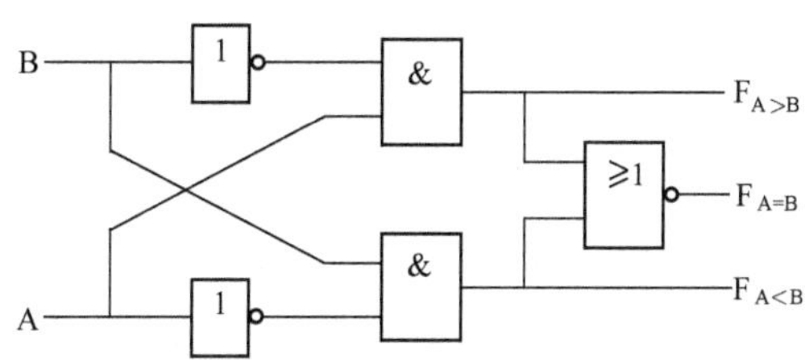

图 2. 2. 5　1 位数值比较器的逻辑图

2. 多位数值比较器

多位数值比较器的比较原理：从最高位开始逐步向低位进行比较。例如，比较 $A=A_3A_2A_1A_0$ 和 $B=B_3B_2B_1B_0$ 的大小，过程如下：

若 $A_3>B_3$，则 $A>B$；若 $A_3<B_3$，则 $A<B$；若 $A_3=B_3$，则须比较次高位；

若次高位 $A_2>B_2$，则 $A>B$；若 $A_2<B_2$，则 $A<B$；若 $A_2=B_2$，则再去比较更低位；

依次类推，直至最低位比较结束，从而得出结论。

以 74LS85 为例来说明 4 位数值比较器功能。集成数值比较器 74LS85 的功能表如表 2. 2. 4 所示。

表 2. 2. 4　集成数值比较器 74LS85 的功能表

输　入							输　出		
A_3B_3	A_2B_2	A_1B_1	A_0B_0	$I_{A>B}$	$I_{A<B}$	$I_{A=B}$	$F_{A>B}$	$F_{A<B}$	$F_{A=B}$
$A_3>B_3$	×	×	×	×	×	×	H	L	L
$A_3<B_3$	×	×	×	×	×	×	L	H	L
$A_3=B_3$	$A_2>B_2$	×	×	×	×	×	H	L	L
$A_3=B_3$	$A_2<B_2$	×	×	×	×	×	L	H	L
$A_3=B_3$	$A_2=B_2$	$A_1>B_1$	×	×	×	×	H	L	L
$A_3=B_3$	$A_2=B_2$	$A_1<B_1$	×	×	×	×	L	H	L
$A_3=B_3$	$A_2=B_2$	$A_1=B_1$	$A_0>B_0$	×	×	×	H	L	L
$A_3=B_3$	$A_2=B_2$	$A_1=B_1$	$A_0<B_0$	×	×	×	L	H	L
$A_3=B_3$	$A_2=B_2$	$A_1=B_1$	$A_0=B_0$	H	L	L	H	L	L
$A_3=B_3$	$A_2=B_2$	$A_1=B_1$	$A_0=B_0$	L	H	L	L	H	L
$A_3=B_3$	$A_2=B_2$	$A_1=B_1$	$A_0=B_0$	×	×	H	L	L	H

从功能表可以看出，两个4位数的比较是从A的最高位A_3和B的最高位B_3进行比较，如果它们不相等，则该位的比较结果可以作为两数的比较结果。若最高位$A_3=B_3$，则再比较次高位A_2和B_2，其余依次类推。显然，如果两数相等，那么，比较步骤必须进行到最低位才能得到结果。真值表中的输入变量包括A_3与B_3、A_2与B_2、A_1与B_1、A_0与B_0，以及另外两个低位数A、B的比较结果$I_{A>B}$、$I_{A<B}$和$I_{A=B}$。图2.2.6和图2.2.7为74LS85的示意框图及引脚。

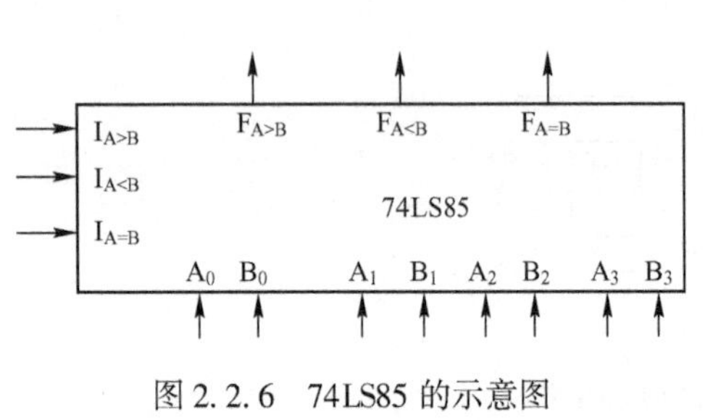

图2.2.6　74LS85的示意图

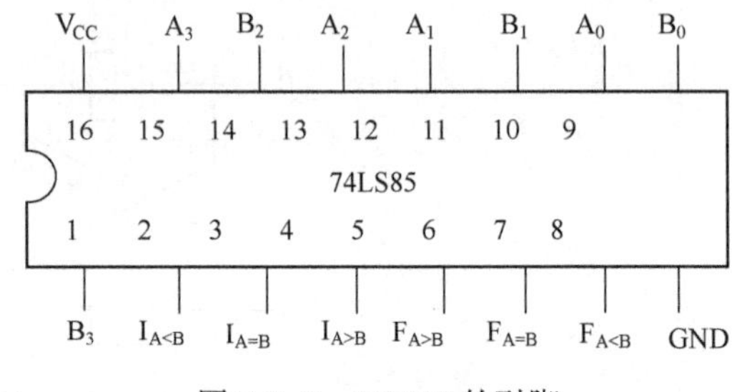

图2.2.7　74LS85的引脚

3. 数值比较器位数扩展

对单个多位数值比较器设置低位数比较结果输入端是为了能与其他数值比较器连接，以便组成位数更多的数值比较器，达到扩展的目的。两片74LS85采用串联扩展方式可组成8位数值比较器，如图2.2.8所示。

输入：$A=A_7A_6A_5A_4A_3A_2A_1A_0$，$B=B_7B_6B_5B_4B_3B_2B_1B_0$

输出：$F_{A>B}$、$F_{A<B}$、$F_{A=B}$

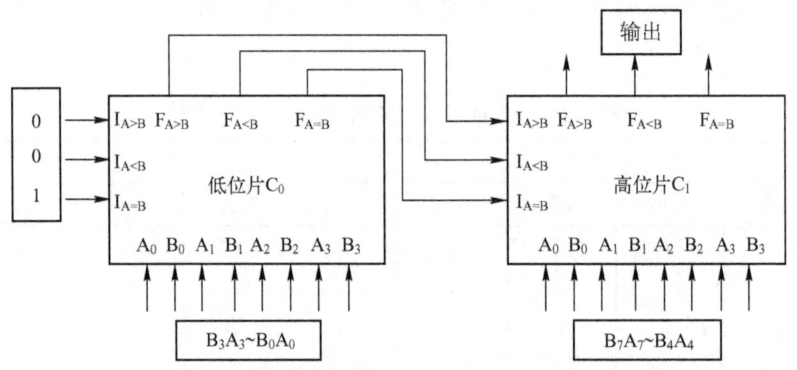

图2.2.8　两片74LS85组成8位数值比较器

由图2.2.8可知，对于两个8位数，若高4位相同，它们的大小则由低4位的比较结果确定。因此，低4位比较器的输出端应分别与高4位比较器的$I_{A>B}$、$I_{A<B}$、$I_{A=B}$端连接。

任务2.3　编码器及应用

在数字电路中，常常要将某一信息（输入）变换为某一特定的代码（输出）。把二进制码按一定的规律编排，如8421码、格雷码等，使每组代码具有特定的含义（代表某个数字或控制信号）的过程称为编码。具有编码功能的逻辑电路称为编码器（即Encoder），其框图如图2.3.1所示。

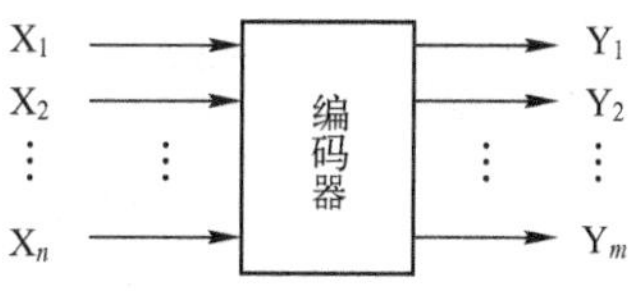

图2.3.1　编码器的一般框图

2.3.1　二进制编码器

若输入信号的个数N与输出变量的位数n满足$N=2^n$，此电路称为二进制编码器。常用的二进制编码器有4线—2线、8线—3线和16线—4线等。图2.3.2为8线—3线编码器的框图。

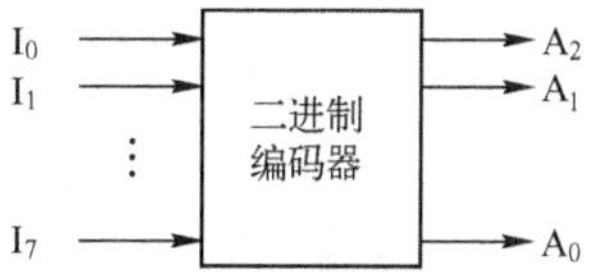

图2.3.2　8线—3线编码器的框图

图2.3.2中，I_0、I_1、…、I_7表示输入信号，A_2、A_1、A_0表示输出信号。任何时刻只对其中一个输入信号进行编码，即输入的信号互相是排斥的。假设输入高电平有效，则任何时刻只允许一个端子为1，其余均为0，其功能表如表2.3.1所示。

表2.3.1　8线—3线编码器功能表

输入								输出		
I_0	I_1	I_2	I_3	I_4	I_5	I_6	I_7	A_2	A_1	A_0
1	0	0	0	0	0	0	0	0	0	0
0	1	0	0	0	0	0	0	0	0	1
0	0	1	0	0	0	0	0	0	1	0
0	0	0	1	0	0	0	0	0	1	1
0	0	0	0	1	0	0	0	1	0	0
0	0	0	0	0	1	0	0	1	0	1
0	0	0	0	0	0	1	0	1	1	0
0	0	0	0	0	0	0	1	1	1	1

由真值表写出各输出的逻辑表达式：

$$A_2=I_4+I_5+I_6+I_7=\overline{\overline{I_4}\,\overline{I_5}\,\overline{I_6}\,\overline{I_7}}$$

$$A_1=I_2+I_3+I_6+I_7=\overline{\overline{I_2}\,\overline{I_3}\,\overline{I_6}\,\overline{I_7}}$$

$$A_0=I_1+I_3+I_5+I_7=\overline{\overline{I_1}\,\overline{I_3}\,\overline{I_5}\,\overline{I_7}}$$

8线—3线编码器逻辑电路如图2.3.3所示。

2.3.2　优先编码器

普通编码器某一时刻只允许有一个有效输入信号，若同时有两个或两个以上输入信号要求编码时，输出端就会出现错误。而实际的数字设备中经常出现多输入情况。例如，计算机系统中，可能有多台输入设备同时向主机发出中断请求，而主机只接受其中一个输入信号。

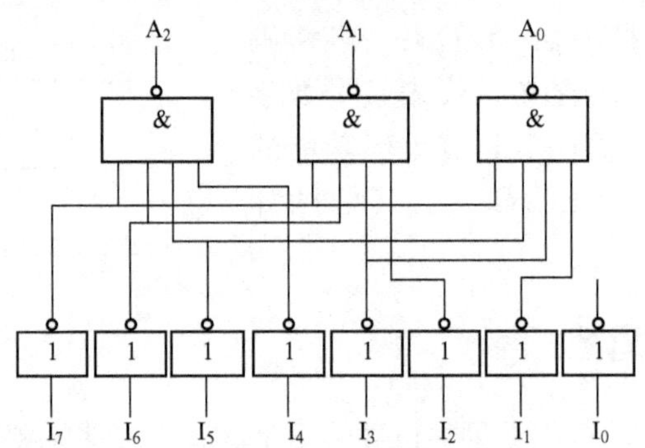

图 2.3.3　8 线—3 线编码器逻辑电路

因此，需要规定好先后顺序，约定好优先级别。

允许同时输入多个编码信号，并只对其中优先权最高的信号进行编码输出的电路，称为优先编码器（即 Priority Encoder）。

74LS148 是常用的集成 8 线—3 线优先编码器，其引脚排列如图 2.3.4 所示。

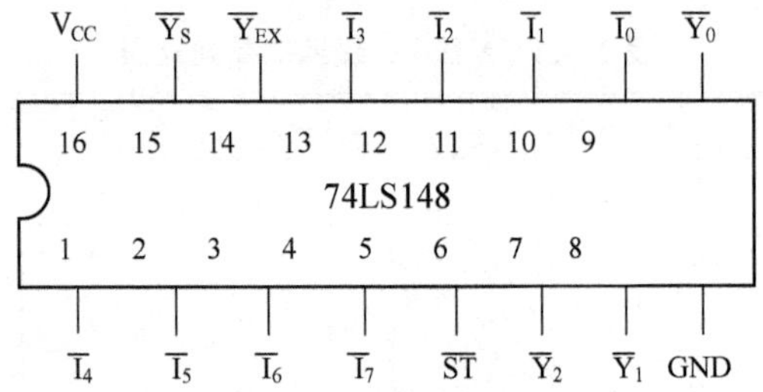

图 2.3.4　74LS148 优先编码器的引脚排列

其中，$\overline{I}_0$ ～$\overline{I}_7$是编码器输入端，$\overline{Y}_2$、$\overline{Y}_1$、$\overline{Y}_0$是编码器输出端，输入、输出都是低电平有效，输出为反码，$\overline{ST}$是使能端，$\overline{Y}_{EX}$、$\overline{Y}_S$ 是用于扩展功能的输出端。

74LS148 优先编码器逻辑功能表如表 2.3.2 所示。

表 2.3.2　74LS148 优先编码器功能表

输　入									输　出				
$\overline{ST}$	$\overline{I}_7$	$\overline{I}_6$	$\overline{I}_5$	$\overline{I}_4$	$\overline{I}_3$	$\overline{I}_2$	$\overline{I}_1$	$\overline{I}_0$	$\overline{Y}_2$	$\overline{Y}_1$	$\overline{Y}_0$	$\overline{Y}_{EX}$	$\overline{Y}_S$
1	×	×	×	×	×	×	×	×	1	1	1	1	1
0	1	1	1	1	1	1	1	1	1	1	1	1	0
0	0	×	×	×	×	×	×	×	0	0	0	0	1
0	1	0	×	×	×	×	×	×	0	0	1	0	1
0	1	1	0	×	×	×	×	×	0	1	0	0	1
0	1	1	1	0	×	×	×	×	0	1	1	0	1
0	1	1	1	1	0	×	×	×	1	0	0	0	1
0	1	1	1	1	1	0	×	×	1	0	1	0	1
0	1	1	1	1	1	1	0	×	1	1	0	0	1
0	1	1	1	1	1	1	1	0	1	1	1	0	1

$\overline{ST}$为使能输入端，只有$\overline{ST}=0$时编码器才工作，$\overline{ST}=1$时编码器不工作，输出$\overline{Y}_2\overline{Y}_1\overline{Y}_0=111$。

8 个输入信号 $\bar{I}_0\sim\bar{I}_7$中，$\bar{I}_7$优先级别最高，$\bar{I}_0$优先级别最低。即只要 $\bar{I}_7=0$，不管其他输入端是 0 还是 1（表 2.3.2 中以 × 表示），输出只对 $\bar{I}_7$编码，且对应的输出为反码，$\overline{Y}_2\overline{Y}_1\overline{Y}_0=000$。当 $\bar{I}_7=1$、$\bar{I}_6=0$，其他输入为任意状态时，只对 $\bar{I}_6$ 进行编码，输出 $\overline{Y}_2\overline{Y}_1\overline{Y}_0=001$。

$\overline{Y}_S$ 为使能输出端。当 $\overline{ST}=0$ 允许工作时，如果 $\bar{I}_0\sim\bar{I}_7$端有信号输入，$\overline{Y}_S=1$；若输入端无信号，$\overline{Y}_S=0$。$\overline{Y}_{EX}$为扩展输出端，当 $\overline{ST}=0$ 时，只要有编码信号，$\overline{Y}_{EX}$就是低电平，表示本级工作，且有编码输入。

2.3.3　二—十进制编码器

二—十进制编码器是指用四位二进制代码表示一位十进制数（0 ～ 9）的编码电路，也称 10 线—4 线编码器或 8421BCD 码编码器。它有 10 个信号输入端和 4 个输出端。图 2.3.5 是二—十进制编码器的框图。

74LS147 为最常见的 10 线—4 线集成优先编码器，其引脚排列及逻辑符号如图 2.3.6 所示。

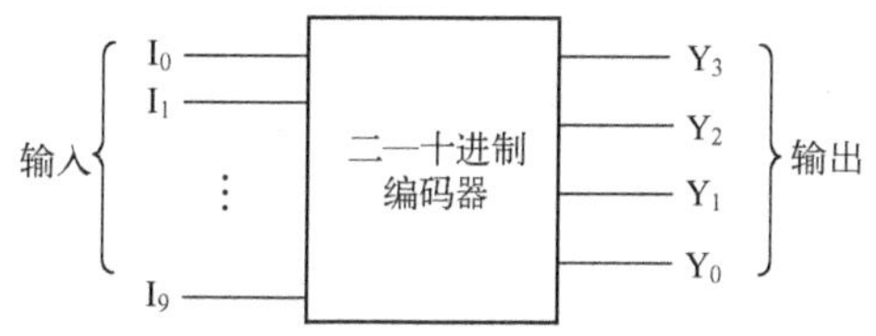

图 2.3.5　二—十进制编码器的框图

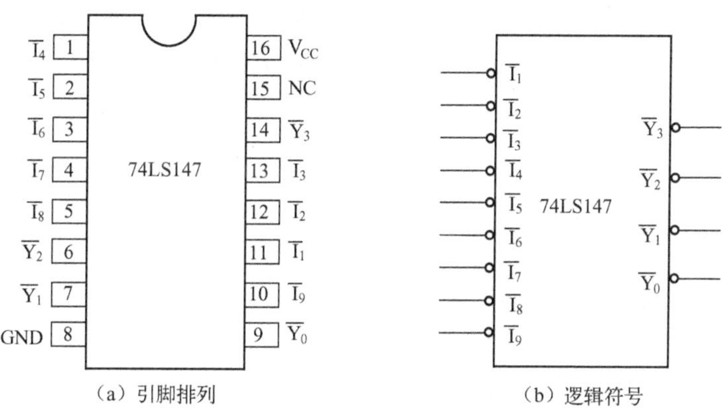

图 2.3.6　74LS147 优先编码器

74LS147 优先编码器功能表如表 2.3.3 所示。

由功能表可知，74LS147 编码器由一组 4 位二进制代码表示一位十进制数。编码器有 9 个输入端 $\bar{I}_1\sim\bar{I}_9$，低电平有效。其中$\bar{I}_9$优先级别最高，$\bar{I}_1$优先级别最低。4 个输出端$\overline{Y}_3\overline{Y}_2\overline{Y}_1\overline{Y}_0$中，$\overline{Y}_3$为最高位，$\overline{Y}_0$为最低位，反码输出。

表 2.3.3　74LS147 优先编码器功能表

输入									输出			
$\overline{I}_9$	$\overline{I}_8$	$\overline{I}_7$	$\overline{I}_6$	$\overline{I}_5$	$\overline{I}_4$	$\overline{I}_3$	$\overline{I}_2$	$\overline{I}_1$	$\overline{Y}_3$	$\overline{Y}_2$	$\overline{Y}_1$	$\overline{Y}_0$
1	1	1	1	1	1	1	1	1	1	1	1	1
0	×	×	×	×	×	×	×	×	0	1	1	0
1	0	×	×	×	×	×	×	×	0	1	1	1
1	1	0	×	×	×	×	×	×	1	0	0	0
1	1	1	0	×	×	×	×	×	1	0	0	1
1	1	1	1	0	×	×	×	×	1	0	1	0
1	1	1	1	1	0	×	×	×	1	0	1	1
1	1	1	1	1	1	0	×	×	1	1	0	0
1	1	1	1	1	1	1	0	×	1	1	0	1
1	1	1	1	1	1	1	1	0	1	1	1	0

当无信号输入时，9 个输入端都为“1”，则 $\overline{Y}_3\overline{Y}_2\overline{Y}_1\overline{Y}_0$ 输出反码“1111”，即原码为“0000”，表示输入十进制数是 0。当有信号输入时，根据输入信号的优先级别，输出级别最高信号的编码。例如，当 $\overline{I}_9$、$\overline{I}_8$、$\overline{I}_7$ 为“1”，$\overline{I}_6$ 为“0”，其余信号任意时，只对 $\overline{I}_6$ 进行编码，输出 $\overline{Y}_3\overline{Y}_2\overline{Y}_1\overline{Y}_0$ 为“1001”。其余状态以此类推。

任务 2.4　译码器及应用

译码器的功能是对具有特定含义的输入代码进行“翻译”，将其转换成相应的输出信号。译码器可分为数码译码和显示译码两大类。其中数码译码器主要用来完成各种码制之间的转换，常见的有二进制译码器、二—十进制译码器等。显示译码器用于译出数码，并可驱动显示器，实现数字、符号的显示。

2.4.1　二进制译码器

将输入二进制代码译成相应输出信号的电路，称为二进制译码器。

常见的 MSI 二进制译码器有 2 线—4 线（2 输入 4 输出）译码器、3 线—8 线（3 输入 8 输出）译码器和 4 线—16 线（4 输入 16 输出）译码器等。

1. 3 线—8 线译码器

以 3 线—8 线译码器 74LS138 为例来分析二进制译码器，如图 2.4.1（a）、（b）所示分别为其逻辑电路及引脚排列。

其中，A_2、A_1、A_0 为地址输入端，$\overline{Y}_0$ ～$\overline{Y}_7$ 为译码输出端，S_1、$\overline{S}_2$、$\overline{S}_3$ 为使能端。根据逻辑电路，可写出输出逻辑函数式如下：

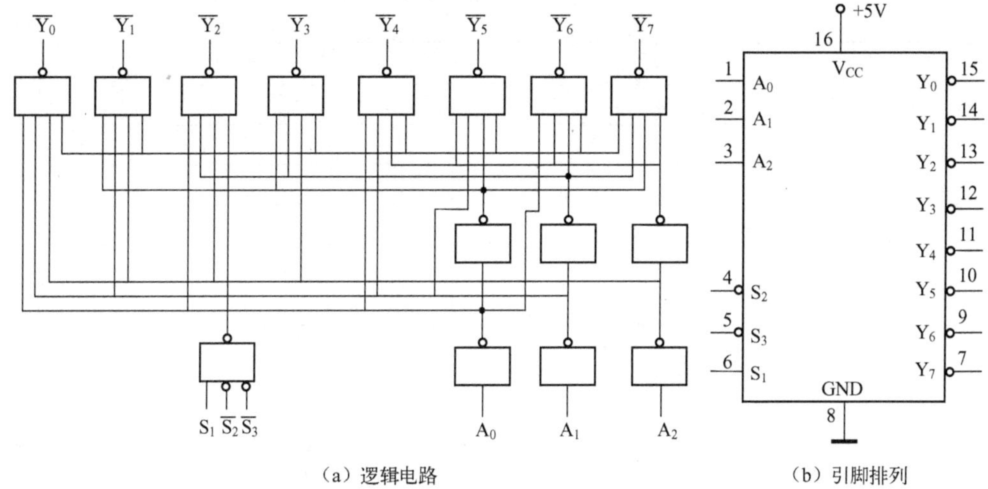

（a）逻辑电路　　　　（b）引脚排列

图 2.4.1　3 线—8 线译码器 74LS138

$$
\begin{cases}
\overline{Y}_0=\overline{\overline{A}_2\overline{A}_1\overline{A}_0}=\overline{m}_0\\
\overline{Y}_1=\overline{\overline{A}_2\overline{A}_1A_0}=\overline{m}_1\\
\overline{Y}_2=\overline{\overline{A}_2A_1\overline{A}_0}=\overline{m}_2\\
\overline{Y}_3=\overline{\overline{A}_2A_1A_0}=\overline{m}_3\\
\overline{Y}_4=\overline{A_2\overline{A}_1\overline{A}_0}=\overline{m}_4\\
\overline{Y}_5=\overline{A_2\overline{A}_1A_0}=\overline{m}_5\\
\overline{Y}_6=\overline{A_2A_1\overline{A}_0}=\overline{m}_6\\
\overline{Y}_7=\overline{A_2A_1A_0}=\overline{m}_7
\end{cases}
$$

可以看出，每一个输出逻辑函数对应于输入变量的相应最小项。

当 $S_1=1$，$\overline{S}_2+\overline{S}_3=0$ 时，译码器工作，地址码所指定的输出端有信号（低电平 0）输出，其他所有输出端均无信号（全为 1）输出。当 $S_1=0$，$\overline{S}_2+\overline{S}_3=\times$ 时，或 $S_1=\times$，$\overline{S}_2+\overline{S}_3=1$ 时，译码器被禁止，所有输出同时为 1。

74LS138 译码器功能如表 2.4.1 所示。

表 2.4.1　74LS138 译码器功能表

输　入					输　出							
S_1	$\overline{S}_2+\overline{S}_3$	A_2	A_1	A_0	$\overline{Y}_0$	$\overline{Y}_1$	$\overline{Y}_2$	$\overline{Y}_3$	$\overline{Y}_4$	$\overline{Y}_5$	$\overline{Y}_6$	$\overline{Y}_7$
1	0	0	0	0	0	1	1	1	1	1	1	1
1	0	0	0	1	1	0	1	1	1	1	1	1
1	0	0	1	0	1	1	0	1	1	1	1	1
1	0	0	1	1	1	1	1	0	1	1	1	1

续表

输入					输出							
1	0	1	0	0	1	1	1	1	0	1	1	1
1	0	1	0	1	1	1	1	1	1	0	1	1
1	0	1	1	0	1	1	1	1	1	1	0	1
1	0	1	1	1	1	1	1	1	1	1	1	0
0	×	×	×	×	1	1	1	1	1	1	1	1
×	1	×	×	×	1	1	1	1	1	1	1	1

2. 3线—8线译码器应用举例

由于二进制译码器的输出端能提供输入变量的全部最小项，而任何组合逻辑函数都可以变换为最小项之和的标准式，因此用二进制译码器和门电路可实现任何单输出或多输出的组合逻辑函数。当译码器输出低电平有效时，多选用与非门；译码器输出高电平有效时，多选用或门。

【例2.4.1】试用译码器和门电路实现逻辑函数 $Y=\overline{A}\,\overline{B}C+AB\overline{C}+C$。

解：（1）根据逻辑函数选择译码器。

选用3线—8线译码器74LS138，并令 $A_2=A$，$A_1=B$，$A_0=C$。

（2）将函数式变换为标准与或式。

$$Y=\overline{A}\,\overline{B}C+AB\overline{C}+C=\overline{A}\,\overline{B}C+\overline{A}BC+A\,\overline{B}C+AB\,\overline{C}+ABC$$
$$=m_1+m_3+m_5+m_6+m_7$$

（3）根据译码器的输出有效电平确定需用的门电路。

由于74LS138输出低电平有效，$\overline{Y}_i=\overline{m}_i$，$i=0\sim7$，因此，将Y函数式变换为

$$Y=\overline{\overline{m}_1\cdot\overline{m}_3\cdot\overline{m}_5\cdot\overline{m}_6\cdot\overline{m}_7}=\overline{\overline{Y}_1\cdot\overline{Y}_3\cdot\overline{Y}_5\cdot\overline{Y}_6\cdot\overline{Y}_7}$$

采用5输入与非门，其输入取自 $\overline{Y}_1$、$\overline{Y}_3$、$\overline{Y}_5$、$\overline{Y}_6$、$\overline{Y}_7$。

（4）画连线图，如图2.4.2所示。

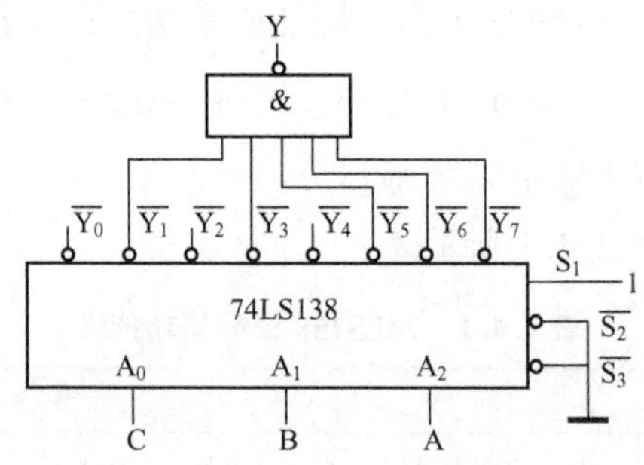

图2.4.2 3线—8线译码器实现组合逻辑电路

【例2.4.2】试用译码器实现全加器。

解：（1）分析设计要求，列出真值表。全加器的真值表如表2.4.2所示。

表 2.4.2　全加器的真值表

输入			输出	
A_i	B_i	C_{i-1}	S_i	C_i
0	0	0	0	0
0	0	1	1	0
0	1	0	1	0
0	1	1	0	1
1	0	0	1	0
1	0	1	0	1
1	1	0	0	1
1	1	1	1	1

设被加数为 A_i，加数为 B_i，低位进位数为 C_{i-1}，输出本位和为 S_i，向高位的进位数为 C_i。

(2) 根据真值表写出函数式：

$$\begin{cases} S_i = m_1 + m_2 + m_4 + m_7 \\ C_i = m_3 + m_5 + m_6 + m_7 \end{cases}$$

(3) 选择译码器。

选用 3 线—8 线译码器 74LS138，并令 $A_2 = A_i$，$A_1 = B_i$，$A_0 = C_{i-1}$。

(4) 根据译码器的输出有效电平确定需用的门电路。

因 74LS138 输出低电平有效，$\overline{Y_i} = \overline{m_i}$，$i = 0 \sim 7$，所以，将函数式变换为

$$\begin{cases} S_i = \overline{\overline{m_1} \cdot \overline{m_2} \cdot \overline{m_4} \cdot \overline{m_7}} = \overline{\overline{Y_1} \cdot \overline{Y_2} \cdot \overline{Y_4} \cdot \overline{Y_7}} \\ C_i = \overline{\overline{m_3} \cdot \overline{m_5} \cdot \overline{m_6} \cdot \overline{m_7}} = \overline{\overline{Y_3} \cdot \overline{Y_5} \cdot \overline{Y_6} \cdot \overline{Y_7}} \end{cases}$$

(5) 画连线图，如图 2.4.3 所示。

3. 3 线—8 线译码器的其他应用及扩展

二进制译码器实际上也是负脉冲输出的脉冲分配器。若利用使能端中的一个输入端输入数据信息，器件就成为一个数据分配器（又称为多路分配器），如图 2.4.4 所示。根据

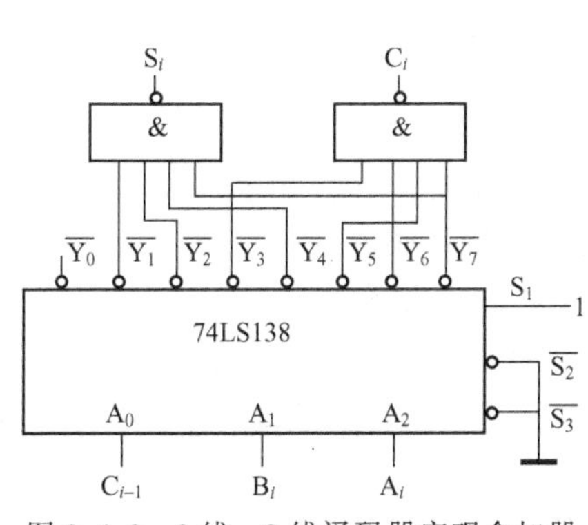

图 2.4.3　3 线—8 线译码器实现全加器

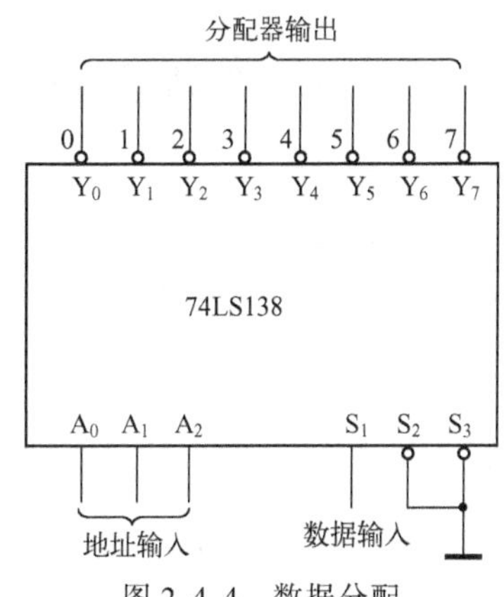

图 2.4.4　数据分配

表 2.4.1 可以看出，若在 S_1 输入端输入数据信息，$\overline{S}_2+\overline{S}_3=0$，地址码所对应的输出是 S_1 数据信息的反码；若从 $\overline{S}_2$ 端输入数据信息，令 $S_1=1$、$\overline{S}_3=0$，地址码所对应的输出就是 $\overline{S}_2$ 端数据信息的原码。

根据输入地址的不同组合译出唯一地址，故可用作地址译码器。若数据信息是时钟脉冲，则数据分配器便成为时钟脉冲分配器。

利用使能端能方便地将两个 3 线—8 线译码器组合成一个 4 线—16 线译码器，如图 2.4.5 所示。

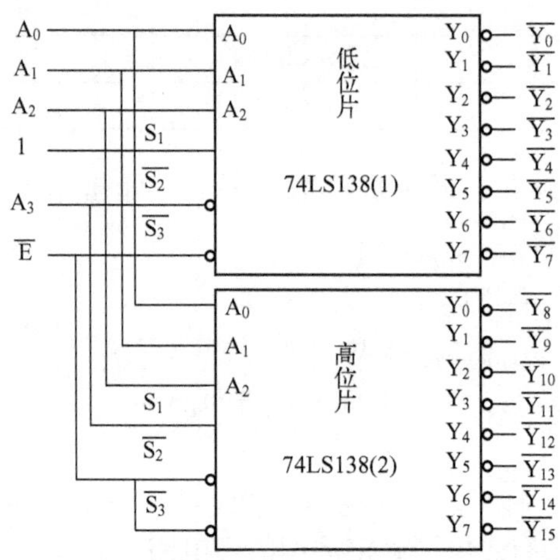

图 2.4.5　两个 3 线—8 线译码器扩展成一个 4 线—16 线译码器

扩展后的逻辑功能如下：

$\overline{E}=1$ 时，两个译码器都不工作，输出 $\overline{Y}_0\sim\overline{Y}_{15}$ 都为高电平 1。

$\overline{E}=0$ 时，允许译码。

（1）$A_3=0$ 时，高位片不工作，低位片工作，译出与输入 0000 ～ 1111 分别对应的 8 个输出信号 $\overline{Y}_0\sim\overline{Y}_7$。

（2）$A_3=1$ 时，低位片不工作，高位片工作，译出与输入 1000 ～ 1111 分别对应的 8 个输出信号 $\overline{Y}_8\sim\overline{Y}_{15}$。

2.4.2　二—十进制译码器

二—十进制译码器是将 BCD 码的十组代码译成 0 ～ 9 这十个对应输出信号的电路。由于二—十进制译码器有 4 个输入端、10 个输出端，所以又称为 4 线—10 线译码器。

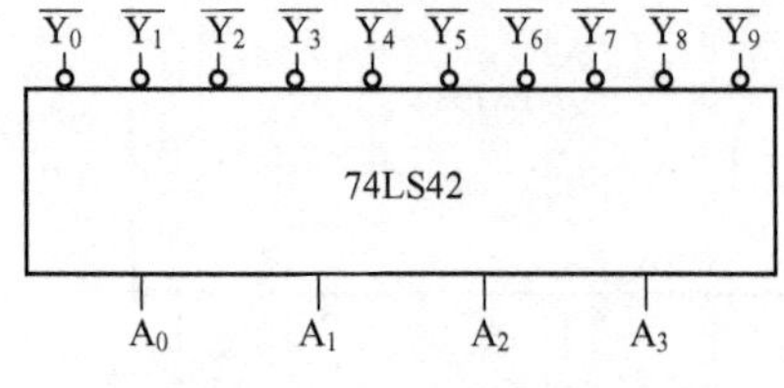

图 2.4.6　74LS42 逻辑示意图

以 74LS42 为例来分析二—十进制译码器，图 2.4.6 为其逻辑示意图，10 个译码输出端，低电平 0 有效；8421BCD 码输入端，从高位到低位依次为 A_3、A_2、A_1 和 A_0。

74LS42 译码器功能表如表 2.4.3 所示。

表 2.4.3　74LS42 译码器功能表

十进制数	输入				输出									
	A_3	A_2	A_1	A_0	$\overline{Y}_0$	$\overline{Y}_1$	$\overline{Y}_2$	$\overline{Y}_3$	$\overline{Y}_4$	$\overline{Y}_5$	$\overline{Y}_6$	$\overline{Y}_7$	$\overline{Y}_8$	$\overline{Y}_9$
0	0	0	0	0	0	1	1	1	1	1	1	1	1	1
1	0	0	0	1	1	0	1	1	1	1	1	1	1	1
2	0	0	1	0	1	1	0	1	1	1	1	1	1	1
3	0	0	1	1	1	1	1	0	1	1	1	1	1	1
4	0	1	0	0	1	1	1	1	0	1	1	1	1	1
5	0	1	0	1	1	1	1	1	1	0	1	1	1	1
6	0	1	1	0	1	1	1	1	1	1	0	1	1	1
7	0	1	1	1	1	1	1	1	1	1	1	0	1	1
8	1	0	0	0	1	1	1	1	1	1	1	1	0	1
9	1	0	0	1	1	1	1	1	1	1	1	1	1	0
伪码	1	0	1	0	1	1	1	1	1	1	1	1	1	1
	1	0	1	1	1	1	1	1	1	1	1	1	1	1
	1	1	0	0	1	1	1	1	1	1	1	1	1	1
	1	1	0	1	1	1	1	1	1	1	1	1	1	1
	1	1	1	0	1	1	1	1	1	1	1	1	1	1
	1	1	1	1	1	1	1	1	1	1	1	1	1	1

2.4.3　显示译码器

在数字测量仪表和各种数字系统中，都需要将数字量直观地显示出来，一方面便于直接读取测量和运算的结果，另一方面用于监视数字系统的工作情况。数字显示电路通常由译码器、驱动器和显示器等部分组成。

1. 常见数码显示器

数码显示器有多种形式，目前广泛使用的是七段数码显示器，简称七段数码管，主要包括发光二极管（LED）数码管和液晶显示（LCD）数码管两种。

1）七段发光二极管（LED）数码管

LED 数码管是利用 LED 构成显示数码的笔画来显示数字的，具有较高的亮度，并且有多种颜色可供选择，故应用相当广泛，是目前最常用的数字显示器。

根据连接方式的不同，LED 数码管有共阳极和共阴极两种连接方式，如图 2.4.7（a）、（b）所示分别为共阴管和共阳管的电路，图 2.4.7（c）为两种不同出线形式的引脚功能。

其中，共阳极连接时，译码器必须输出低电平才能驱动相应的发光二极管导通发光。共阴极连接时，译码器必须输出高电平才能驱动相应的发光二极管导通发光。

为了防止电流过大而烧坏发光二极管，通常在每个发光二极管的电路中还串接有限流电阻。发光二极管数码管的显示原理较简单，以共阴极连接方式为例，如要显示数字 5，则 a、f、g、c、d 段加高电平发光显示，其余各段均加低电平熄灭。

一个 LED 数码管可用来显示一位 0 ～ 9 十进制数和一个小数点。小型数码管（0.5in 和 0.36in）每段发光二极管的正向压降，随显示光（通常为红、绿、黄、橙色）的颜色不同

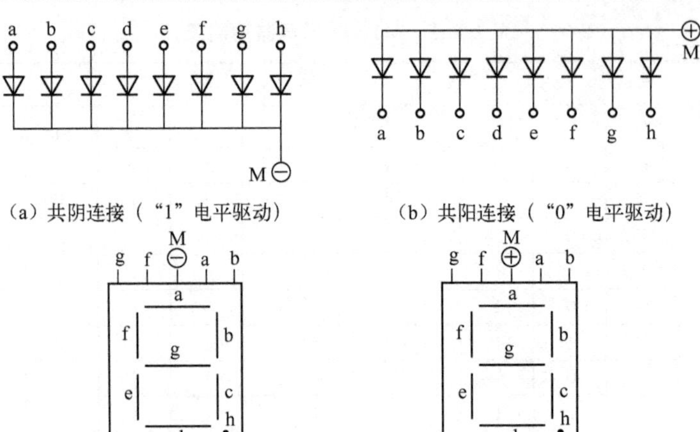

图 2.4.7　LED 数码管

略有差别，通常为 2 ～ 2.5V，每个发光二极管的点亮电流在 5 ～ 10mA。LED 数码管要显示 BCD 码所表示的十进制数字需要有一个专门的译码器，该译码器不但要完成译码功能，还要有一定的驱动能力。

2）液晶显示器（LCD）

LCD 数码管是利用液晶材料在电场的作用下会吸收光线的特性来显示数码的。这类数码管亮度比 LED 低，但其耗电极低，因此应用也比较广泛。

2. 七段显示译码器

为了使数码管能将数码所代表的数显示出来，必须将数码经译码器译出，然后经驱动器点亮对应的段。例如，对于 8421BCD 码的 0011 状态，对应的十进制数为 3，则译码驱动器应使 a、b、c、d、g 各段点亮。即对应于某一组数码，显示译码器应有几个相对应的输出端有信号输出，这是七段显示译码器电路所要完成的主要任务。

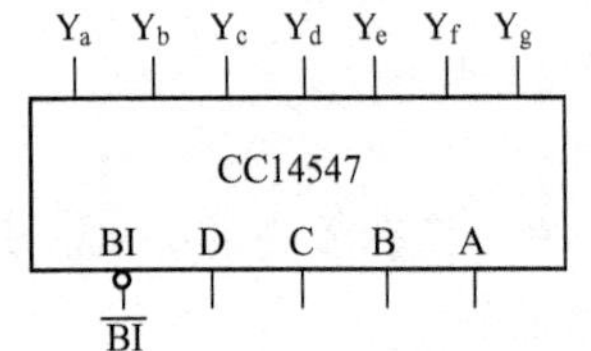

图 2.4.8　CC14547 的逻辑功能示意图

1）4 线七段译码器/驱动器 CC14547

图 2.4.8 为 CMOS 集成电路 CC14547 的逻辑功能示意图。其中，译码驱动输出端 Y_a ～ Y_g 高电平有效，消隐控制端 $\overline{BI}$ 低电平有效。D、C、B、A 为 8421BCD 码输入端。

4 线七段译码器/驱动器 CC14547 功能表如表 2.4.4 所示。

表 2.4.4　CC14547 功能表

输　入					输　出							数字显示
$\overline{BI}$	D	C	B	A	Y_a	Y_b	Y_c	Y_d	Y_e	Y_f	Y_g	
0	×	×	×	×	0	0	0	0	0	0	0	消隐
1	0	0	0	0	1	1	1	1	1	1	0	0

续表

输入					输出							数字显示
$\overline{BI}$	D	C	B	A	Y_a	Y_b	Y_c	Y_d	Y_e	Y_f	Y_g	
1	0	0	0	1	0	1	1	0	0	0	0	1
1	0	0	1	0	1	1	0	1	1	0	1	2
1	0	0	1	1	1	1	1	1	0	0	1	3
1	0	1	0	0	0	1	1	0	0	1	1	4
1	0	1	0	1	1	0	1	1	0	1	1	5
1	0	1	1	0	0	0	1	1	1	1	1	6
1	0	1	1	1	1	1	1	0	0	0	0	7
1	1	0	0	0	1	1	1	1	1	1	1	8
1	1	0	0	1	1	1	1	0	0	1	1	9
1	1	0	1	0	0	0	0	0	0	0	0	消隐
1	1	0	1	1	0	0	0	0	0	0	0	消隐
1	1	1	0	0	0	0	0	0	0	0	0	消隐
1	1	1	0	1	0	0	0	0	0	0	0	消隐
1	1	1	1	0	0	0	0	0	0	0	0	消隐
1	1	1	1	1	0	0	0	0	0	0	0	消隐

CC14547 逻辑功能如下。

(1) 消隐功能。

当 $\overline{BI}=0$ 时，禁止数码显示，输出端 $Y_a \sim Y_g$ 都为低电平 0，各字段都熄灭。

(2) 显示功能。

当 $\overline{BI}=1$ 时，允许数码显示，译码器工作，当 D、C、B、A 端输入为 8421BCD 码时，译码器相应输出端输出高电平，数码显示器显示与输入数码相对应的数字。

如 DCBA = 0101 时，输出端 $Y_a = Y_c = Y_d = Y_f = Y_g = 1$，这 5 个字段亮，显示数字为 5。其他以此类推。

2）4 线七段译码器/驱动器 74LS48

TTL 集成电路 74LS48 也是一种常用的七段数码管译码器驱动器，常用在各种数字电路和单片机系统的显示系统中。图 2.4.9 为 74LS48 的引脚排列。

74LS48 是输出高电平有效的译码器，工作电压为 5V。74LS48 除了具有实现七段显示译码器基本功能的输入（D、C、B、A）和输出（a ~ g）端外，还引入了灯测试输入端（$\overline{LT}$）和动态灭零输入端（$\overline{RBI}$），以及既有输入功能又有输出功能的消隐输入/动态灭零输出（$\overline{BI}/\overline{RBO}$）端。其功能表如表 2.4.5 所示。

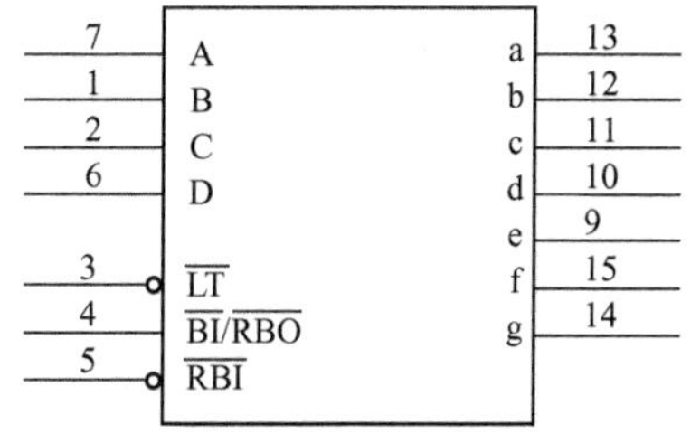

图 2.4.9 74LS48 的引脚排列示意图

表 2.4.5　七段译码驱动器 74LS48 功能表

十进制数或功能	输入						$\overline{BI}/\overline{RBO}$	输出							逻辑功能
	$\overline{LT}$	$\overline{RBI}$	D	C	B	A		a	b	c	d	e	f	g	
0	H	H	0	0	0	0	H	1	1	1	1	1	1	0	①
1	H	×	0	0	0	1	H	0	1	1	0	0	0	0	
2	H	×	0	0	1	0	H	1	1	0	1	1	0	1	
3	H	×	0	0	1	1	H	1	1	1	1	0	0	1	
4	H	×	0	1	0	0	H	0	1	1	0	0	1	1	
5	H	×	0	1	0	1	H	1	0	1	1	0	1	1	
6	H	×	0	1	1	0	H	0	0	1	1	1	1	1	
7	H	×	0	1	1	1	H	1	1	1	0	0	0	0	
8	H	×	1	0	0	0	H	1	1	1	1	1	1	1	
9	H	×	1	0	0	1	H	1	1	1	0	0	1	1	
10	H	×	1	0	1	0	H	0	0	0	1	1	0	1	伪码
11	H	×	1	0	1	1	H	0	0	1	1	0	0	1	
12	H	×	1	1	0	0	H	0	1	0	0	0	1	1	
13	H	×	1	1	0	1	H	1	0	0	1	0	1	1	
14	H	×	1	1	1	0	H	0	0	0	1	1	1	1	
15	H	×	1	1	1	1	H	0	0	0	0	0	0	0	
$\overline{BI}$	×	×	×	×	×	×	L（输入）	0	0	0	0	0	0	0	②
$\overline{RBI}$	H	L	0	0	0	0	L	0	0	0	0	0	0	0	③
$\overline{LT}$	L	×	×	×	×	×	H	1	1	1	1	1	1	1	④

74LS48 的逻辑功能如下。

（1）七段译码功能（$\overline{LT}=1$，$\overline{RBI}=1$）。

在灯测试输入端（$\overline{LT}$）和动态灭零输入端（$\overline{RBI}$）都接无效电平时，输入 DCBA 经 74LS48 译码，输出高电平有效的七段字符显示器的驱动信号，显示相应字符。除 DCBA = 0000 外，$\overline{RBI}$也可以接低电平，见表 2.4.5 中 1 ～ 15 行。

（2）消隐功能（$\overline{BI}=0$）。

此时 $\overline{BI}/\overline{RBO}$端作为输入端，该端输入低电平信号时，无论 $\overline{LT}$和 $\overline{RBI}$输入什么电平信号，也不管输入 DCBA 为什么状态，输出全为“0”，七段显示器熄灭。功能表倒数第 3 行，该功能主要用于多显示器的动态显示。

（3）动态灭零功能（$\overline{LT}=1$，$\overline{RBI}=0$）。

此时 $\overline{BI}/\overline{RBO}$端也作为输出端，$\overline{LT}$端输入高电平信号，$\overline{RBI}$端输入低电平信号，若此时 DCBA = 0000，输出全为“0”，显示器熄灭，不显示这个零（即根据此时的输入，本应显示数字 0，但由于 $\overline{RBI}=0$，就会使这个零熄灭）；若 DCBA ≠ 0，则对显示无影响。功能表倒数第 2 行，该功能主要用于多个七段显示器同时显示时熄灭高位多余的零。

(4) 灯测试功能 ($\overline{LT}=0$)。

此时 $\overline{BI}/\overline{RBO}$端作为输出端，当$\overline{LT}$输入低电平信号时，与$\overline{RBI}$及 DCBA 输入无关，输出全为“1”，显示器 7 个字段都点亮。功能表最后一行，该功能用于七段显示器测试，判别是否有损坏的字段。

任务 2.5　数据选择器、数据分配器及应用

2.5.1　数据选择器和数据分配器的作用

1. 数据选择器

根据地址码的要求，从多路输入信号中选择其中 1 路作为输出的电路称为数据选择器，又称为多路选择器（Multiplexer，简称 MUX）或多路开关。4 选 1 数据选择器工作示意图如图 2.5.1 所示。

图 2.5.1 中，有 4 路数据 $D_0 \sim D_3$，通过选择控制信号 A_1、A_0（地址码）从 4 路数据中选中 1 路数据送至输出端 Y。数据选择器的功能相当于一个多输入的单刀多掷开关，其输入信号个数 N 与地址码个数 n 的关系为 $N=2^n$。

2. 数据分配器

数据分配是数据选择的逆过程。根据地址码的要求，将 1 路数据分配到指定输出通道中的电路称为数据分配器（Demultiplexer，简称 DMUX）。图 2.5.2 为 4 路数据分配器工作示意图。

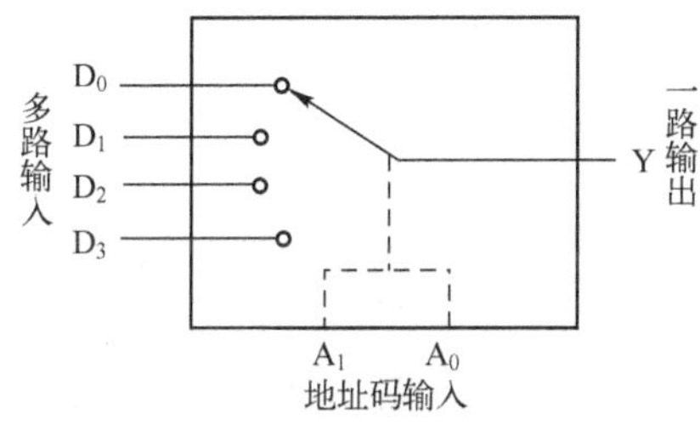

图 2.5.1　4 选 1 数据选择器工作示意图

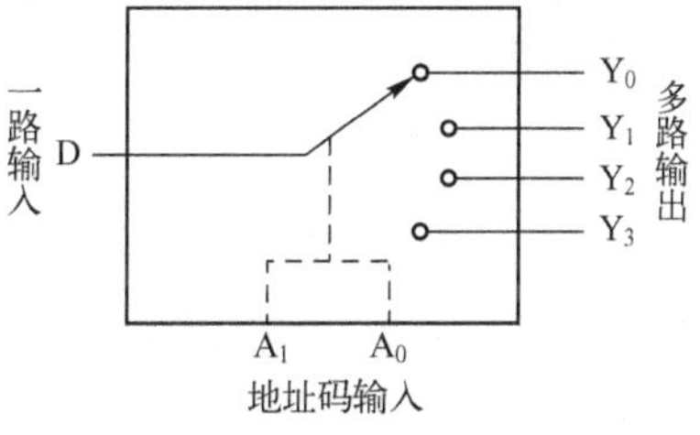

图 2.5.2　4 路数据分配器工作示意图

分配器可由带使能端的译码器来实现。如前所述，通常将译码器的数码输入端作为数据分配器的地址输入端，而使能端作为一路数据的输入端，则译码器便构成了数据分配器。

2.5.2　数据选择器的逻辑功能

1. 4 选 1 数据选择器

4 选 1 数据选择器的逻辑符号如图 2.5.1 所示，其中 D_0、D_1、D_2、D_3 是 4 位数据输入

端，A_0 和 A_1 是控制输入端，Y 是数据输出端。当 $A_1A_0=00$ 时，输出 $Y=D_0$；$A_1A_0=01$ 时，$Y=D_1$；$A_1A_0=10$ 时，$Y=D_2$；$A_1A_0=11$ 时，$Y=D_3$。

4 选 1 数据选择器的功能如表 2.5.1 所示，表 2.5.2 则为表 2.5.1 的简化功能表。

根据功能表 2.5.1 及表 2.5.2，可写出如下输出逻辑表达式：

$$Y=(\overline{A_1}\,\overline{A_0})D_0+(\overline{A_1}A_0)D_1+(A_1\overline{A_0})D_2+(A_1A_0)D_3$$

表 2.5.1　4 选 1 数据选择器功能表

输入						输出
A_0	A_1	D_0	D_1	D_2	D_3	Y
0	0	0	×	×	×	0
0	0	1	×	×	×	1
0	1	×	0	×	×	0
0	1	×	1	×	×	1
1	0	×	×	0	×	0
1	0	×	×	1	×	1
1	1	×	×	×	0	0
1	1	×	×	×	1	1

表 2.5.2　4 选 1 数据选择器简化功能表

输入			输出
A_1	A_0	D	Y
0	0	D_0	D_0
0	1	D_1	D_1
1	0	D_2	D_2
1	1	D_3	D_3

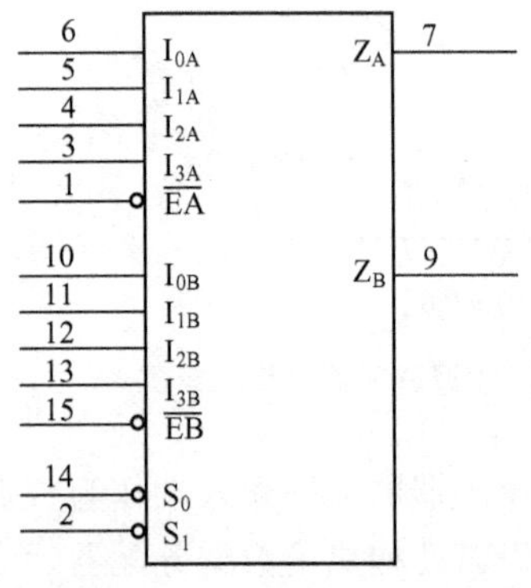

图 2.5.3　74LS153 的引脚

2. 双 4 选 1 数据选择器 74LS153

所谓双 4 选 1 数据选择器就是在一块集成芯片上有两个 4 选 1 数据选择器。

74LS153 数据选择器有两个独立的 4 选 1 数据选择器，每个数据选择器有 4 个数据输入端 $I_0\sim I_3$，2 个地址输入端 S_1、S_0，1 个使能控制端 $\overline{E}$ 和 1 个输出端 Z。74LS153 的引脚如图 2.5.3 所示，其功能表如表 2.5.3 所示。其中，$\overline{EA}$、$\overline{EB}$ 使能控制端分别为 A 路和 B 路的选通信号，$I_0\sim I_3$ 为 4 个数据输入端，Z_A、Z_B 分别为两路的输出端。S_0、S_1 为公用的地址信号端。

逻辑功能如下。

（1）当使能端 $\overline{EA}(\overline{EB})=1$ 时，多路开关被禁止，无输出，$Z_A=0$ 和 $Z_B=0$。

表 2.5.3　74LS153 功能表

输入							输出
S_1	S_0	$\overline{EA}$或 $\overline{EB}$	I_0	I_1	I_2	I_3	Z_A或 Z_B
×	×	1	×	×	×	×	0
0	0	0	0	×	×	×	0
0	0	0	1	×	×	×	1
0	1	0	×	0	×	×	0
0	1	0	×	1	×	×	1
1	0	0	×	×	0	×	0
1	0	0	×	×	1	×	1
1	1	0	×	×	×	0	0
1	1	0	×	×	×	1	1

（2）当使能端$\overline{EA}$($\overline{EB}$) =0 时，多路开关正常工作，根据地址码 S_1、S_0 的状态，将相应的数据 I_0 ～ I_3 送到输出端 Z。例如，当 S_1S_0 = 00 时，则选择 I_0 数据到输出端，即 $Z_A = I_{0A}$ ($Z_B = I_{0B}$)；当 S_1S_0 = 10 时，则选择 I_2 数据到输出端，即 $Z_A = I_{2A}$ ($Z_B = I_{2B}$)，其余以此类推。

3. 8 选 1 数据选择器 74LS151

74LS151 是 8 选 1 数据选择器，它有 3 个地址输入端 A_2、A_1、A_0，可选择 D_0 ～ D_7 这 8 个数据源，具有两个互补输出端，同相输出端 Y 和反相输出端 $\overline{Y}$。其逻辑功能示意图如图 2.5.4 所示，其功能表如表 2.5.4 所示。

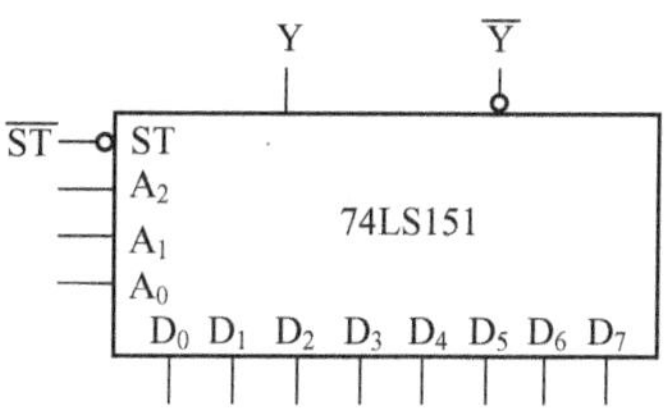

图 2.5.4　74LS151 逻辑功能示意图

表 2.5.4　74LS151 功能表

输入				输出	
$\overline{ST}$	A_2	A_1	A_0	Y	$\overline{Y}$
1	×	×	×	0	1
0	0	0	0	D_0	$\overline{D_0}$
0	0	0	1	D_1	$\overline{D_1}$
0	0	1	0	D_2	$\overline{D_2}$
0	0	1	1	D_3	$\overline{D_3}$
0	1	0	0	D_4	$\overline{D_4}$
0	1	0	1	D_5	$\overline{D_5}$
0	1	1	0	D_6	$\overline{D_6}$
0	1	1	1	D_7	$\overline{D_7}$

74LS151 的逻辑功能如下。

（1）$\overline{ST}$ =1 时，禁止数据选择器工作。

（2）$\overline{ST}$ =0 时，数据选择器工作。选择哪一路信号输出由地址码决定。这时 74LS151 输出逻辑表达式为

$$Y = \overline{A}_2\overline{A}_1\overline{A}_0D_0 + \overline{A}_2\overline{A}_1A_0D_1 + \overline{A}_2A_1\overline{A}_0D_2 + \overline{A}_2A_1A_0D_3 + A_2\overline{A}_1\overline{A}_0D_4 + A_2\overline{A}_1A_0D_5 + A_2A_1\overline{A}_0D_6 + A_2A_1A_0D_7$$

即

$$Y = m_0D_0 + m_1D_1 + m_2D_2 + m_3D_3 + m_4D_4 + m_5D_5 + m_6D_6 + m_7D_7$$

由此可看出，数据选择器的输出逻辑表达式中包含由地址输入变量组成的逻辑函数的全部最小项，因此可以用它来实现组合逻辑函数。

4. 数据选择器扩展

用两片 8 选 1 数据选择器 74LS151 可组成 16 选 1 数据选择器，如图 2.5.5 所示。

用低 3 位 $A_2A_1A_0$ 作为每片 74LS151 的片内地址码，用高位 A_3 作为两片 74LS151 的片选信号。当 $A_3=0$ 时，选中低位片 74LS151(1)工作，高位片 74LS151(2)禁止；当 $A_3=1$ 时，选中高位片 74LS151(2)工作，低位片 74LS151(1)禁止。

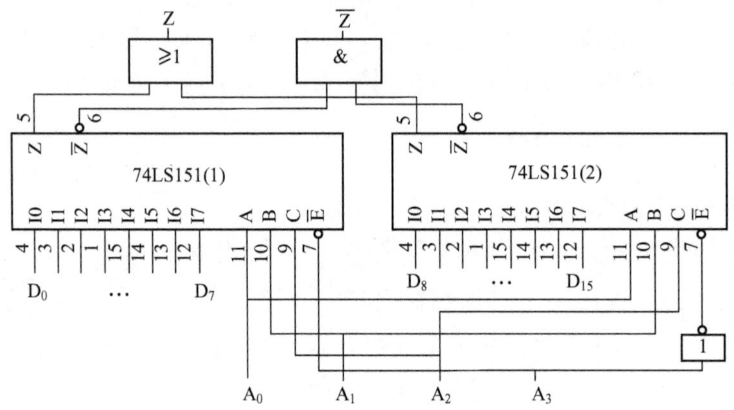

图 2.5.5　数据选择器扩展应用

2.5.3　用数据选择器实现组合逻辑函数

由于数据选择器在输入数据全部为 1 时，输出为地址输入变量全体最小项之和。而任何一个逻辑函数都可以表示成最小项表达式，因此用数据选择器可实现任何组合逻辑函数。

当逻辑函数的变量个数和数据选择器的地址输入变量个数相同时，可直接将逻辑函数输入变量有序地接数据选择器的地址输入端。

【例 2.5.1】 试用数据选择器实现逻辑函数 $Y = AB + AC + BC$。

解：（1）选择数据选择器。

Y 为三变量函数，故可选用 8 选 1 数据选择器 74LS151。

（2）写出逻辑函数的最小项表达式：

$$Y = AB + AC + BC = \overline{A}BC + A\overline{B}C + AB\overline{C} + ABC$$

（3）写出数据选择器的输出逻辑表达式：

$$Y' = \overline{A}_2\overline{A}_1\overline{A}_0D_0 + \overline{A}_2\overline{A}_1A_0D_1 + \overline{A}_2A_1\overline{A}_0D_2 + \overline{A}_2A_1A_0D_3 + A_2\overline{A}_1\overline{A}_0D_4 + A_2\overline{A}_1A_0D_5 + A_2A_1\overline{A}_0D_6 + A_2A_1A_0D_7$$

（4）比较 Y 和 Y′两式中最小项的对应关系，令 $A=A_2$，$B=A_1$，$C=A_0$，则有

$$Y'=\overline{A}\,\overline{B}\,\overline{C}D_0+\overline{A}\,\overline{B}CD_1+\overline{A}B\overline{C}D_2+\overline{A}BCD_3+A\overline{B}\,\overline{C}D_4+A\overline{B}CD_5+AB\overline{C}D_6+ABCD_7$$

为了使 $Y'=Y$，应令：

$$\begin{cases}D_0=D_1=D_2=D_4=0\\D_3=D_5=D_6=D_7=1\end{cases}$$

（5）画连线图，如图 2.5.6 所示。

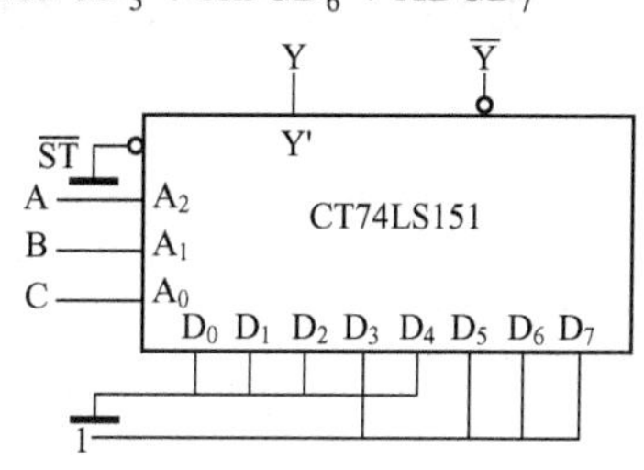

图 2.5.6 【例 2.5.1】的连线图

当逻辑函数的变量个数多于数据选择器的地址输入变量个数时，应分离出多余的变量用数据替代，将余下的变量有序地接到数据选择器的地址输入端上。

【例 2.5.2】 试用 74LS153 实现函数 $F=A\overline{B}+\overline{A}C+B\overline{C}$。

解：（1）分析问题。

由于 74LS153 为双 4 选 1 数据选择器，只有两个地址输入端，而 F 为三变量函数，故应分离出多余的变量用数据替代。

（2）列真值表，如表 2.5.5 所示。

表 2.5.5 【例 2.5.2】的真值表

输　入			输　出	备　注
A_1	A_0			
A	B	C	F	
0	0	0	0	$D_0=C$
0	0	1	1	
0	1	0	1	$D_1=1$
0	1	1	1	
1	0	0	1	$D_2=1$
1	0	1	1	
1	1	0	1	$D_3=\overline{C}$
1	1	1	0	

（3）画连线图，如图 2.5.7 所示。

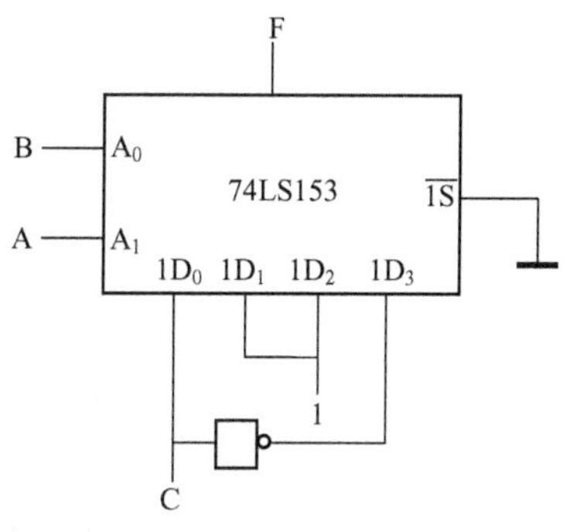

图 2.5.7 【例 2.5.2】的连线图

任务2.6 技能训练：译码器的逻辑功能测试及应用

1. 训练目的

（1）掌握中规模集成译码器的逻辑功能和测试、使用方法。

（2）学习集成译码器的应用。

2. 训练设备与器材

（1）数字电路实验箱。

（2）万用表。

（3）集成电路：

74LS138　　3线—8线译码器　　1片

74LS20　　双4输入与非门　　1片

3. 预备知识

（1）集成译码器的逻辑功能。

（2）使用中规模集成译码器实现组合逻辑函数的方法。

4. 训练内容及步骤

1）3线—8线译码器74LS138逻辑功能的测试

3线—8线译码器74LS138的逻辑符号如图2.6.1所示。测试其逻辑功能，完成表2.6.1。

2）用译码器实现全加器

用3线—8线译码器74LS138和与非门74LS20实现全加器，电路如图2.6.2所示。写出输出端S_i、C_i的逻辑函数式，测试其逻辑功能，自拟表格（可参考表2.4.2）记录测试结果。

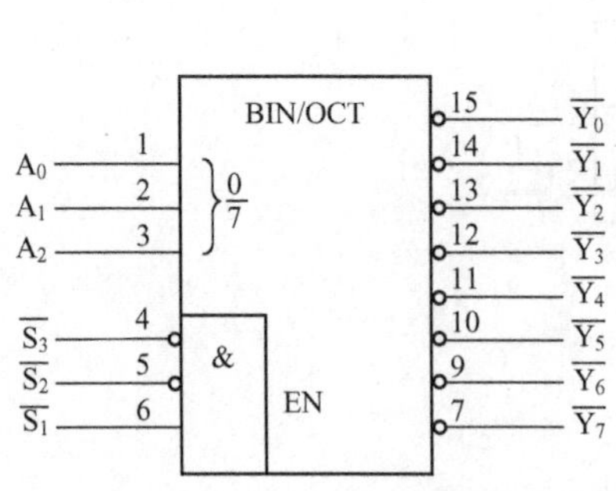

图2.6.1　74LS138逻辑符号

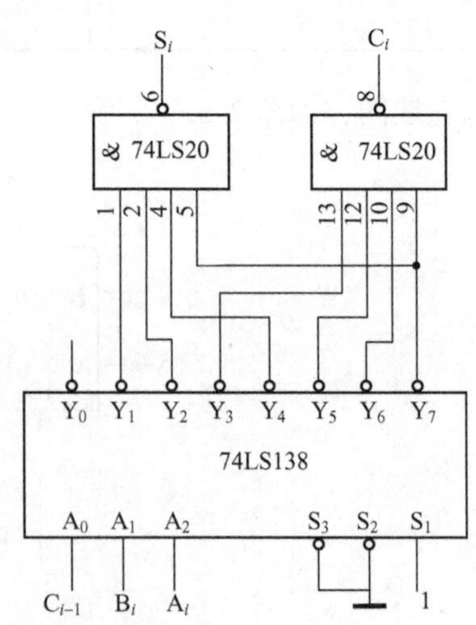

图2.6.2　用3线—8线译码器74LS138实现全加器

表 2.6.1　3 线—8 线译码器 74LS138 逻辑功能测试表

输入						输出							
S_1	$\overline{S}_2$	$\overline{S}_3$	A_2	A_1	A_0	$\overline{Y}_0$	$\overline{Y}_1$	$\overline{Y}_2$	$\overline{Y}_3$	$\overline{Y}_4$	$\overline{Y}_5$	$\overline{Y}_6$	$\overline{Y}_7$
0	×	×	×	×	×								
×	1	1	×	×	×								
1	0	0	0	0	0								
1	0	0	0	0	1								
1	0	0	0	1	0								
1	0	0	0	1	1								
1	0	0	1	0	0								
1	0	0	1	0	1								
1	0	0	1	1	0								
1	0	0	1	1	1								

5. 训练注意事项

(1) 在接插集成门电路时，要认清定位标记，不得接反。不允许将电源极性接反，电源电压范围在 4.5 ～ 5.5V 之内。

(2) 不允许将门电路输出端直接接地或接电源，也不允许接逻辑电平开关，否则将损坏元器件。

6. 训练总结

(1) 画出各个实训步骤的逻辑电路图，整理实训数据，加以分析。

(2) 总结中规模集成译码器的功能特点。

(3) 写出图 2.6.2 用 3 线—8 线译码器 74LS138 实现全加器的设计方法，并加以总结。

任务 2.7　技能训练：数据选择器的逻辑功能测试及应用

1. 训练目的

(1) 掌握中规模集成 MUX 的逻辑功能和测试、使用方法。

(2) 学习集成 MUX 的应用。

2. 训练设备与器材

(1) 数字电路实验箱。

(2) 万用表、双踪示波器。

(3) 集成电路：

74LS153　　　　双4选1数据选择器　　　1片

74LS00/74LS04　四2输入与非门/六反相器　1片

3. 预备知识

(1) 集成MUX的逻辑功能。

(2) 使用中规模集成MUX实现组合逻辑函数的方法。

4. 训练内容及步骤

(1) 数据选择器逻辑功能的测试。

双4选1数据选择器74LS153逻辑符号如图2.7.1所示。参照引脚图接线，完成表2.7.1逻辑功能的测试。

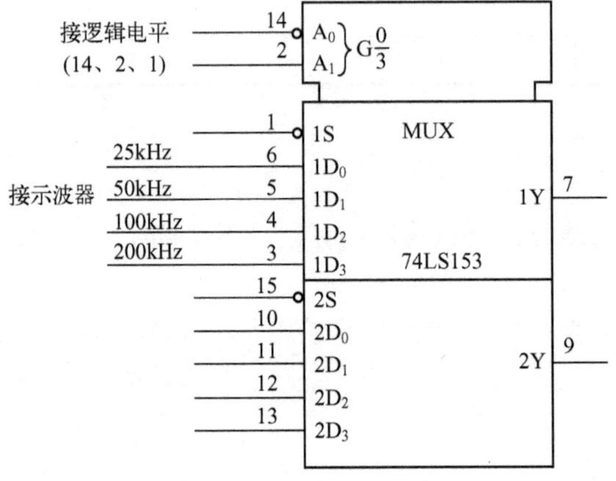

图2.7.1　双4选1数据选择器74LS153逻辑符号

(2) 如图2.7.2所示，将4个不同频率的固定连续脉冲信号接到数据选择器的4个输入端D_0、D_1、D_2、D_3，将选择端A_1、A_0置位，使输出端Y可分别观察到四种不同频率的脉冲信号。

表2.7.1　双4选1数据选择器74LS153逻辑功能的测试

地址选择端		数据输入端				输出控制端	输出端
A_1	A_0	D_0	D_1	D_2	D_3	$\overline{S}$	Y
×	×	×	×	×	×	1	
0	0	0	×	×	×	0	
0	0	1	×	×	×	0	
0	1	×	0	×	×	0	
0	1	×	1	×	×	0	
1	0	×	×	0	×	0	
1	0	×	×	1	×	0	
1	1	×	×	×	0	0	
1	1	×	×	×	1	0	

(3) 用 MUX 实现全加器。

利用双 4 选 1 数据选择器 74LS153 实现全加器，如图 2.7.2 所示。

自拟实训表格（可参考表 2.6.1），验证该全加器的逻辑功能。

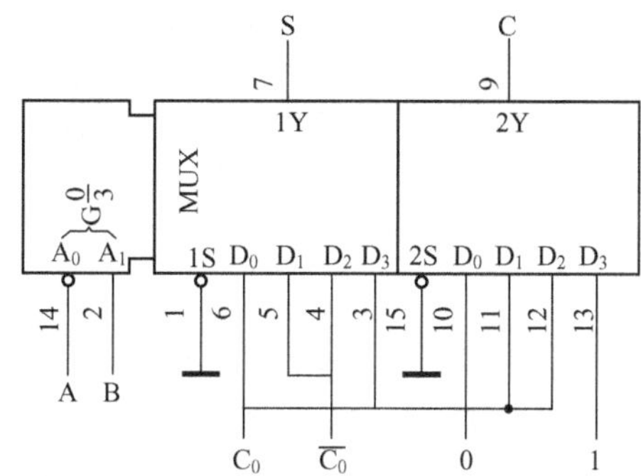

图 2.7.2 用双 4 选 1 数据选择器 74LS153 实现全加器

5. 训练注意事项

(1) 在接插集成门电路时，要认清定位标记，不得接反。不允许将电源极性接反，电源电压范围在 4.5 ～ 5.5V 之内。

(2) 不允许将门电路输出端直接接地或接电源，也不允许接逻辑电平开关，否则将损坏元器件。

6. 训练总结

(1) 画出各个实训步骤的逻辑电路图，整理实训数据，加以分析。

(2) 总结中规模集成 MUX 的功能特点（地址选择端、输出控制端的作用和使用方法）。

(3) 写出图 2.7.2 双 4 选 1 数据选择器 74LS153 实现全加器的设计方法，并加以总结。

任务 2.8 技能训练：Multisim 仿真实现组合逻辑电路

2.8.1 任务分析

运用 Multisim 软件可以方便地进行组合逻辑电路的仿真和设计。在本任务中，分别以译码器、数据选择器实现全加器为例，探讨在 Multisim 中，中规模集成电路 MSI 器件的设计应用。

2.8.2 应用举例

【例 2.8.1】 在 Multisim 中仿真实现：用集成 3 线—8 线译码器 74LS138D 组成 1 位全加器。

解：

第一步：分析实现基础原理。

两个1位二进制数的加法运算的真值表如表2.4.2所示。

根据真值表写函数式：

$$\begin{cases} S_i = \overline{\overline{m}_1 \cdot \overline{m}_2 \cdot \overline{m}_4 \cdot \overline{m}_7} = \overline{\overline{Y}_1 \cdot \overline{Y}_2 \cdot \overline{Y}_4 \cdot \overline{Y}_7} \\ C_i = \overline{\overline{m}_3 \cdot \overline{m}_5 \cdot \overline{m}_6 \cdot \overline{m}_7} = \overline{\overline{Y}_3 \cdot \overline{Y}_5 \cdot \overline{Y}_6 \cdot \overline{Y}_7} \end{cases}$$

其中，A、B分别为加数和被加数；C_{i-1}为低位向本位产生的进位；S_i为相加的和；C_i为本位向高位产生的进位。

第二步：创建仿真电路。

(1) 在元（器）件库中单击“TTL”，再单击“74LS”系列，选中“74LS138D”，单击“OK”按钮确认。这时会出现一个元器件，拖到指定位置单击即可。

(2) 在元（器）件库中单击“MISC”，再单击“门电路”，选中“四输入与非门NAND4”，单击“OK”按钮确认，用两个与非门实现逻辑函数。

(3) 在元（器）件库中单击显示器件，选小灯泡来显示数据。为了便于观察，可将输入、输出信号均接入小灯泡。

(4) 在元（器）件库中单击“Word Genvertor”（字信号发生器），拖到指定位置，用它产生数码。

(5) 在元（器）件库中单击“Sources”（信号源），选中电源VCC和地，双击电源VCC图标，设置电压为5V。使能端G_1接电源VCC，G_{2A}、G_{2B}接地。【例2.8.1】的连线图如图2.8.1所示。

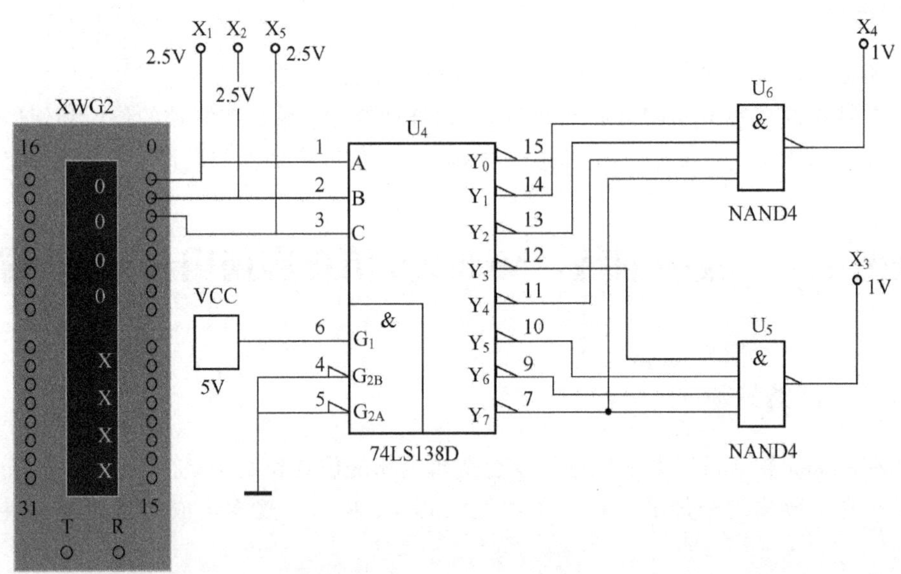

图2.8.1 【例2.8.1】的连线图

第三步：设置参数，观测输出。

(1) 双击“Word Genvertor”（字信号发生器）图标，在Address（地址）区，起始地址（Initial栏）设为“0000”，终止地址（Final栏）设为“0007”。

（2）在 Controls（控制）区，单击“Cycle”按钮，选择循环输出方式。单击“Pattern”按钮，在弹出的对话框中选择“Up Counter”选项，按逐个加 1 递增的方式进行编码。

（3）在 Trigger 区，单击“Internal”按钮，选择内部触发方式。

（4）在 Frequency 区，设置输出的频率为“1kHz”。

（5）运行仿真开关，可以观察运算结果。探测器发光表示数据为“1”，不发光表示数据为“0”。其中，X_1、X_2 表示加数、被加数；X_5 表示低位向本位产生的进位；X_4 表示相加的和；X_3 表示本位向高位产生的进位。

【例 2.8.2】 在 Multisim 中仿真实现：用双 4 选 1 数据选择器 74LS153D 组成一位全加器。

解：

第一步：分析实现基础原理。

两个 1 位二进制数的加法运算的真值表如表 2.4.2 所示。

根据真值表写函数式：由于 1 位全加器有 3 个输入信号 A_i、B_i、C_i，而 74LS153D 仅有 1 端、0 端（分别对应芯片引脚 2、14）两个地址输入端，选 A_i（即 X_5）、B_i（即 X_2）作为地址输入 A_1 和 A_0（分别对应芯片引脚 2、14）。已知全加器的输出函数如下。

本位相加的和：

$$S_i = \overline{A}_i\overline{B}_iC_{i-1} + \overline{A}_iB_i\overline{C}_{i-1} + A_i\overline{B}_i\overline{C}_{i-1} + A_iB_iC_{i-1} \tag{2.8.1}$$

本位向高位产生的进位：

$$C_i = \overline{A}_iB_iC_{i-1} + A_i\overline{B}_i\ C_{i-1} + A_i\ B_i\overline{C}_{i-1} + A_iB_iC_{i-1} \tag{2.8.2}$$

考虑到 4 选 1 数据选择器的输出

$$Y = \overline{A}_1\overline{A}_0D_0 + \overline{A}_1A_0D_1 + A_1\overline{A}_0D_2 + A_1A_0D_3 \tag{2.8.3}$$

类比式（2.8.1）、式（2.8.2）和式（2.8.3），可以得到 A_1(2 脚) $=A_i$，A_0(14 脚) $=B_i$，若 $1D_0$(6 脚) $=1D_3$(3 脚) $=C_{i-1}$，$1D_1$(5 脚) $=1D_2$(4 脚) $=\overline{C}_{i-1}$，则 1Y(7 脚) $=S_i$。

同样，若 4 选 1 数据选择器的输入 $2D_0$(10 脚) $=0$，$2D_1$(11 脚) $=2D_2$(12 脚) $=C_{i-1}$，$2D_3$(13 脚) $=1$，则 2Y(9 脚) $=C_i$。

因此用一片双 4 选 1 数据选择器 74LS153D 即可实现函数 S_i 和 C_i。

第二步：创建仿真电路。

（1）在元（器）件库中单击“TTL”，再单击“74LS”系列，选中“74LS153D”，单击 OK 按钮确认。

（2）将 74LS153D 的使能端 EN（1、15 脚）接地，地址 1（2 脚）、地址 0（14 脚）接字信号发生器的 2 端、1 端。变量 C_{i-1}（即 X_1）接字信号发生器的 0 端，$2D_3$(13 脚) =1 接 VCC，$2D_0$(10 脚) =0 接地。

（3）用字信号发生器引脚 2 端、1 端、0 端做 1 位全加器 3 个输入信号 A_i（即 X_5）、B_i（即 X_2）和 C_{i-1}（即 X_1）。

（4）在元（器）件库中单击指示器件，选小灯泡来显示数据。为了便于观察，可将输入、输出信号均接入小灯泡。其连线图如图 2.8.2 所示。

第三步：设置参数，观测输出。

（1）双击“Word Genvertor”（字信号发生器）图标，在 Address（地址）区，将起始地址（Initial 栏）设为“0000”，终止地址（Final 栏）设为“0007”。

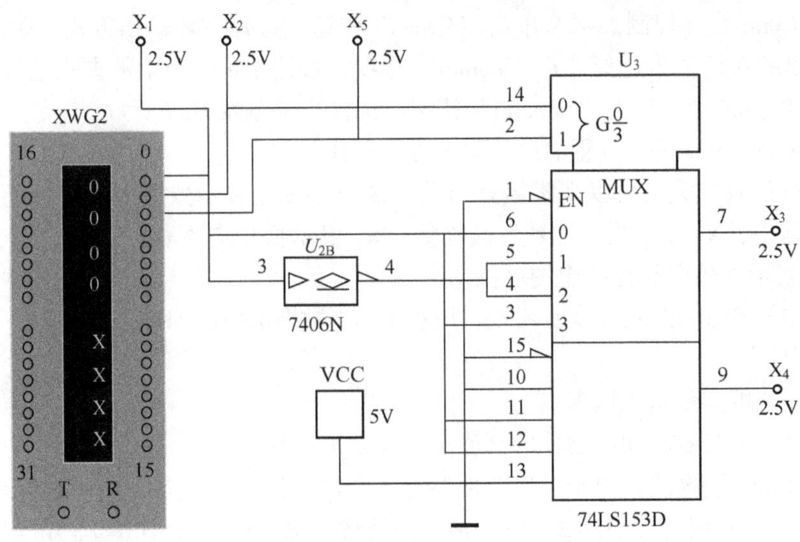

图 2.8.2　Multisim 中用 74LS153D 仿真实现组成 1 位全加器的连线图

（2）在 Controls（控制）区，单击“Cycle”按钮，选择循环输出方式。单击“Pattern”按钮，在弹出的对话框中选择“Up Counter”选项，按逐个加 1 递增的方式进行编码。

（3）在 Trigger 区，单击“Internal”按钮，选择内部触发方式。

（4）在 Frequency 区，设置输出的频率为“1kHz”。

（5）启动仿真开关，可以观察运算结果。小灯泡亮表示数据为“1”，小灯泡灭表示数据为“0”。

任务 2.9　技能训练：利用 Multisim 仿真设计数码显示电路

2.9.1　任务要求

任务提出：在 Multisim 中仿真设计 8 位 LED 数码管动态显示电路，要求如下。

(1) 设计一个 8 位数码管动态显示电路，动态显示 0、1、2、3、4、5、6、7（第一至第八个数码管依次显示 0、1、2、3、4、5、6、7）。

(2) 要求在某一时刻，仅有一个 LED 数码管发光。

(3) 该数码管发光一段时间后，下一个 LED 发光，这样 8 个数码管循环发光。

(4) 当循环扫描速度足够快时，由于视觉暂留的效果，就会感觉 8 个数码管是在持续发光。

(5) 测试数码信号源的时钟频率和显示闪烁的关系。

(6) 理解段码产生电路和位码控制电路，测试它们的作用和控制方法。

2.9.2　任务分析

任务分析：LED 数码管是一种把多个 LED 显示段集成在一起的显示设备。它有两种类型，一种是共阳极，一种是共阴极。共阳极就是把多个 LED 显示段的阳极（anode）接在一起，又称为公共端。共阴极就是把多个 LED 显示段的阴极（cathode）接在一起，即为公共端。阳极即为二极管的正极，又称为正极（positive pole），阴极即为二极管的负极，又称为负极（negative pole）。通常的数码管又分为七段（或八段），即 7 个（或 8 个）LED 显示段，这是为工程应用方便而设计的，分别为 A、B、C、D、E、F、G、DP，其中 DP 是八段 LED 数码管的小数点位段。而多位数码管，除某一位的公共端会连接在一起，不同位的数码管的相同端也会连接在一起，即所有的 A 段都会连在一起，其他的段也是如此，这实际上是最常用的用法。

LED 数码管显示方式可分为静态显示和动态显示两种。LED 数码管工作于静态显示方式时，各位的公共端连接在一起并接电源（共阳极）或接地（共阴极），且单独使用一片译码驱动芯片驱动一位 LED 数码管进行数码显示。LED 数码管工作于动态显示方式时，各个数码管的相同段连接在一起，使用一片译码驱动芯片驱动多位数码管，各个数码管公共端使用控制电路依次加有效信号，控制各个数码管进行数码显示，即每个 LED 数码管按照不同的时间轮流使用这片译码驱动芯片，从而使电路更加简单。动态显示通常都是采用动态扫描的方式进行显示，即循环点亮每一个数码管，虽然在任何时刻只有一位数码管被点亮，但由于人眼存在视觉残留效应，只要每位数码管显示间隔时间足够短，就可以实现同时显示的视觉效果。

本任务采用图 2.9.1 电路实现 8 位 LED 数码管动态显示。

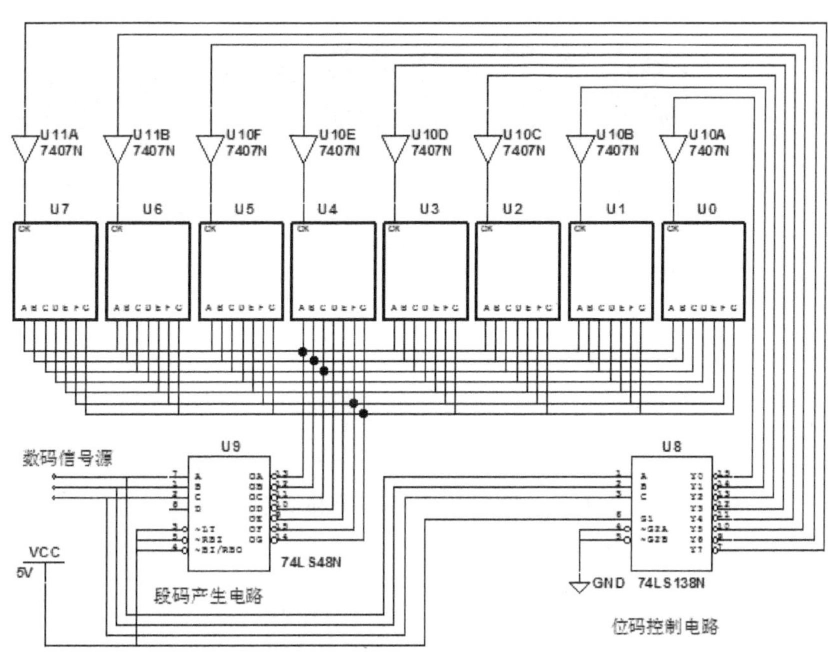

图 2.9.1　8 位 LED 数码管动态显示电路

U0～U7 为 8 个共阴极七段 LED 数码管，采用 1 片 BCD 七段显示译码器 74LS48N 驱动工作，译码器 74LS48N 输出 a、b、c、d、e、f、g 端为高电平有效（称为段码）。3 线—8 线译码器 74LS138N 和 TTL 集电极开路驱动器 7407N 构成工作管控制电路，译码器 74LS138N

输出$\overline{Y}_0 \sim \overline{Y}_7$为低电平有效，分别和驱动器7407N构成各个LED数码管的位码控制电路（扫描电路）。数码信号源采用Multisim中的虚拟仪器Word Generator产生，输出信号频率可以方便地调节。

2.9.3 任务实现

1. 建立仿真电路

在Multisim 10软件的工作界面上，建立如图2.9.2所示8位LED数码管动态显示仿真电路。

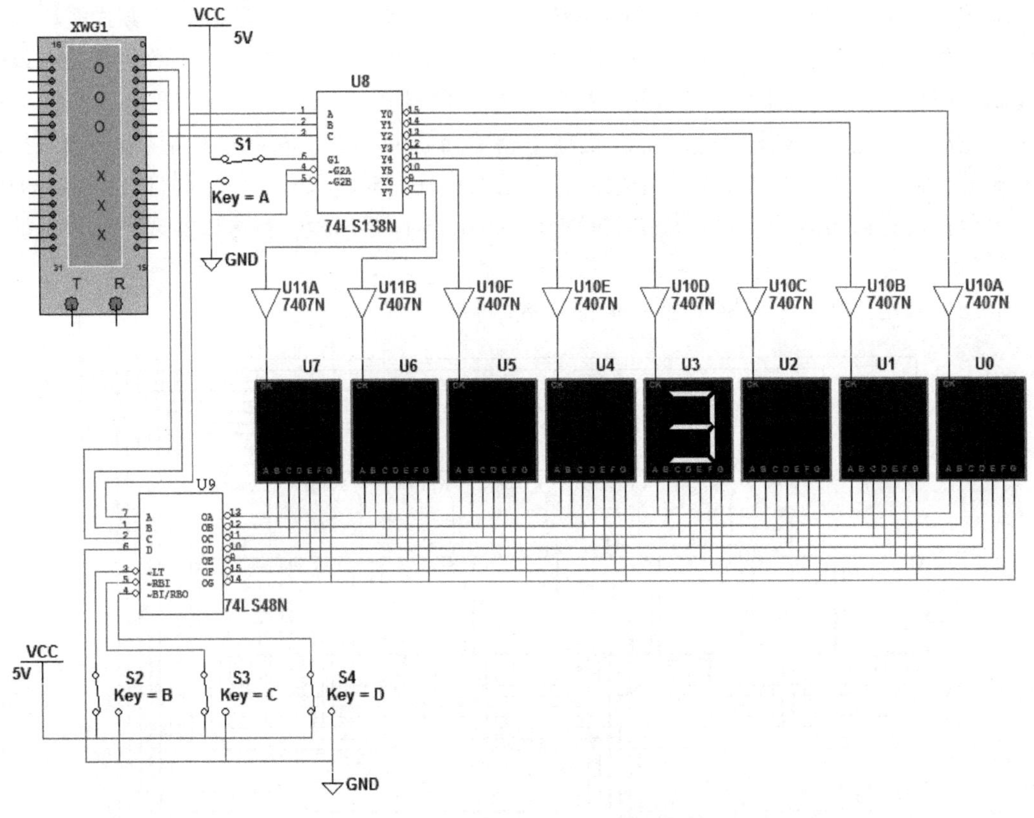

图2.9.2 8位LED数码管动态显示仿真电路

元器件的选取路径如下。

① 电源VCC：Place Source→POWER_SOURCES→VCC。

② 接地：Place Source→POWER_SOURCES→GROUND。

③ 译码器：Place TTL→74LS→74LS138N、74LS48N。

④ 驱动门：Place TTL→74STD→7407N。

⑤ LED数码管：Place Indicators→HEX_DISPLAY→SEVEN_SEG_COM_K，或SEVEN_SEG_COM_K_YELLOW等。

⑥ 信号源：View→Toolbars→Instruments→Word Generator。

2. 调试和测试电路

参照图 2.9.3，设置数码信号源长度为 Hex = 8，加计数，循环。分别设置频率为 100Hz、500Hz、1kHz、100kHz 等，运行，观察 8 个 LED 数码管显示情况。

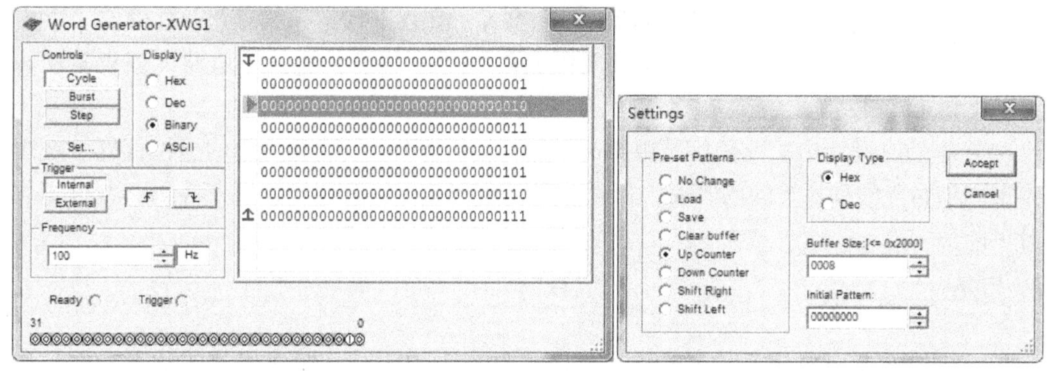

图 2.9.3　数码信号源的设置

分别单击控制开关 S1、S2、S3、S4，使之接高电平或者低电平，观察 8 个 LED 数码管显示情况，并分析。图 2.9.4 为译码器 74LS48N 的控制端 $\overline{\text{LT}}$接低电平时的某一时刻显示情况。

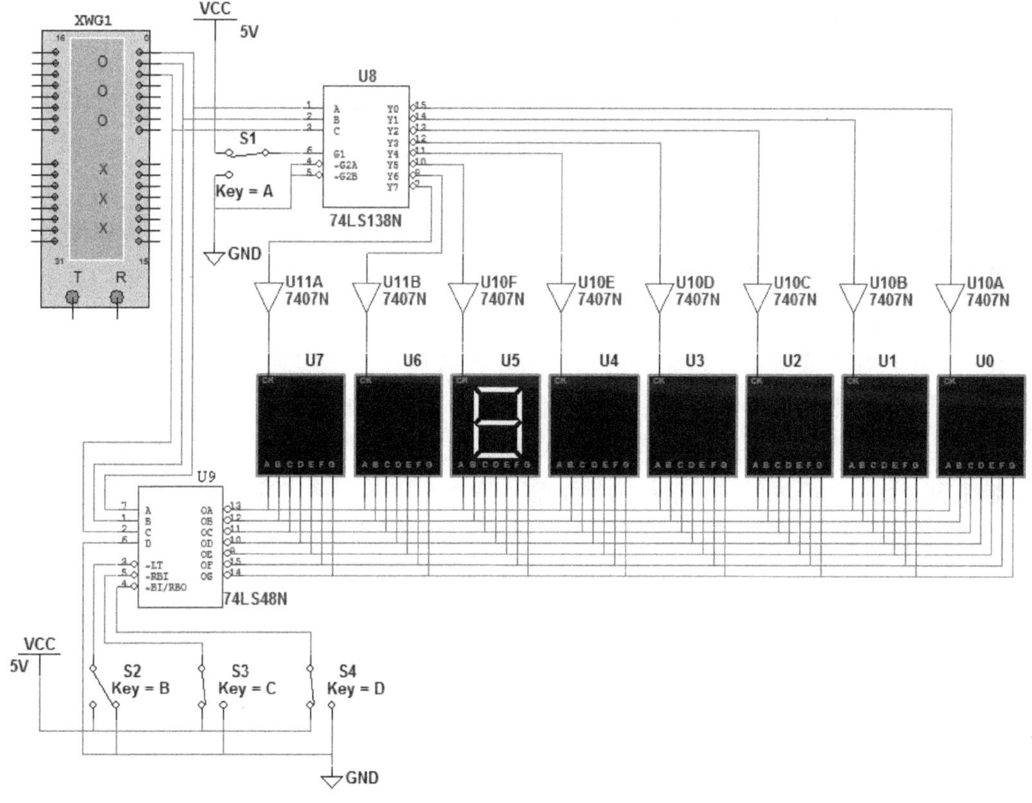

图 2.9.4　8 位 LED 数码管动态显示电路的测试

2.9.4 任务总结

（1）总结 LED 数码管的两种不同显示方式和各自的优缺点。

（2）总结数码显示电路的构成和设计方法。

（3）本任务使用 3 线—8 线译码器 74LS138N、BCD 七段显示译码器 74LS48N、TTL 集电极开路驱动器 7407N 等构成了 8 个共阴极七段 LED 数码管动态显示电路。如果驱动 8 个共阳极七段 LED 数码管工作，电路应做哪些改动，试画出电路图。

（4）本仿真设计中，数码信号源 Word Generator 是 Multisim 软件中的虚拟仪器。在学习完本书的项目 4 和项目 5 的内容后，可考虑如何使用 555 定时器和计数器等 MSI 元件实现这部分电路。

项目小结

（1）组合逻辑电路任意时刻的输出状态，只取决于该时刻输入信号的状态，而与输入信号作用前电路原来的状态无关。从电路结构上看，只有从输入到输出的通路，没有从输出到输入的反馈。此种电路没有记忆功能。

（2）对于组合逻辑电路的分析可以按照以下步骤来实现。

① 根据给定的组合逻辑电路的逻辑图，从输入端开始，根据器件的基本功能，逐级写出输出函数式，通过必要的化简和变换，推导出输出端的逻辑函数表达式。

② 由已写出的输出函数表达式，列出它的真值表。

③ 从逻辑函数表达式或真值表，概括出给定的组合逻辑电路的逻辑功能。

（3）组合逻辑电路的设计，就是如何根据逻辑功能的要求及器件资源情况，设计出实现该功能的最佳电路。可以采用小规模集成门电路实现，也可以采用中规模集成电路来实现。

在采用小规模集成门电路进行设计时，基本方法是根据给定设计任务进行逻辑抽象，列出真值表，然后写出输出函数式并进行适当化简或变换，得到适当的表达式，最后画出最简（或最佳）的逻辑电路。

在采用中规模集成电路进行设计时，一般用比较法。用于实现组合逻辑电路的 MSI 器件主要有译码器和数据选择器。利用译码器设计时，译码器的每个输出端都是输入信号的最小项，加上一些适当的门电路即可组成需要的逻辑电路。利用数据选择器设计时，由于数据选择器在输入数据全部为 1 时，输出为地址输入变量全体最小项之和，因此适当改变输入数据，就可以实现任何组合逻辑函数。

（4）由于 MSI 器件可靠性高、使用简单、灵活，得到了比较广泛的应用。其中加法器、数值比较器、编码器、译码器、数据选择器和分配器是最常用的 MSI 器件，学习时应重点掌握其逻辑功能及应用。

（5）LED 数码管是一种把多个 LED 显示段集成在一起的显示设备，可分为共阳极和共阴极两种类型。共阳极 LED 数码管采用输出低电平有效的显示译码器驱动工作，共阴极 LED 数码管采用输出高电平有效的显示译码器驱动工作。LED 数码管的显示可分为静态显示和动态显示两种方式，动态显示电路包括段码产生电路和位码控制电路。

习题

一、填空题

1. 组合逻辑电路任何时刻的输出信号，只取决于该时刻信号的________状态，而与电路原来的状态________。

2. 多位数值比较器是从________位开始，逐步向________位进行数值的比较，直到得出结论。

3. 8 线—3 线优先编码器 74LS148 的优先编码顺序是$\overline{I}_7$、$\overline{I}_6$、$\overline{I}_5$、…、$\overline{I}_0$，输出为$\overline{Y}_2\overline{Y}_1\overline{Y}_0$。输入、输出均为低电平有效。当输入$\overline{I}_7\overline{I}_6\overline{I}_5\cdots\overline{I}_0$为 11010101 时，输出$\overline{Y}_2\overline{Y}_1\overline{Y}_0$为________。

4. 译码器 74HC138 的使能端$E_1\overline{E}_2\overline{E}_3$取值为________时，处于允许译码状态。74HC138 处于译码状态时，当输入 $A_2A_1A_0=001$ 时，输出$\overline{Y}_7\sim\overline{Y}_0=$________。

5. 在二进制译码器中，若输入有 4 位代码，则输出有________个信号。

6. 能完成两个 1 位二进制数相加，并考虑到低位进位的器件称为________。

7. 根据需要从多路信号选择一路信号送到公共数据线上的电路称为________。

8. 实现将公共数据上的数字信号按要求分配到不同电路中去的电路称为________。

9. 一个 8 选 1 数据选择器有________个数据输入端、________个地址输入端。

10. 一个 16 选 1 数据选择器，其选择控制（地址输入）端有________个，数据输入端有________个。

11. LED 数码显示器有________极和________极两种连接方式。

12. 共阳极 LED 数码管采用输出________有效的显示译码器驱动工作，共阴极 LED 数码管采用输出________有效的显示译码器驱动工作。

13. BCD 七段译码器输入的是________位________码，输出的是________个电平信号。

二、判断题

1. 组合逻辑电路任意时刻的输出状态，与输入信号作用前电路原来的状态有关。（　　）

2. 半加器与全加器的区别在于半加器无进位输出，而全加器有进位输出。（　　）

3. 多位数值比较器工作时采用从最低位逐步向高位进行比较的方式。（　　）

4. 编码器在任何时刻只能对一个输入信号进行编码。（　　）

5. 优先编码器的输入信号是相互排斥的，不容许多个编码信号同时有效。（　　）

6. 编码器能将特定的输入信号变为二进制代码，而译码器能将二进制代码变为特定含义的输出信号。（　　）

7. 编码和译码是互逆的过程。（　　）

8. 要对 8 个输入信号进行编码，至少需要 4 位二进制码。（　　）

9. 3 线—8 线二进制译码器的每一个输出信号就是输入变量的一个最小项。（　　）

10. 七段译码器/驱动器输出高电平有效时，须选用共阳极接法的数码显示器。（　　）

11. 共阴极发光二极管数码显示器须选用有效输出为高电平的七段显示译码器来驱动。（　　）

12. 数据选择器和数据分配器的功能正好相反，互为逆过程。（　　）

13. 8 路数据分配器的地址输入（选择控制）端有 8 个。（　　）

14. 数据选择器是用以将一个输入数据分配到多个指定输出端上的电路。（　　）

15. 用译码器和数据选择器实现任一逻辑函数，均不需要对函数进行化简。（　　）

三、选择题

1. 组合逻辑电路通常由（　　）组合而成。
   A. 门电路　B. 译码器　C. 编码器　D. 触发器
2. 在下列逻辑电路中，不是组合逻辑电路的有（　　）。
   A. 译码器　B. 编码器　C. 全加器　D. 寄存器
3. 若在编码器中有 20 个编码对象，则要求输出二进制代码位数为（　　）位。
   A. 4　B. 5　C. 10　D. 20
4. 允许有多个有效输入电平的编码器是（　　）。
   A. 二进制编码器　B. 二—十进制编码器　C. 优先编码器　D. 以上都不是
5. 8 线—3 线优先编码器的输入为 $I_0 \sim I_7$，当优先级别最高的 I_7 有效时，其低电平有效输出 $\overline{Y}_2\overline{Y}_1\overline{Y}_0$ 的值是（　　）。
   A. 000　B. 010　C. 101　D. 111
6. 输出低电平有效的二—十进制译码器输出 $\overline{Y}_5=0$ 时，它的输入代码为（　　）。
   A. 0101　B. 0011　C. 1001　D. 0111
7. 一位 8421BCD 码译码器的数据输入线与译码输出线的组合是（　　）。
   A. 4∶6　B. 1∶10　C. 4∶10　D. 2∶4
8. 一个 16 选 1 数据选择器的地址输入（选择控制）端有（　　）个。
   A. 2　B. 4　C. 8　D. 16
9. 一个 8 选 1 数据选择器，当选择控制端 $S_2S_1S_0$ 的值分别为 101 时，输出端输出（　　）。
   A. 1　B. 0　C. D_4 的数据　D. D_5 的数据
10. 数据分配器和（　　）有着相同的基本电路结构形式。
    A. 加法器　B. 编码器　C. 数据选择器　D. 译码器
11. 用 3 线—8 线译码器 74LS138 和辅助门电路实现逻辑函数 $Y=A_2+\overline{A}_2\overline{A}_1$，应（　　）。
    A. 用与非门，$Y=\overline{\overline{Y}_0\overline{Y}_1\overline{Y}_4\overline{Y}_5\overline{Y}_6\overline{Y}_7}$　B. 用与门，$Y=\overline{Y}_2\overline{Y}_3$
    C. 用或门，$Y=\overline{Y}_2+\overline{Y}_3$　D. 用或门，$Y=\overline{Y}_0+\overline{Y}_1+\overline{Y}_4+\overline{Y}_5+\overline{Y}_6+\overline{Y}_7$
12. 用 4 选 1 数据选择器实现函数 $Y=A_1A_0+\overline{A}_1A_0$，应使（　　）。
    A. $D_0=D_2=0$，$D_1=D_3=1$　B. $D_0=D_2=1$，$D_1=D_3=0$
    C. $D_0=D_1=0$，$D_2=D_3=1$　D. $D_0=D_1=1$，$D_2=D_3=0$

四、分析设计题

1. 已知逻辑电路如图 T2.1 所示，A、B、C 为输入信号，Y 为输出信号，试分析其逻辑功能。

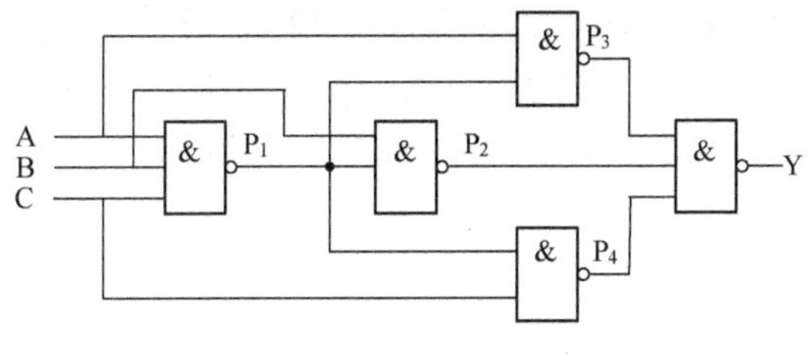

图 T2.1

2. 组合电路如图 T2.2 所示，试分析该电路的逻辑功能。

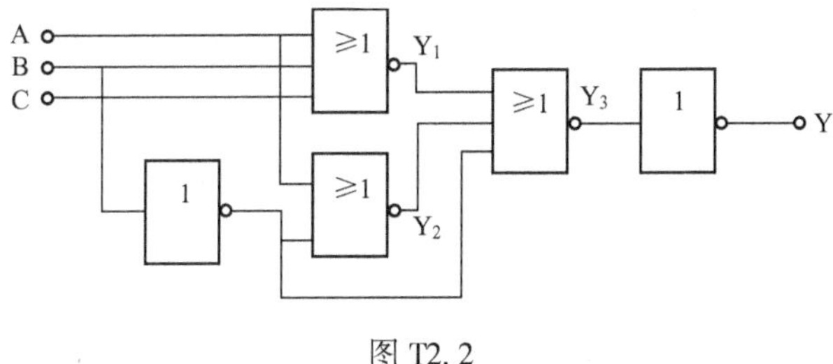

图 T2.2

3. 组合电路如图 T2.3 所示，其中 S_0、S_1 为功能控制输入端，A、B 为信号输入端，Y 为输出端，试分析电路的逻辑功能。

4. 逻辑电路如图 T2.4 所示，M 为功能控制输入端，A_3、A_2、A_1、A_0 为信号输入端，Y_3、Y_2、Y_1、Y_0 为输出端，试分析电路的逻辑功能。

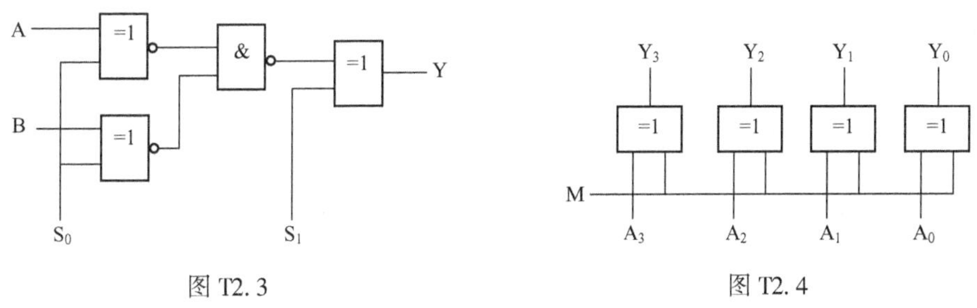

图 T2.3　　图 T2.4

5. 试用门电路设计一个组合逻辑电路，该电路输入端接收两个 2 位二进制数 M、N，当 M > N 时，电路输出 Y = 1，否则 Y = 0。

6. 试设计一个全减器组合逻辑电路。设被减数为 X，减数为 Y，从低位来的借位为 BI，全减器可以计算 3 个数 X、Y、BI 的差，即 D = X − Y − CI。当 X < Y + BI 时，借位输出 BO 置位。全减器的真值表如表 T2.1 所示。

表 T2.1

X	Y	BI	D	BO	X	Y	BI	D	BO
0	0	0	0	0	1	0	0	1	0
0	0	1	1	1	1	0	1	0	0
0	1	0	1	1	1	1	0	0	0
0	1	1	0	1	1	1	1	1	1

7. 试用三片4位数值比较器74LS85实现两个12位二进制数比较。

8. 试设计一个组合逻辑电路，该电路有两个输入端A、B，一个功能控制端M，当M=0时，电路实现同或功能；当M=1时，电路实现异或功能。要求采用以下不同的逻辑器件分别进行设计。

（1）采用与非门电路。

（2）采用3线—8线译码器。

（3）采用4选1或8选1数据选择器。

9. 试用3线—8线译码器设计一个三变量判奇逻辑电路。当三变量A、B、C中有奇数个1时，电路输出为1，否则为0。

10. 试用3线—8线译码器设计一个三人表决逻辑电路。当多数人同意提案时，表决结果为通过。

11. 试用3线—8线译码器和门电路实现下列逻辑函数。

（1）$Y = A\overline{B} + AC$。

（2）$Y = \overline{A}\overline{C} + B + \overline{B}\overline{C}$。

（3）$Y(A,B,C) = \sum m(1,3,4,7)$。

12. 某工厂有A、B、C 3个车间和一个发电站，站内有两台发电机M_1和M_2。M_2的容量是M_1的两倍。若一个车间开工，只须M_1运行；若两个车间开工，只须M_2运行；若3个车间开工，必须M_1、M_2都运行。试用3线—8线译码器74LS138实现控制M_1、M_2运行的逻辑电路。要求列出真值表，写出输出变量M_1、M_2的函数式，画出逻辑电路图。

13. 由4选1数据选择器74LS153构成的电路如图T2.5所示，试写出输出Z的最简与或表达式。

14. 由4选1数据选择器74LS153和门电路构成的组合逻辑电路如图T2.6所示，试写出输出E的最简逻辑函数表达式。

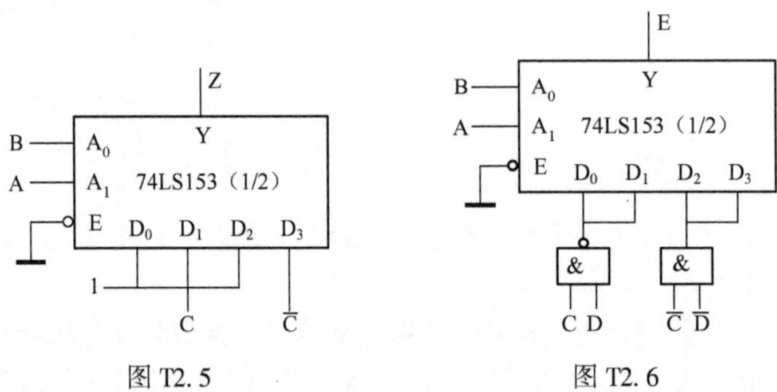

图T2.5　　图T2.6

15. 由8选1数据选择器74LS151构成的逻辑电路如图T2.7所示，试写出输出F的逻辑函数表达式，并将它化成最简与或表达式。

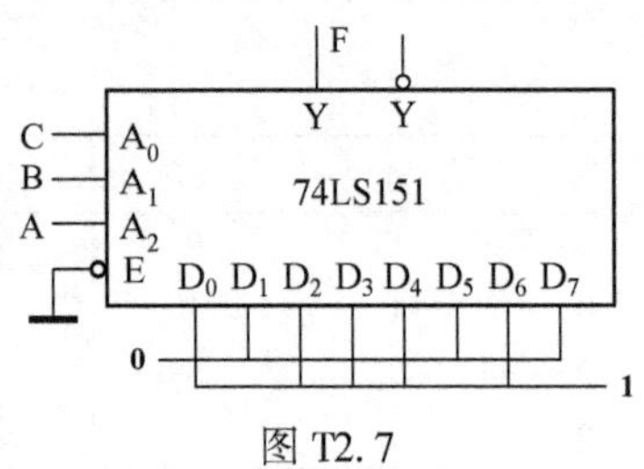

图T2.7

16. 试用双4选1数据选择器74LS153设计一个三变量判奇逻辑电路。当三变量A、B、C中有奇数个1时，电路输出为1，否则为0。

17. 试用双4选1数据选择器74LS153设计一个三人表

决逻辑电路。当多数人同意提案时，表决结果为通过。

18. 试用双 4 选 1 数据选择器 74LS153 或 8 选 1 数据选择器 74LS151 和适当的门电路实现下列逻辑函数。

（1）$Y = AB + AC$。

（2）$Y = \overline{A} + AB + \overline{B}\,\overline{C}$。

（3）$Y(A,B,C,D) = \sum m\ (1, 5, 6, 7, 11, 12, 13, 15)$。

19. 试用 8 选 1 数据选择器 74LS151 设计一个组合电路。该电路有三个输入 A、B、C 和一个工作模式控制变量 M，当 M = **0** 时，电路实现“意见一致”功能（A、B、C 状态一致时输出为1，否则输出为0），而 M = **1** 时，电路实现“多数表决”功能，即输出与 A、B、C 中多数的状态一致。

20. 试用 8 选 1 数据选择器 74LS151（或双 4 选 1 数据选择器 74LS153）和门电路设计一个多功能逻辑电路。其功能表如表 T2. 2 所示，其中 E、F 为控制信号输入端，A、B 为信号输入端，Y 为输出端。

表 T2. 2

E	F	Y
0	0	$\overline{AB}$
0	0	$A \oplus B$
0	1	$A + B$
0	1	$\overline{A + B}$

项目 3

抢答器电路的设计

项目介绍

抢答器是竞赛活动中一种常用的装置。基本抢答器电路由脉冲产生电路、触发器、显示电路和门电路等组成。电路的核心部分是触发器，其功能是实现输入数据锁存。本项目进行抢答器的设计、仿真和制作，涉及的知识点主要有 RS 触发器、D 触发器、JK 触发器等。

学习目标

(1) 了解 RS 触发器的电路结构、逻辑功能及描述方法。掌握常用集成锁存器的电路符号、逻辑功能和应用。

(2) 了解 D 触发器的电路结构、逻辑功能及描述方法。掌握常用集成边沿 D 触发器的电路符号、逻辑功能和应用。

(3) 了解 JK 触发器的电路结构、逻辑功能及描述方法。掌握常用集成边沿 JK 触发器的电路符号、逻辑功能和应用。

(4) 掌握不同类型触发器逻辑功能相互转换的方法。

(5) 了解抢答器电路的组成，掌握抢答器的设计、仿真和制作方法。

任务 3.1　认识 RS 触发器

前面学习的各种门电路及门电路构成的各种组合逻辑电路，其共同特点是当前的输出只取决于当前的输入，与之前的输入无关。这种类型的电路没有记忆功能。

在数字系统中，常需要用到能够存储二进制信息，即具有记忆功能的电路。触发器就是这样的电路。

3.1.1 触发器概述

1. 触发器的概念

触发器（Flip Flop，FF）由逻辑门加反馈电路组成，能够存储1位二进制数（“1”或“0”）。触发器是构成各种时序逻辑电路的最基本单元电路。

触发器有两个互补的输出端，用Q和$\overline{Q}$表示。通常用Q的状态表示触发器的状态。具有以下两个基本特点。

（1）触发器具有两个能够自行保持的稳定状态：1态和0态。在没有外加输入触发信号时，触发器保持稳定状态不变（所以触发器又称为双稳定触发器）。

（2）在外加输入信号触发时，触发器可以从一个稳定状态翻转到另一个稳定状态。通常把触发信号作用前的触发器状态称为初态或者现态，用Q^n表示；把触发信号作用后的触发器状态称为次态，用Q^{n+1}表示。

2. 触发器分类

根据逻辑功能的不同，触发器可分为RS触发器、D触发器、JK触发器、T和T′触发器。根据触发方式的不同，触发器可分为电平触发器、主从触发器和边沿触发器。根据电路结构的不同，触发器可分为基本触发器和时钟触发器，基本触发器是指基本RS触发器，时钟触发器包括同步触发器、主从触发器和边沿触发器。

3.1.2 基本RS触发器

1. 电路组成和逻辑符号

基本RS触发器由与非门或者或非门加上反馈电路组成。图3.1.1（a）是由两个与非门G_1、G_2的输入和输出交叉反馈连成的基本RS触发器。图3.1.1（b）是基本RS触发器的逻辑符号。

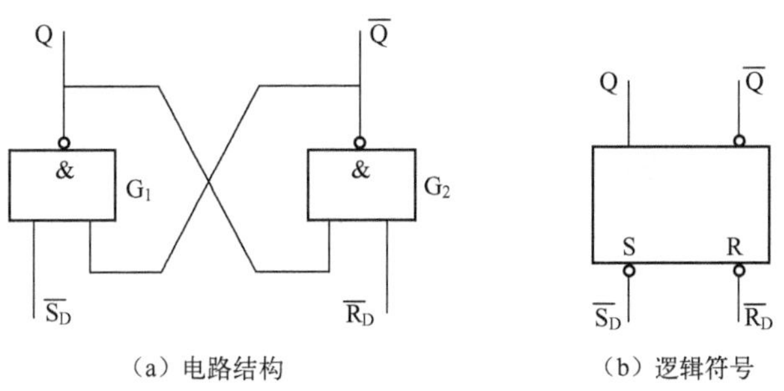

图3.1.1 基本RS触发器的电路结构和逻辑符号

$\overline{R}_D$和$\overline{S}_D$为两个信号输入端，$\overline{R}_D$称为直接置0端或直接复位端（Reset），$\overline{S}_D$称为直接置1端或直接置位端（Set）。它们上面的非号表示输入触发信号为低电平有效。图3.1.1（b）的逻辑符号中R、S端的小圆圈也表示该触发信号为低电平有效。Q和$\overline{Q}$为两个互补的输出端，通常以Q端的状态作为触发器的状态，将$Q=1$，$\overline{Q}=0$称为触发器的1态，将$Q=0$，$\overline{Q}=1$称为触发器的0态。

2. 逻辑功能分析

1）当$\overline{R}_D=0$、$\overline{S}_D=1$时，触发器置0

因$\overline{R}_D=0$，门G_2输出$\overline{Q}^{n+1}=1$，这时门G_1两个输入都为高电平1，输出$Q^{n+1}=0$。这种情况称为触发器置0或复位。

2）当$\overline{R}_D=1$、$\overline{S}_D=0$时，触发器置1

因$\overline{S}_D=0$，门G_1输出$Q^{n+1}=1$，这时门G_2输入都为高电平1，输出$\overline{Q}^{n+1}=0$。这种情况称为触发器置1或置位。

为能可靠地进行置0和置1，要求$\overline{R}_D$和$\overline{S}_D$端输入互补信号。

3）当$\overline{R}_D=1$、$\overline{S}_D=1$时，触发器保持原状态不变

假设触发器原来处于$Q^n=0$、$\overline{Q}^n=1$的0状态，则$Q^n=0$反馈到门G_2的输入端，G_2因输入有低电平0，输出$\overline{Q}^{n+1}=1$；$\overline{Q}^{n+1}=1$又反馈到门G_1的输入端，G_1输入都为高电平1，输出$Q^{n+1}=0$。即电路保持0状态不变。

如果触发器原来处于$Q^n=1$、$\overline{Q}^n=0$的1状态，则电路同样能保持1状态不变。

4）当$\overline{R}_D=0$、$\overline{S}_D=0$时，触发器输出状态不确定

因输入$\overline{S}_D=0$，门输入$\overline{R}_D=0$，所以，触发器输出$Q^{n+1}=\overline{Q}^{n+1}=1$，这既不是1状态，也不是0状态。在实际应用中，这种情况是不允许出现。而在触发信号消失后（$\overline{R}_D$和$\overline{S}_D$同时由0变为1）时，输出是0状态还是1状态由门G_1和G_2的延迟时间的快慢来决定，输出状态无法确定。为保证触发器能正常工作，要求$\overline{R}_D$和$\overline{S}_D$两个输入信号不能同时为低电平0，即至少有一个为高电平1，为此要求$\overline{R}_D+\overline{S}_D=1$。

3. 功能描述

触发器的逻辑功能的描述方法主要有特性表、特性方程、驱动表（又称为激励表）、状态转换图和波形图（又称为时序图）等。

1）特性表

描述触发器的次态Q^{n+1}与输入信号和现态Q^n之间的关系的真值表，称为特性表。根据前面的逻辑功能分析，由与非门构成的基本RS触发器的特性表如表3.1.1所示。

表 3.1.1　与非门构成的基本 RS 触发器的特性表

$\overline{R}_D$	$\overline{S}_D$	Q^n	Q^{n+1}	功能说明
0	0	0	×	状态不定（禁用）
0	0	1	×	
0	1	0	0	置 0
0	1	1	0	
1	0	0	1	置 1
1	0	1	1	
1	1	0	0	保持原状态不变
1	1	1	1	

注：表中的×表示任意值，可以是 0，也可以是 1。

特性表 3.1.1 也可以简化成表 3.1.2。

表 3.1.2　基本 RS 触发器的简化特性表

$\overline{R}_D\overline{S}_D$		Q^{n+1}
0	0	不定
0	1	0
1	0	1
1	1	Q^n

2）驱动表

根据触发器的现态 Q^n 和次态 Q^{n+1} 的取值来确定触发信号取值的关系表，称为触发器的驱动表。由表 3.1.1 或表 3.1.2，可得基本 RS 触发器的驱动表如表 3.1.3 所示。

表 3.1.3　基本 RS 触发器的驱动表

$Q^n \rightarrow Q^{n+1}$		$\overline{R}_D$	$\overline{S}_D$
0	0	×	1
0	1	1	0
1	0	0	1
1	1	1	×

3）特性方程

触发器的次态 Q^{n+1} 与输入信号和现态 Q^n 之间关系的逻辑表达式，称为触发器的特性方程。

根据表 3.1.1 可画出基本 RS 触发器 Q^{n+1} 的卡诺图，如图 3.1.2 所示。

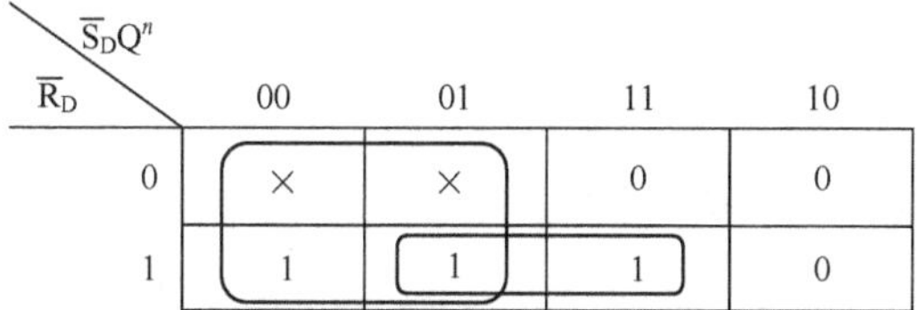

图 3.1.2　基本 RS 触发器 Q^{n+1} 的卡诺图

由此可得基本 RS 触发器的特性方程为

$$\begin{cases} Q^{n+1} = S_D + \overline{R}_D Q^n \\ \overline{S}_D + \overline{R}_D = 1（约束条件） \end{cases} \tag{3.1.1}$$

4）状态转换图

状态转换图是以图形的方式描述触发器的状态变化对输入信号的要求。基本 RS 触发器的状态转换图如图 3.1.3 所示，两个圆圈表示触发器的两个稳定状态，箭头表示状态转换的方向，箭头线上标注的输入信号取值表示状态转换的条件。

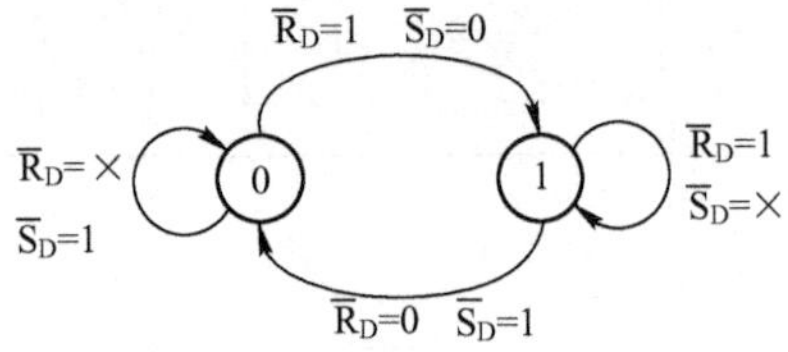

图 3.1.3　基本 RS 触发器的状态转换图

5）时序图（波形图）

时序图以输出信号随时间变化的波形来描述触发器的功能。如图 3.1.4 所示为基本 RS 触发器的时序图，设触发器的初态为 0。

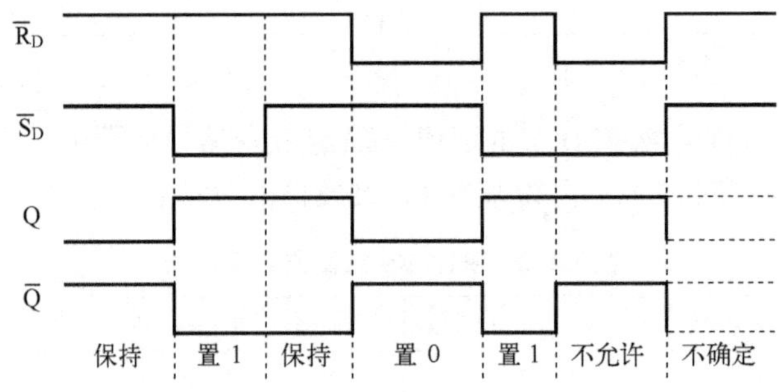

图 3.1.4　基本 RS 触发器的时序图

3.1.3　同步 RS 触发器

在数字系统中，常常要求多个触发器在同一时刻动作，为此需要增加一个时钟脉冲控制端 CP（Clock Pulse）。只有在 CP 端上出现时钟脉冲时，触发器的状态才能根据输入信号发生变化，在没有时钟脉冲输入时，触发器保持原状态不变。具有时钟脉冲控制端的触发器称为时钟触发器，又称为同步触发器（或钟控触发器）。

1. 电路组成和逻辑符号

同步 RS 触发器是在基本 RS 触发器的基础上增加两个由时钟脉冲 CP 控制的与非门 G_3、G_4组成的，如图 3.1.5（a）所示，图 3.1.5（b）是同步 RS 触发器的逻辑符号。图 3.1.5 中，R 和 S 为信号输入端，CP 为时钟脉冲输入端，简称钟控端或 CP 端。

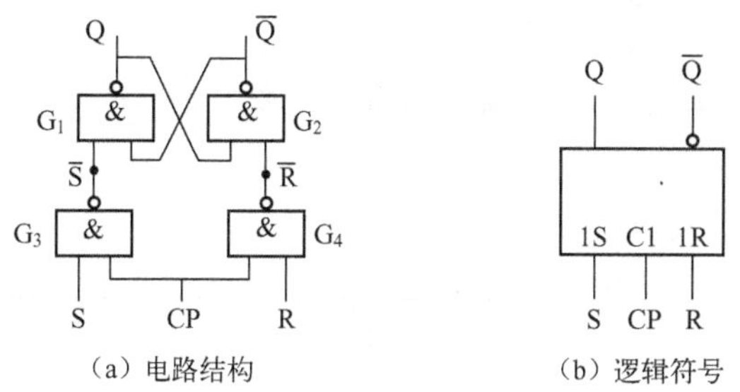

图 3.1.5　同步 RS 触发器的电路结构和逻辑符号

2. 逻辑功能分析

（1）当 CP = 0 时，门 G_3、G_4 被封锁，都输出 1，这时不管 R 端和 S 端的信号如何变化，触发器的状态都保持不变，即 $Q^{n+1} = Q^n$。

（2）当 CP = 1 时，门 G_3、G_4 解除封锁，输入信号 R、S 取反后送给基本 RS 触发器，其输出状态由 R、S 信号（高电平有效）和电路的原有状态 Q^n 决定。

3. 逻辑功能的几种描述方法

1）特性表

同步 RS 触发器的特性表如表 3.1.4 所示。

表 3.1.4　同步 RS 触发器的特性表

CP	R	S	Q^n	Q^{n+1}	功能说明
1	0	0	0	×	保持原状态不变
1	0	0	1	×	
1	0	1	0	1	置 1
1	0	1	1	1	
1	1	0	0	0	置 0
1	1	0	1	0	
1	1	1	0	×	状态不定（禁用）
1	1	1	1	×	

2）驱动表

根据表 3.1.4，可得同步 RS 触发器的驱动表如表 3.1.5 所示。

表 3.1.5　同步 RS 触发器的驱动表

$Q^n \to Q^{n+1}$		R	S
0	0	×	0
0	1	0	1
1	0	1	0
1	1	0	×

3）特性方程

根据特性表（见表 3.1.4）可画出同步 RS 触发器 Q^{n+1}在 CP = 1 时的卡诺图，如图 3.1.6 所示。

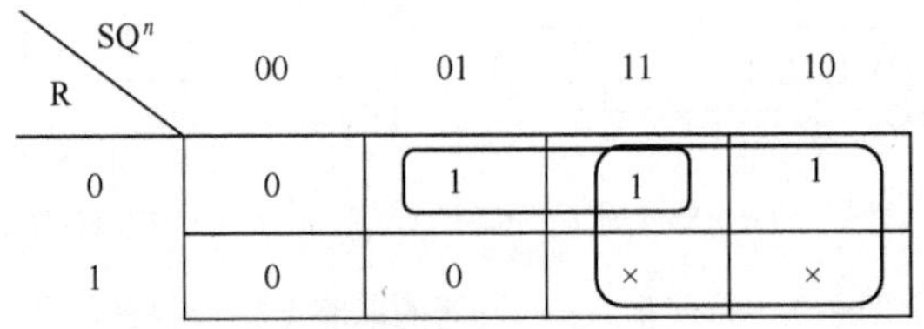

图 3.1.6 同步 RS 触发器 Q^{n+1}的卡诺图

由此可得同步 RS 触发器的特性方程为

$$\begin{cases} Q^{n+1} = S + \overline{R}Q^n \\ RS = 0(\text{约束条件}) \end{cases} \quad (CP = 1 \text{ 期间有效}) \qquad (3.1.2)$$

4）状态转换图

根据驱动表（见表 3.1.5），可画出同步 RS 触发器的状态转换图如图 3.1.7 所示。

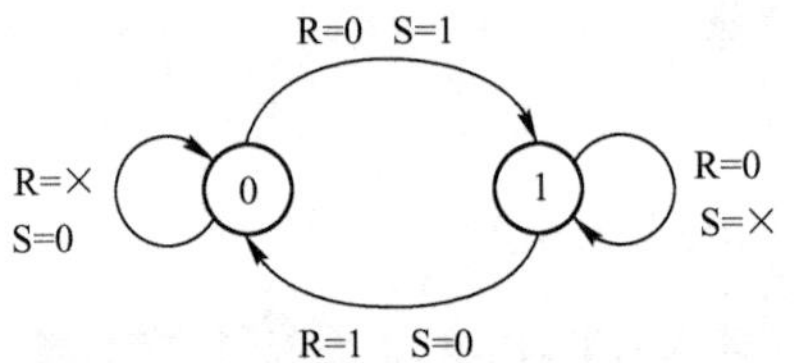

图 3.1.7 同步 RS 触发器的状态转换图

【例 3.1.1】 已知同步 RS 触发器输入信号 CP、R、S 的波形图如图 3.1.8 所示，CP 为高电平触发方式。试画出触发器的输出状态 Q 和 $\overline{Q}$的波形。设触发器的初态为 0。

解： 根据同步 RS 触发器的逻辑功能特性，仅在 CP = 1 期间，R、S 信号才起作用，在 CP = 0 期间，Q 端则保持 0 态或 1 态不变，可以画出其时序图如图 3.1.9 所示。

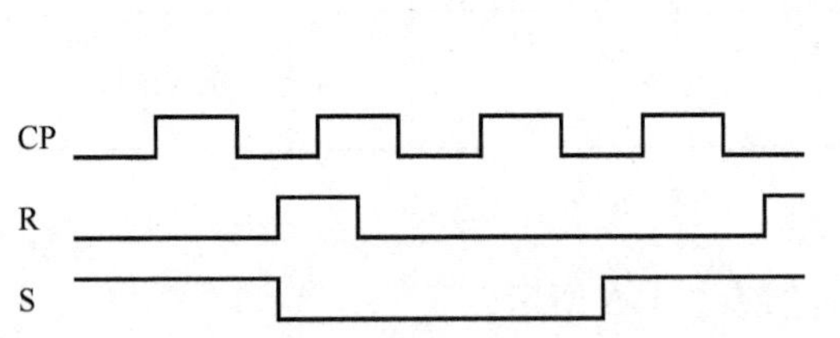

图 3.1.8 【例 3.1.1】同步 RS 触发器的波形图

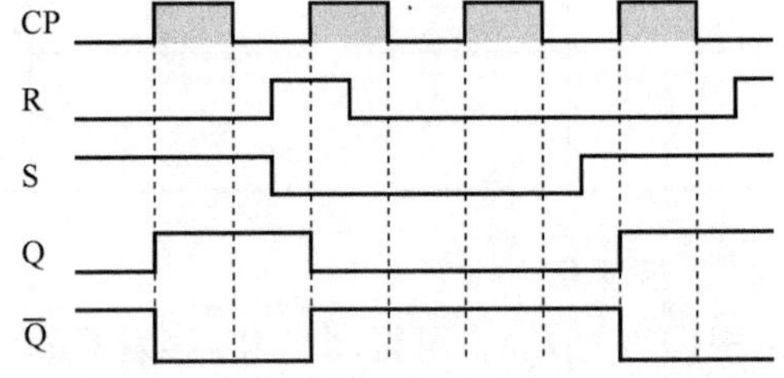

图 3.1.9 【例 3.1.1】同步 RS 触发器的时序图

3.1.4 集成锁存器

四 RS 锁存器 CT74LS279 是由 4 个独立的基本 RS 触发器组成的 TTL 集成电路。芯片中集成了两个图 3.1.10（a）所示的电路和两个图 3.1.10（b）所示的电路。图 3.1.10（c）为四 RS 锁存器 CT74LS279 的逻辑符号。

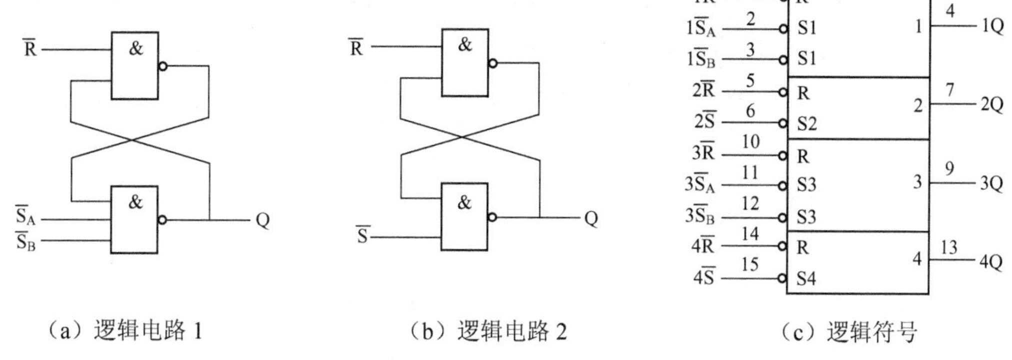

（a）逻辑电路 1　　（b）逻辑电路 2　　（c）逻辑符号

图 3.1.10　四 RS 锁存器 CT74LS279

任务 3.2　认识 D 触发器

3.2.1　同步 D 触发器

1. 电路结构和逻辑符号

为了避免同步 RS 触发器输入端 R 和 S 出现同时都为 1 的情况，可在 R 和 S 之间接入一个非门 G_5，使 R 和 S 的信号电平始终相反，电路如图 3.2.1（a）所示。

这种单输入的触发器称为 D 触发器。D 为数据 DATA 的缩写，因此 D 触发器又称为数据触发器。它是将数据存入和取出的基本单元电路，也称为 D 锁存器。图 3.2.1（b）为同步 D 触发器的逻辑符号。

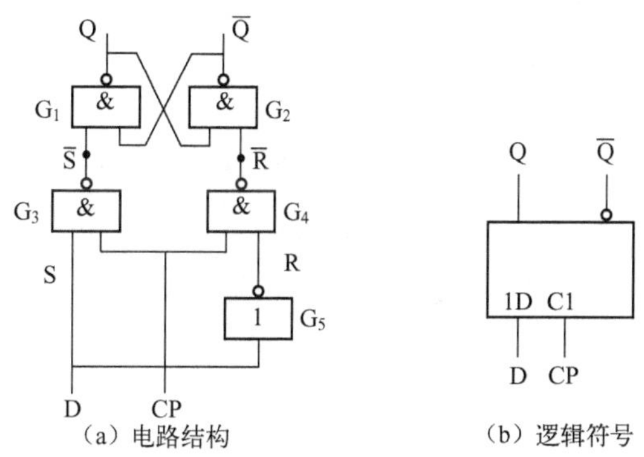

（a）电路结构　　（b）逻辑符号

图 3.2.1　同步 D 触发器的电路结构和逻辑符号

2. 逻辑功能分析

（1）当 CP＝0 时，门 G_3、G_4被封锁，都输出 1，这时不管 D 端的信号如何变化，触发器的状态都保持不变，即 $Q^{n+1} = Q^n$。

(2) 当 CP =1 时，门 G_3、G_4解除封锁，可接收 D 端输入的信号。由图 3.2.1 (a) 可以看出，D 端输入的信号加在 S 端，$\overline{D}$端的信号加在 R 端。因此，当 D =1 时，$\overline{D}$ =0，触发器翻转到 1 状态，即 $Q^{n+1}=1$；当 D =0 时，$\overline{D}$ =1，触发器翻转到 0 状态，即 $Q^{n+1}=0$。

3. 逻辑功能的几种描述方法

1) 特性表

根据前述的逻辑功能分析，可列出同步 D 触发器的特性表如表 3.2.1 所示。

同步 D 触发器没有不定状态，在 CP =1 时，具有置 0 和置 1 功能，其输出状态总是跟随 D 端输入信号变化的。

2) 驱动表

根据表 3.2.1，可得同步 D 触发器的驱动表如表 3.2.2 所示。

表 3.2.1 同步 D 触发器的特性表 (CP =1 时有效)

D	Q^n	Q^{n+1}	功能说明
0	0	0	置 0 (输出状态与 D 相同)
0	1	0	
1	0	1	置 1 (输出状态与 D 相同)
1	1	1	

表 3.2.2 同步 D 触发器的驱动表

$Q^n \to Q^{n+1}$		D
0	0	0
0	1	1
1	0	0
1	1	1

3) 特性方程

将 S = D，R = $\overline{D}$代入到同步 RS 触发器的特性方程式 (3.1.2) 中，可得到同步 D 触发器的特性方程为

$$Q^{n+1}=S+\overline{R}Q^n=D+\overline{\overline{D}}Q^n=D \quad (\text{CP}=1\text{ 期间有效}) \tag{3.2.1}$$

由于非门 G_5的作用，输入信号 D 不存在约束条件。

4) 状态转换图

根据驱动表 (见表 3.2.2)，可画出同步 D 触发器的状态转换图如图 3.2.2 所示。

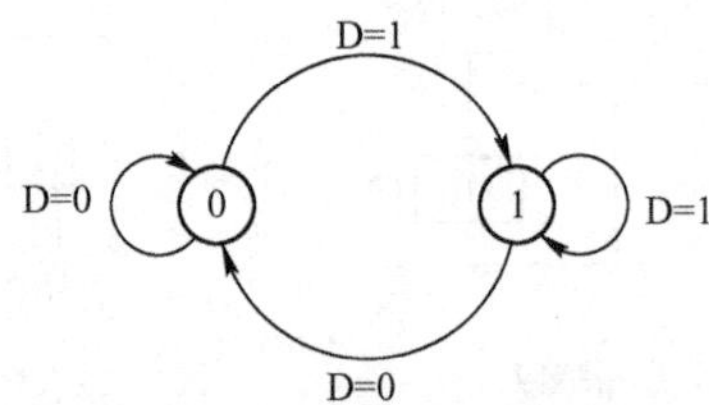

图 3.2.2 同步 D 触发器的状态转换图

【例 3.2.1】 已知同步 D 触发器的时钟脉冲 CP 和输入信号 D 的波形图如图 3.2.3 所示。试画出触发器的输出状态 Q 的波形。设触发器的初态为 0。

解： 根据同步 D 触发器的逻辑功能特性，在 CP =0 期间，Q 端保持原来的 0 态或 1 态不变。在 CP =1 期间，Q 端的状态跟随 D 端的输入信号而变化，当 D 端的信号发生多次翻

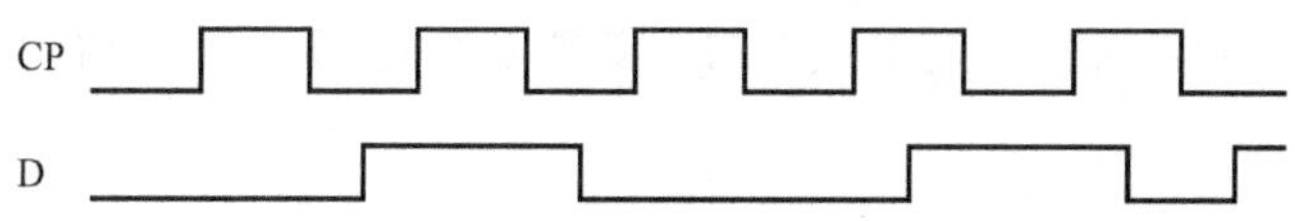

图3.2.3　同步D触发器的时钟脉冲CP和输入信号D的波形图

转时，触发器的输出状态Q也随之发生多次翻转，这种现象称为“空翻”。可以画出其时序图如图3.2.4所示。

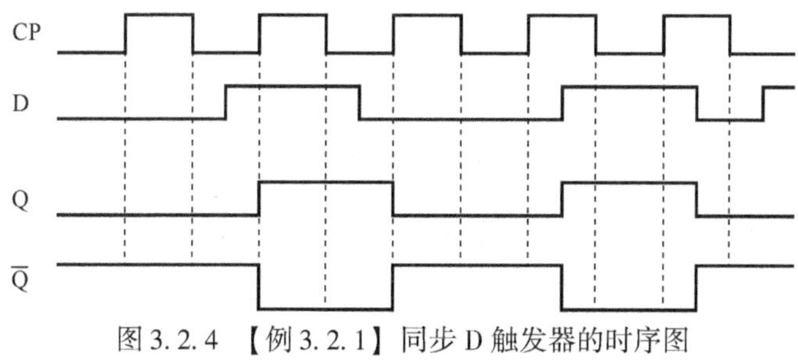

图3.2.4　【例3.2.1】同步D触发器的时序图

3.2.2　边沿D触发器

同步触发器采用电平触发方式，因而存在空翻现象，不能保证触发器状态的改变和时钟脉冲同步，因此不能用于构成计数器、移位寄存器等，这就限制了同步触发器的使用。为了克服空翻现象，在同步触发器的基础上，又设计出了边沿触发器。

边沿触发器仅在时钟脉冲CP的上升沿或下降沿到来的时刻接收输入信号，使电路的输出状态跟随输入信号发生改变，而在CP其他时间内，触发器的状态不会变化。边沿触发器不存在空翻现象，提高了触发器的工作可靠性和抗干扰能力，得到了广泛的应用。

按触发方式对应的时刻不同，边沿触发器可分为上升沿触发和下降沿触发；按逻辑功能的不同，边沿触发器可分为边沿D触发器和边沿JK触发器。

1. 逻辑符号

边沿D触发器的逻辑符号如图3.2.5所示，D为信号输入端，框内的“ > ”表示触发器按边沿触发方式工作，为动态输入。其中在图3.2.5（a）中，时钟脉冲输入端C1框外不带小圆圈，表示时钟脉冲CP上升沿触发，在图3.2.5（b）中，时钟脉冲输入端C1框外带有小圆圈，表示时钟脉冲CP下降沿触发。

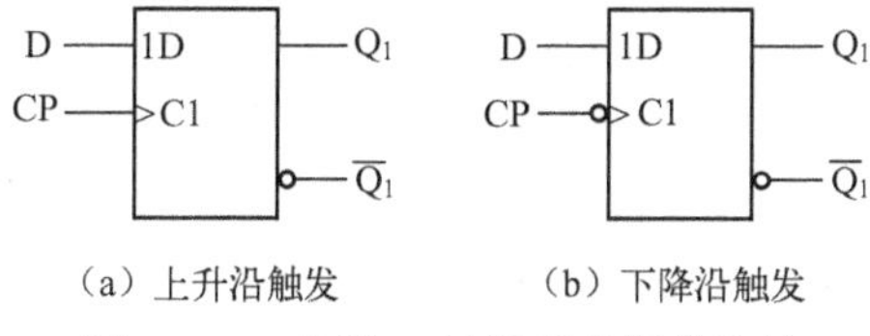

（a）上升沿触发　　（b）下降沿触发

图3.2.5　边沿D触发器的逻辑符号

2. 逻辑功能

边沿D触发器的逻辑功能和同步D触发器相同，因此它们的特性表和特性方程相同。

所不同的是边沿D触发器边沿触发器仅在时钟脉冲CP的上升沿或下降沿到达时刻才接收输入信号。

边沿D触发器的特性方程为

$$Q^{n+1}=D \quad （CP上升沿（或下降沿）到达时刻有效） \qquad (3.2.2)$$

【例3.2.2】 已知上升沿触发的边沿D触发器的时钟脉冲CP和输入信号D的波形图如图3.2.6所示。试画出触发器的输出状态Q的波形。设触发器的初态为0。

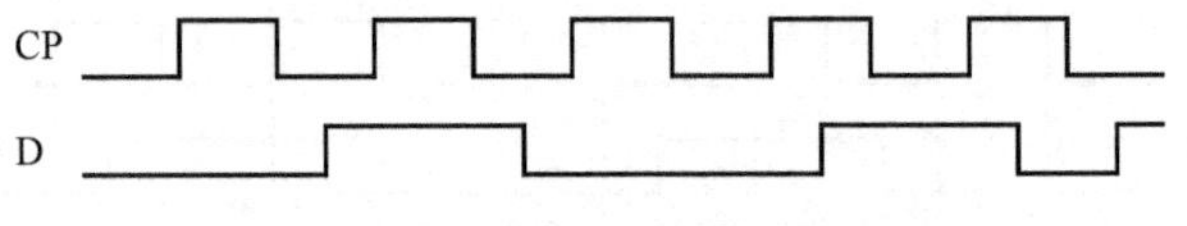

图3.2.6　上升沿D触发器的波形图

解： 根据上升沿触发的边沿D触发器的逻辑功能特性，只有在CP从低电平正跃变到高电平的瞬间，触发器Q端的状态才会翻到和输入信号D相同的状态，而在CP的其他时间，不管D端输入信号如何变化，触发器的输出状态保持不变，其时序图如图3.2.7所示。

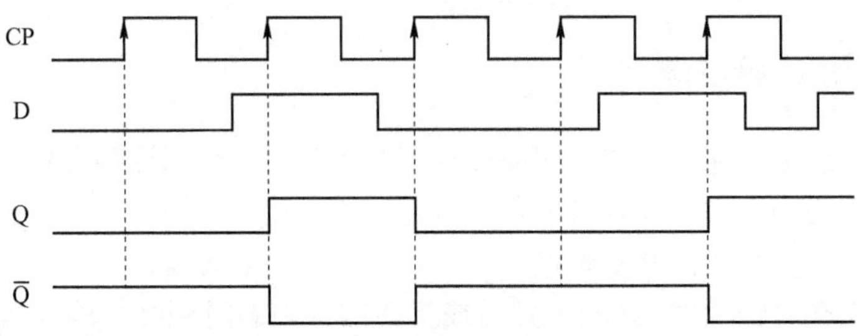

图3.2.7　上升沿D触发器的时序图

3.2.3　集成边沿D触发器

常用的集成边沿D触发器有CMOS系列的双上升沿D触发器CC4013、TTL系列的双上升沿D触发器74LS74、四上升沿D触发器74LS175等。74LS74采用双列直排14脚封装，由两个独立的上升沿触发的边沿D触发器组成，各设有直接置0端（$\overline{R}_D$端）和直接置1端（$\overline{S}_D$端），低电平有效。双边沿D触发器74LS74的功能表、逻辑符号和引脚排列分别如表3.2.3、图3.2.8所示。

表3.2.3　双边沿D触发器74LS74的功能表

输入				输出		功能说明
$\overline{R}_D$	$\overline{S}_D$	CP	D	Q^{n+1}	$\overline{Q}^{n+1}$	
0	0	×	×	1	1	不允许
0	1	×	×	0	1	异步置0
1	0	×	×	1	0	异步置1
1	1	↑	0	0	1	置　0
1	1	↑	1	1	0	置　1
1	1	0	×	Q^n	$\overline{Q}^n$	保　持

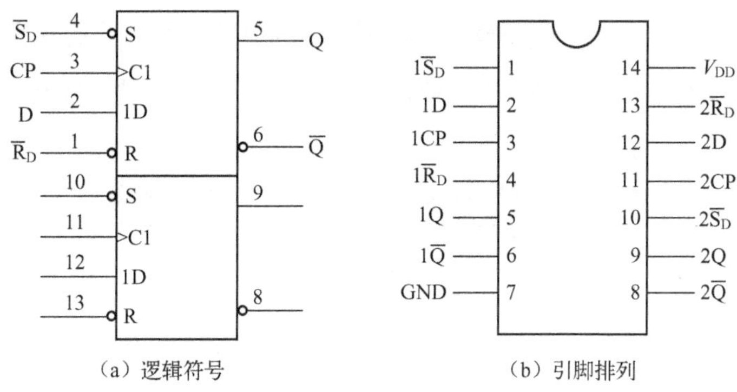

图 3.2.8　双边沿 D 触发器 74LS74 的逻辑符号和引脚排列

任务 3.3　认识 JK 触发器

3.3.1　同步 JK 触发器

1. 电路结构和逻辑符号

为了克服同步 RS 触发器在输入端 R = S = 1 时出现不定状态的情况的另一种方法是，将触发器的互补输出信号 Q 和$\overline{Q}$反馈到输入端，这样 G_3和 G_4的输出不会同时出现低电平 0，从而避免了不定状态。其电路结构和逻辑符号如图 3.3.1 所示，J、K 端相当于同步 RS 触发器的 S、R 端。

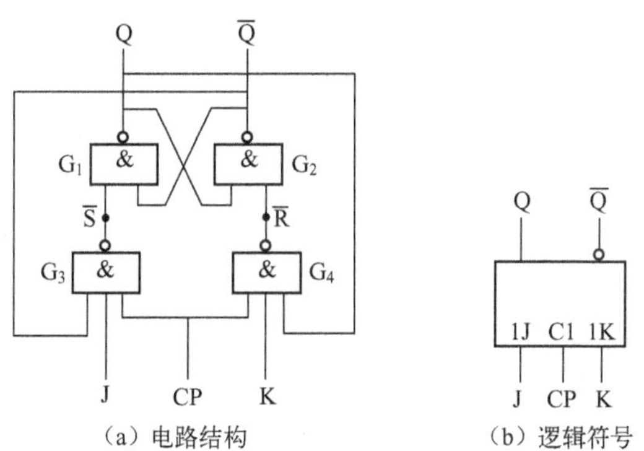

图 3.3.1　同步 JK 触发器的电路结构和逻辑符号

2. 逻辑功能分析

可将同步 JK 触发器看成 RS 触发器来分析，有 $R = KQ^n$，$S = J\overline{Q}^n$。

(1) 当 CP = 0 时，门 G_3、G_4被封锁，都输出 1，这时不管 J、K 端的信号如何变化，触发器的状态都保持不变，即 $Q^{n+1} = Q^n$。

（2）当 CP = 1 时，门 G_3、G_4解除封锁，输入信号 J、K 和触发器的原有状态 Q^n、$\overline{Q}^n$共同确定触发器的次态 Q^{n+1}。依据 $R = KQ^n$，$S = J\overline{Q}^n$，可列出同步 JK 触发器的特性表如表 3.3.1 所示。

表 3.3.1　同步 JK 触发器的特性表（CP = 1 有效）

J	K	Q^n	Q^{n+1}	功能说明
0	0	0	0	保持
0	0	1	1	
0	1	0	0	置 0（输出状态和 J 相同）
0	1	1		
1	0	0	1	置 1（输出状态和 J 相同）
1	0	1		
1	1	0	1	翻转
1	1	1	0	

可见，在 CP = 1 期间，当 J = K = 0 时，触发器保持原状态不变，即 $Q^{n+1} = Q^n$；当 J = 0，K = 1 时，触发器置 0，即输出状态和 J 相同；当 J = 1，K = 0 时，触发器置 1，即输出状态也和 J 相同；当 J = K = 1 时，触发器处于翻转状态，即 $Q^{n+1} = \overline{Q}^n$。

3. 其他几种描述方法

1）驱动表

根据表 3.3.1，可得同步 JK 触发器的驱动表如表 3.3.2 所示。

表 3.3.2　同步 JK 触发器的驱动表

$Q^n \to Q^{n+1}$		J	K
0	0	0	×
0	1	1	×
1	0	×	1
1	1	×	0

2）特性方程

将 $R = KQ^n$，$S = J\overline{Q}^n$代入到同步 RS 触发器的特性方程式（3.1.2）中，可得到同步 JK 触发器的特性方程为

$$
\begin{aligned}
Q^{n+1} &= S + \overline{R}Q^n \\
&= J\overline{Q}^n + \overline{KQ^n}Q^n \\
&= J\overline{Q}^n + \overline{K}Q^n \quad \text{（CP = 1 期间有效）} \qquad (3.3.1)
\end{aligned}
$$

同步 JK 触发器输入信号 J、K 不存在约束条件。

3）状态转换图

根据驱动表（见表 3.3.2），可画出同步 JK 触发器的状态转换图如图 3.3.2 所示。

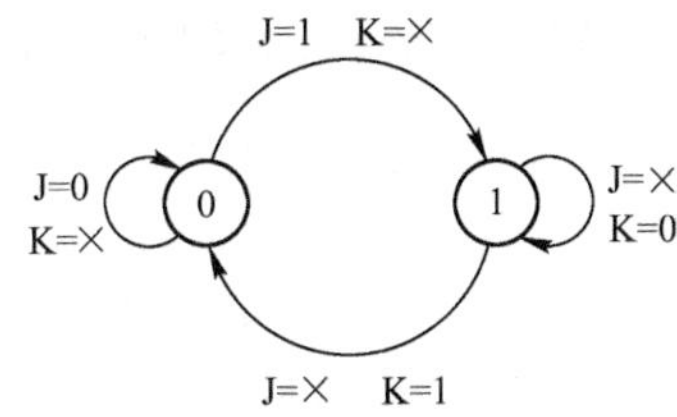

图 3.3.2 同步 JK 触发器的状态转换图

4）时序图

根据同步 JK 触发器的特性表，可以画出其时序图如图 3.3.3 所示。可以看出，在 CP = 1 期间，如 J、K 端输入信号发生变化时，输出状态也随之变化，存在空翻现象。

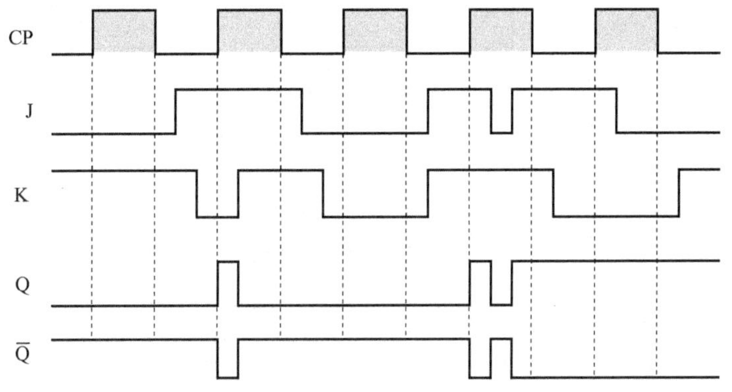

图 3.3.3 同步 JK 触发器的时序图

3.3.2 边沿 JK 触发器

边沿 JK 触发器采用时钟脉冲 CP 的上升沿或下降沿触发工作，可避免同步触发器出现的空翻现象。

1. 逻辑符号

图 3.3.4（a）为由时钟脉冲 CP 上升沿触发的 JK 触发器的逻辑符号，图 3.3.4（b）为由时钟脉冲 CP 下降沿触发的 JK 触发器的逻辑符号。

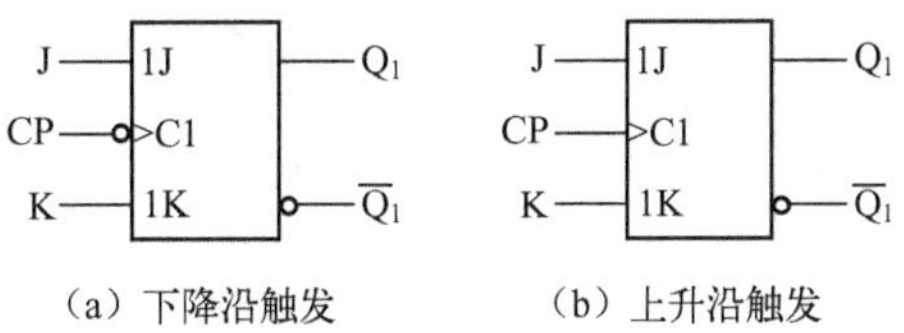

（a）下降沿触发　　（b）上升沿触发

图 3.3.4 边沿 JK 触发器的逻辑符号

2. 逻辑功能

边沿 JK 触发器的逻辑功能和同步 JK 触发器相同，因此它们的特性表和特性方程相同。所不同的是边沿JK触发器边沿触发器仅在时钟脉冲CP的上升沿或下降沿到达时刻才接收输入信号。

边沿JK触发器的特性方程为

$$Q^{n+1}=J\overline{Q}^n+\overline{K}Q^n \quad \text{（CP上升沿（或下降沿）到达时刻有效）} \tag{3.3.2}$$

【例3.3.1】 已知下降沿触发的边沿JK触发器的时钟脉冲CP和输入信号J、K的波形图如图3.3.5所示。试画出触发器的输出端Q的波形。设触发器的初态为0。

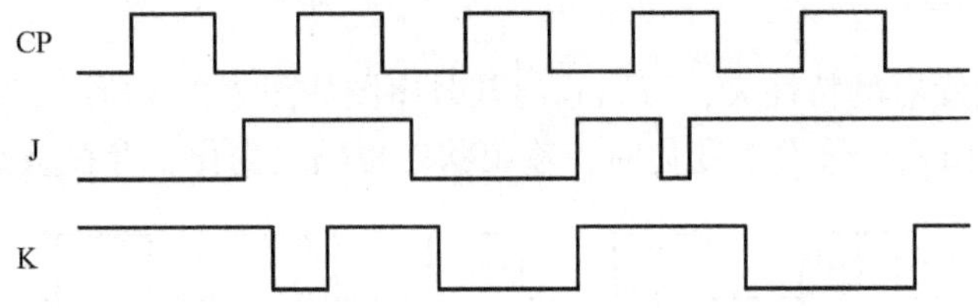

图3.3.5 【例3.3.1】边沿JK触发器的波形图

解： 根据下降沿触发的边沿JK触发器的逻辑功能特性，触发器的次态仅取决于CP从高电平负跃变到低电平的瞬间输入信号J、K的逻辑状态，而在这之前或之后，输入信号J、K的变化对触发器的输出状态没有影响，其时序图如图3.3.6所示。

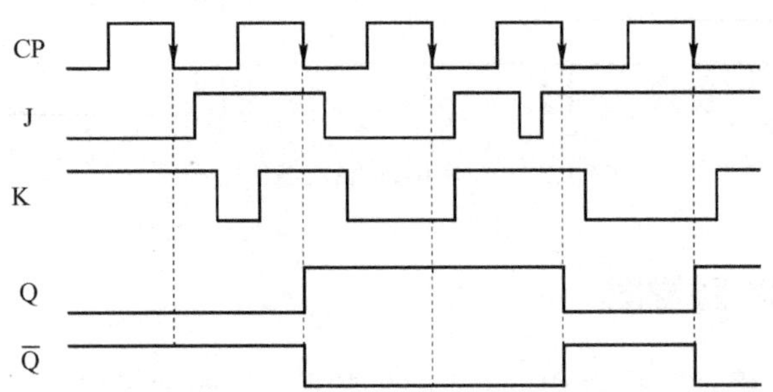

图3.3.6 【例3.3.1】边沿JK触发器的时序图

3.3.3 集成边沿JK触发器

常用的集成边沿JK触发器有CMOS系列的双上升沿JK触发器CC4027、TTL系列的双下降沿JK触发器74LS112等。74LS112采用双列直排16脚封装，由两个独立的下降沿触发的边沿JK触发器组成，各设有直接置0端（$\overline{R}_D$端）和直接置1端（$\overline{S}_D$端），低电平有效。双边沿JK触发器74LS112的功能表、逻辑符号和引脚排列分别如表3.3.3、图3.3.7所示。

表3.3.3 双边沿JK触发器74LS112的功能表

输　入					输　出		功能说明
$\overline{R}_D$	$\overline{S}_D$	CP	J	K	Q^{n+1}	$\overline{Q}^{n+1}$	
0	0	×	×	×	1	1	不允许

续表

输入					输出		功能说明
$\overline{R}_D$	$\overline{S}_D$	CP	J	K	Q^{n+1}	$\overline{Q}^{n+1}$	
0	1	×	×	×	0	1	异步置0
1	0	×	×	×	1	0	异步置1
1	1	↓	0	0	Q^n	$\overline{Q}^n$	保持
1	1	↓	0	1	0	1	置0
1	1	↓	1	0	1	0	置1
1	1	↓	1	1	$\overline{Q}^n$	Q^n	计数
1	1	1	×	×	Q^n	$\overline{Q}^n$	保持

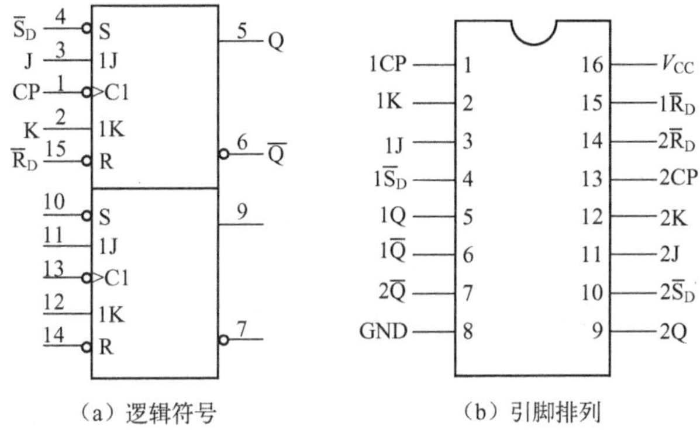

图3.3.7 双边沿JK触发器74LS112的逻辑符号和引脚排列

任务3.4 触发器的相互转换

3.4.1 T触发器和T′触发器

市售的集成触发器系列产品中一般只有D触发器和JK触发器，在实际应用中，经常还会用到T触发器和T′触发器。

所谓T触发器是一种受控计数型触发器，当输入信号（控制信号）T=1时，每来一个时钟脉冲CP，触发器的状态就翻转一次，即工作在计数状态；而当输入信号（控制信号）T=0时，时钟脉冲CP到达时，触发器的状态保持不变。

T′触发器是指每来一个时钟脉冲CP，状态就翻转一次的触发器，即只具有翻转功能的T触发器。

T触发器的特性表和驱动表分别如表3.4.1和表3.4.2所示。T触发器的逻辑符号如图3.4.1所示。

表 3.4.1 T 触发器的特性表（CP = 1 时有效）

T	Q^n	Q^{n+1}	功能说明
0	0	0	保持原状态不变，$Q^{n+1}=Q^n$
0	1	1	
1	0	1	工作在计数状态，$Q^{n+1}=\overline{Q}^n$
1	1	0	

表 3.4.2 T 触发器的驱动表

Q^n →	Q^{n+1}	T
0	0	0
0	1	1
1	0	1
1	1	0

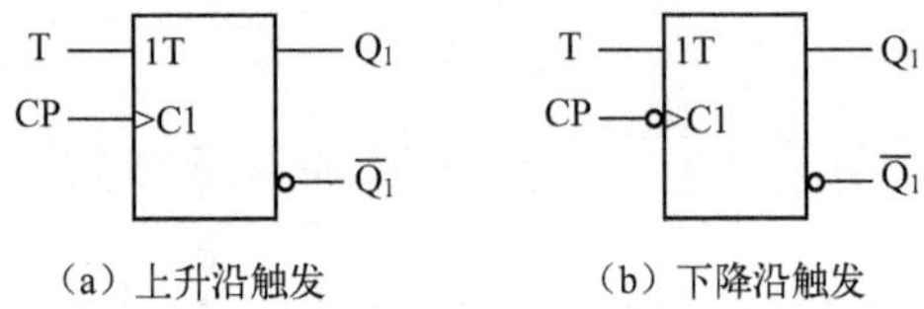

（a）上升沿触发 （b）下降沿触发

图 3.4.1 T 触发器的逻辑符号

由表 3.4.1，可得到 T 触发器的特性方程为

$$Q^{n+1}=T\overline{Q}^n+\overline{T}Q^n=T\oplus Q^n \quad (\text{CP 上升沿或下降沿到达时刻有效}) \qquad (3.4.1)$$

令 T = 1，可得到 T′触发器的特性方程为

$$Q^{n+1}=\overline{Q}^n \quad (\text{CP 上升沿或下降沿到达时刻有效}) \qquad (3.4.2)$$

3.4.2 用 JK 或 D 触发器构成 T 和 T′触发器

T 和 T′触发器没有现成的集成电路产品，一般是用 JK 或 D 触发器构成。

1. 用 JK 触发器构成 T 和 T′触发器

将 JK 触发器的 J 和 K 相连作为 T 输入端，就构成了 T 触发器。图 3.4.2（a）为下降沿触发的 JK 触发器构成下降沿触发的 T 触发器。这时，JK 触发器由原来的四种功能（置 0、置 1、保持、翻转）减少为 T 触发器的两种功能：当 T = 0 时，触发器具有保持功能，$Q^{n+1}=Q^n$；当 T = 1 时，触发器具有翻转功能，$Q^{n+1}=\overline{Q}^n$。

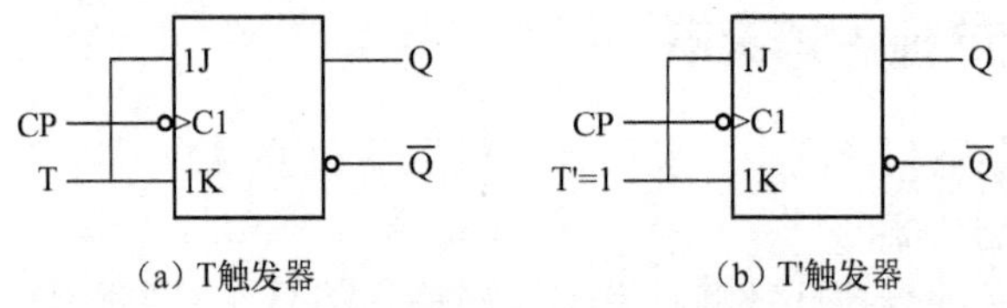

（a）T触发器 （b）T′触发器

图 3.4.2 由 JK 触发器构成的 T 触发器和 T′触发器

将 JK 触发器的 J 和 K 相连作为 T′输入端并接高电平 1，就构成了 T′触发器。图 3.4.2（b）为下降沿触发的 JK 触发器构成下降沿触发的 T′触发器。显然，T′触发器只有翻转一种功能。

2. 用 D 触发器构成 T 和 T′触发器

1）用 D 触发器构成 T 触发器

已有的 D 触发器的特性方程为

$$Q^{n+1}=D \tag{3.4.3}$$

待求的T触发器的特性方程为

$$Q^{n+1}=T\overline{Q^n}+\overline{T}Q^n=T\oplus Q^n \tag{3.4.4}$$

比较上面两个方程，若令 $D=T\oplus Q^n$，即可得到T触发器。

T触发器如图3.4.3（a）所示。

2）用D触发器构成T′触发器

已有的D触发器的特性方程为

$$Q^{n+1}=D \tag{3.4.5}$$

待求的T′触发器的特性方程为

$$Q^{n+1}=\overline{Q^n} \tag{3.4.6}$$

比较上面两个方程，若令 $D=\overline{Q^n}$，即可得到T′触发器。T′触发器如图3.4.3（b）所示。

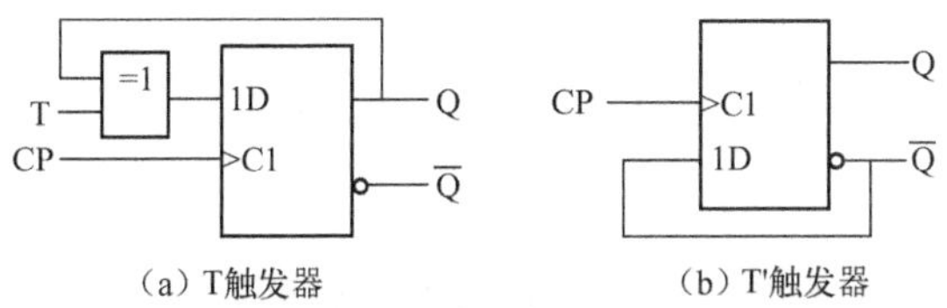

图3.4.3　用D触发器构成T和T′触发器

3.4.3　用JK触发器构成D触发器

已有的JK触发器的特性方程为

$$Q^{n+1}=J\overline{Q^n}+\overline{K}Q^n \tag{3.4.7}$$

待求的D触发器的特性方程为

$$Q^{n+1}=D \tag{3.4.8}$$

变换D触发器的特性方程为

$$Q^{n+1}=D(\overline{Q^n}+Q^n)\quad=D\overline{Q^n}+DQ^n \tag{3.4.9}$$

比较式（3.4.7）和式（3.4.9）这两个方程，要得到D触发器，须令

$$\begin{cases}J=D\\K=\overline{D}\end{cases}$$

画出转换电路图，如图3.4.4所示。

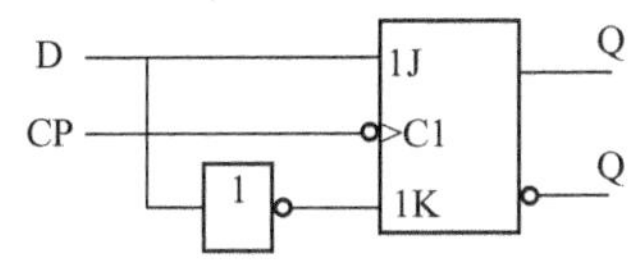

图3.4.4　用JK触发器构成D触发器

3.4.4 用D触发器构成JK触发器

已有的D触发器的特性方程为

$$Q^{n+1}=D \tag{3.4.10}$$

待求的JK触发器的特性方程为

$$Q^{n+1}=J\overline{Q}^n+\overline{K}Q^n \tag{3.4.11}$$

比较上面的两个方程，若令 $D=J\overline{Q}^n+\overline{K}Q^n$，即可得到JK触发器。

画出转换电路图，如图3.4.5所示。

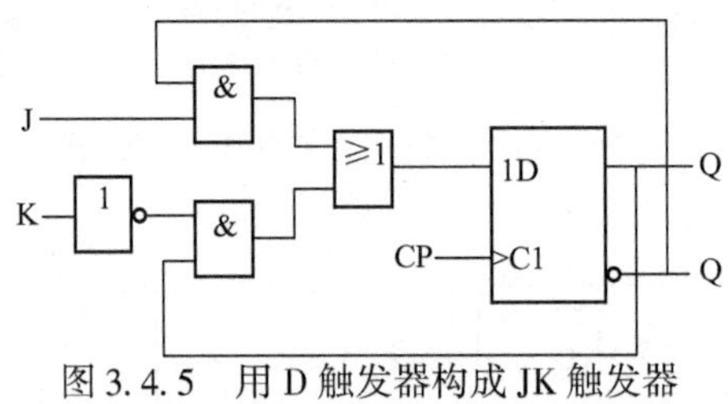

图3.4.5 用D触发器构成JK触发器

任务3.5 技能训练：触发器的逻辑功能测试及应用

1. 训练目的

（1）掌握D触发器、JK触发器、T触发器和T′触发器的逻辑功能。

（2）理解触发器直接复位端和直接置位端的作用，学会正确使用集成触发器，掌握它们的测试方法。

（3）掌握不同触发器的相互转换方法。

2. 设备和元器件

（1）设备：数字电路实验箱、双踪示波器、万用表。

（2）集成电路：

四2输入与非门74LS00	1片
四2输入异或门74LS86	1片
双D触发器74LS74	1片
双JK触发器74LS112	1片

3. 训练内容与步骤

1）双D触发器74LS74逻辑功能的测试及应用

双D触发器74LS74包含两个上升沿触发的D触发器，具有直接复位（清零）和直接置位（置1）功能，其引脚如图3.2.8（b）所示。任选一个D触发器，将 $\overline{R}_D$、$\overline{S}_D$、D端接逻辑电平输出，CP 接单脉冲电路的输出，Q、$\overline{Q}$端接 LED 电平指示灯。连接电源 V_{CC} = +5V，GND 端连接电源负端。

(1) $\overline{R}_D$、$\overline{S}_D$功能的测试。改变$\overline{R}_D$、$\overline{S}_D$的电平，从电平指示灯观察 Q、$\overline{Q}$的状态，并使用万用表测量其电压值，记录在表 3.5.1 中。

表 3.5.1 74LS74 复位、置位功能的测试

$\overline{R}_D$	$\overline{S}_D$	Q(V)	$\overline{Q}$(V)
0	1		
1	0		

(2) 74LS74 逻辑功能的测试。置$\overline{R}_D$、$\overline{S}_D$端为高电平，在 D 端分别为低电平和高电平时，按单脉冲按钮，观察 Q、$\overline{Q}$的状态，记录在表 3.5.2 中。

表 3.5.2 74LS74 逻辑功能的测试

$\overline{R}_D$	$\overline{S}_D$	CP	D	Q^n	Q^{n+1}
1	1	↑	0	0	
1	1	↑	0	1	
1	1	↑	1	0	
1	1	↑	1	1	

(3) 用 D 触发器构成 T 触发器，并测试。参照图 3.4.3 (a)，连接 74LS74、74LS86，自拟表格，测试并记录电路的逻辑功能。

(4) 用 D 触发器构成 T′触发器，并测试。参照图 3.4.3 (b)，将 D 和$\overline{Q}$端连接组成 T′触发器。在 CP 端输入低频率连续脉冲，观察 Q 端的变化情况。继续在 CP 端输入 1kHz 连续脉冲，用双踪示波器观察 CP、Q、$\overline{Q}$端的波形，注意相位关系，记录波形图。

2) 双 JK 触发器 74LS112 逻辑功能的测试及应用

双 JK 触发器 74LS112 包含两个下降沿触发的 JK 触发器，具有直接复位（清零）和直接置位（置1）功能，其引脚如图 3.3.7 (b) 所示。任选一个 JK 触发器，将$\overline{R}_D$、$\overline{S}_D$、J、K 端接逻辑电平输出，CP 接单脉冲电路的输出，Q、$\overline{Q}$端接 LED 电平指示灯。连接电源 V_{CC} = +5V，GND 端连接电源负端。

(1) $\overline{R}_D$、$\overline{S}_D$功能的测试。参照前面 74LS74 的方法进行测试，将双 JK 触发器 74LS112 复位、置位功能的测试结果记录在表 3.5.3 中。

表 3.5.3 74LS112 复位、置位功能的测试

$\overline{R}_D$	$\overline{S}_D$	Q(V)	$\overline{Q}$(V)
0	1		
1	0		

(2) 74LS112 逻辑功能的测试。参照前面 74LS74 的方法，对 74LS112 的逻辑功能进行测试，注意 CP 脉冲为下降沿有效，将结果记录在表 3.5.4 中。

表 3.5.4 74LS112 逻辑功能的测试

$\overline{R}_D$	$\overline{S}_D$	CP	J	K	Q^n	Q^{n+1}
1	1	↓	0	0	0	
1	1	↓	0	0	1	
1	1	↓	0	1	0	
1	1	↓	0	1	1	
1	1	↓	1	0	0	
1	1	↓	1	0	1	
1	1	↓	1	1	0	
1	1	↓	1	1	1	

(3) 用JK触发器构成T触发器，并测试。参照图3.4.2（a）连接线路，自拟表格，测试并记录电路的逻辑功能。

(4) 用JK触发器构成T′触发器，并测试。参照图3.4.3（b），将J、K连在一起并接入高电平1。在CP端输入低频率连续脉冲，观察Q端的变化情况。继续在CP端输入1kHz连续脉冲，用双踪示波器观察CP、Q、$\overline{Q}$端的波形，注意相位关系，记录波形图。注意观察观察Q～CP波形。和D触发器74LS74构成的T′触发器观察到的Q～CP波形相比较，有何异同点？

4. 训练总结

(1) 整理并分析训练数据，回答训练内容中提出的问题。

(2) 总结双D触发器74LS74和双JK触发器74LS112的触发方式和逻辑功能。

(3) 说明训练出现的故障和排除方法。

任务3.6 技能训练：四路抢答器电路的设计与制作

1. 训练目的

(1) 掌握集成触发器芯片的使用方法，熟悉触发器和门电路的综合运用。

(2) 熟悉抢答器电路的组成和工作原理。

(3) 熟悉使用Multisim软件对抢答器电路进行仿真设计。

(4) 掌握抢答器电路安装、制作、调试的技能。

2. 设备和元器件

(1) 设备：数字电路实验箱、万用表、万能板、安装有Multisim软件的PC。

(2) 集成电路：

四2输入与非门74LS00　　1片

二4输入与非门74LS20　　1片

双JK触发器74LS112　　1片
四D触发器74LS175　　1片
电阻、发光二极管、开关　　若干

3. 电路分析

1）电路原理图和功能要求

由JK触发器构成的四路抢答器电路如图3.6.1所示。该电路由4个JK触发器组成，S_1、S_2、S_3、S_4为抢答操作开关，S_0为主持人复位开关。当任意一个抢答开关被按下时，与其对应的发光二极管（指示灯）被点亮，表示抢答成功；而紧随其后的其他开关再被按下，对应的发光二极管不会点亮。主持人开关S_0被按下时，指示灯熄灭，可开始新一轮抢答。

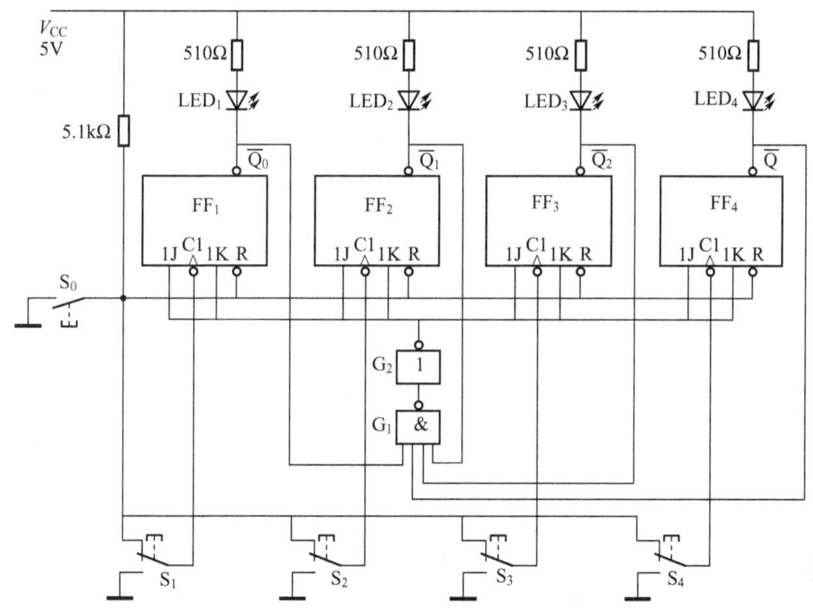

图3.6.1　由JK触发器构成的四路抢答器电路

2）电路工作过程分析

开始工作之前，先按复位开关S_0，4个JK触发器FF_1～FF_4的输出Q_1～Q_4都被置0，反向输出端$\overline{Q}_1$～$\overline{Q}_4$都输出高电平1，发光二极管LED_1～LED_4不发光。这时，门G_1输入都为高电平1，门G_2输出1，FF_1～FF_4的$J=K=1$，这4个触发器都处于接收信号的状态，并做好了准备。

抢答开始时，在S_1～S_4 4个开关中，假设S_2被第一个按下，则FF_2首先由0状态翻转到1状态，$\overline{Q}_2=0$，这一方面使指示灯LED_2发光，同时使门G_2输出0，这时FF_1～FF_4的$J=K=0$，处于保持状态。因此，在S_2被按下后，其他3个开关任一个再被按下时，相应的触发器状态不会改变，仍为0状态，指示灯也不会点亮。所以，根据指示灯的发光，可判断哪一个开关最先被按下。

如要重复进行新一轮工作，则由主持人按下复位开关 S_0 对 4 个触发器进行复位即可。

4. 电路仿真

1）创建仿真电路

（1）双 JK 触发器 74LS112 的选取。

在 Multisim 10 软件的基本界面上，单击元器件工具栏中“Place TTL”按钮，弹出元器件选择对话框，选择“Family”栏中的“74LS”系列，如图 3.6.2 所示。

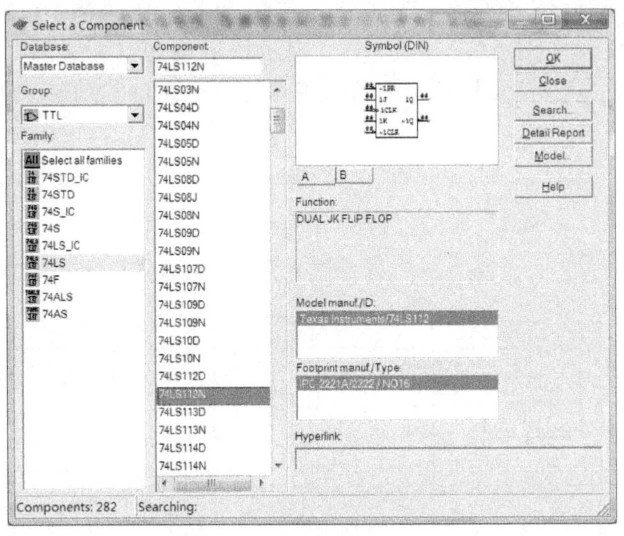

图 3.6.2　74LS112 的选取

在“Component”列表中选“74LS112N”，单击“OK”按钮，则在电路编辑区中弹出选定元器件（74LS112N）部件条，单击“NEW - A”，则触发器跟随光标移动，将元器件放在电路编辑区中合适的位置，得到触发器 U1A。元器件部件条再次弹出，单击“U1 - B”，放置触发器 U1B。同样方法继续放置触发器 U2A、U2B。在元器件跟随光标移动时右击，可取消放置元件。

（2）其他元器件的选取。

① 电源 VCC：Place Source→POWER_SOURCES→VCC。

② 接地：Place Source→POWER_SOURCES→GROUND。

③ 门电路：Place TTL→74LS→74LS20N、74LS00N。

④ 电阻：Place Basic→RESISTOR，选择 510Ω、5.1kΩ。

⑤ 发光二极管：Place Diode→LED→LED_red。

⑥ 开关：Place Electro_mechanical→SUPPLEMENTORY_CO→SPDT_SB（或 Place Basic→SWITCH→SPDT）。

（3）电路连接。

将各个元器件放置好（可适当旋转）以后进行连接，就构成了简易的 4 路抢答器电路，如图 3.6.3 所示。

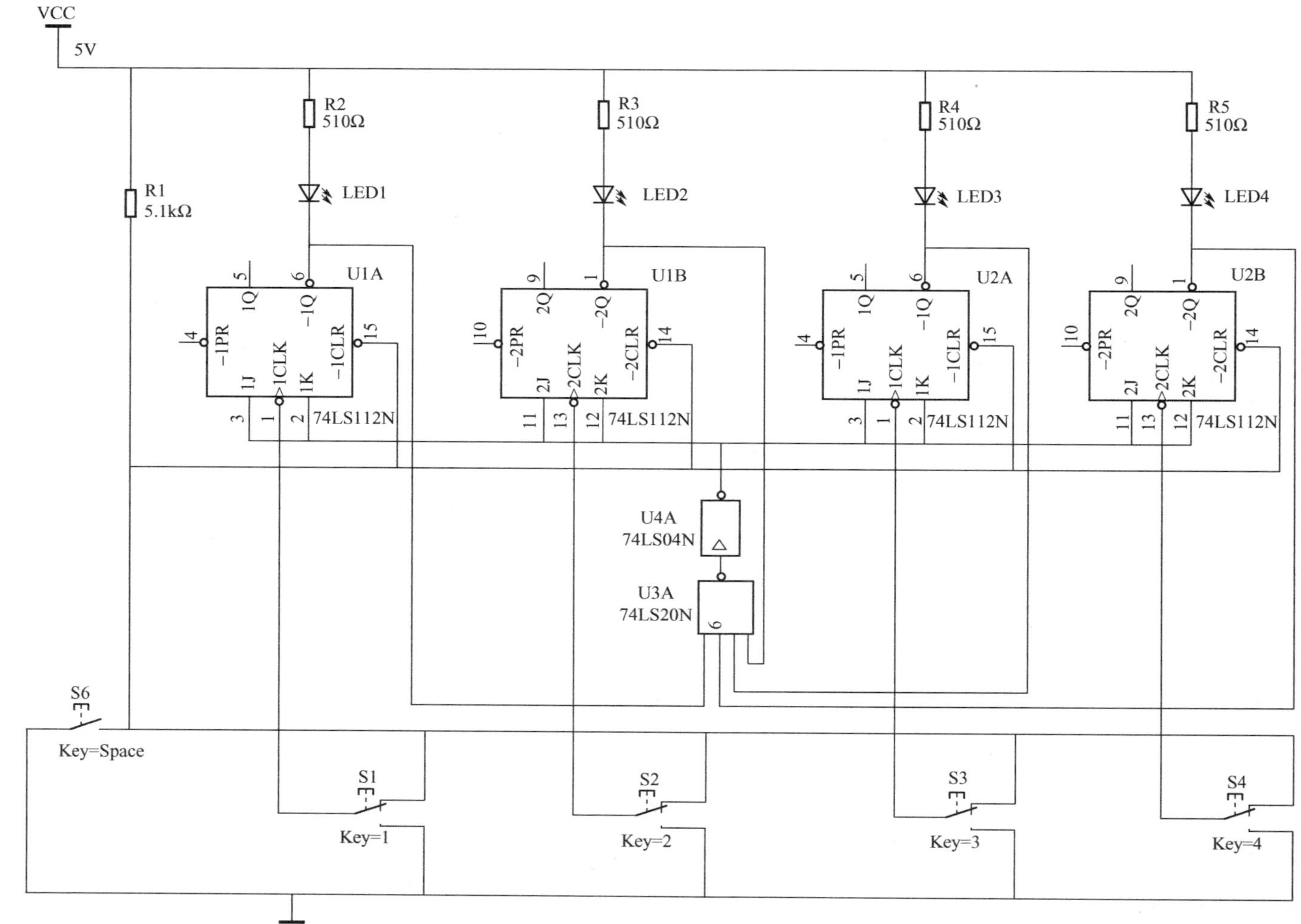

图3.6.3 由JK触发器74LS112构成的4路抢答器仿真电路

2）仿真测试

打开仿真开关，先将主持人开关 S0 接地，LED1 ～ LED4 灭灯，4 个触发器复位，再将开关 S0 接高电平，抢答器准备就绪。将开关 S1 ～ S4 任意一个接地，对应的指示灯点亮，再单击其他各个开关，指示灯状态保持不变，抢答锁定成功。

5. 电路制作

（1）根据图 3.6.1，列出元件清单，包括名称、规格型号、数量等。

（2）对元件进行检测，排除坏的元器件。

（3）综合考虑元器件的整体布局和走线，画出电路装配图。

（4）根据装配图，完成电路的装配和焊接。

（5）电路调试和故障排除。电路产生故障的原因主要有元器件虚焊、连接错误、布线错误、元器件损坏等。正常情况下，主持人开关 S_0 能实现电路复位，4 个开关 S_1 ～ S_4 具有抢答功能。

6. 训练总结

（1）由四 D 触发器 74LS175 构成的 4 路抢答器。

74LS175 为四 D 触发器，其内部具有 4 个独立的 D 触发器，输入端分别为 1D、2D、3D、4D，输出端分别为 1Q、1 $\overline{Q}$；2Q、2 $\overline{Q}$；3Q、3 $\overline{Q}$；4Q、4 $\overline{Q}$。四 D 触发器具有共同的上升沿触发时钟端 CP 和公共的异步清零端 $\overline{CLR}$。

由四 D 触发器 74LS175 构成的四路抢答器如图 3.6.4 所示。该电路包括以下几个部分。

① CP 脉冲产生电路，由 555 定时器构成的多谐振荡器组成，频率为 1kHz（对应抢答先后的分辨率为 1ms）。当频率过低，可能出现多人同时抢答时显示和报警出错。

② 报警提示电路，有门电路和扬声器组成。

③ 抢答电路，由四 D 触发器 74LS175 和门电路、电阻、发光二极管、开关等组成。

建议在学习完 555 定时器之后，对图 3.6.4 所示电路的工作原理进行分析。建议对电路进行 Multisim 仿真，也可以进行电路制作。

（2）抢答器是竞赛活动中一种常用的装置，除了基本的抢答锁定功能外，还可以增加定时、自动复位、报警提示、号码显示、倒计时显示等功能，请查阅相关资料。

（3）图 3.6.1 和图 3.6.4 两种抢答器电路所采用的开关（按钮）不同，图 3.6.1 采用了单刀双掷开关，图 3.6.4 采用常开按钮（按下时闭合，松开即断开），两者可以互换使用吗？哪一种更好？

（4）撰写训练总结，包括电路设计思路、功能要求、电路原理图与工作过程分析、电路仿真情况、电路装配图、制作完成情况、存在问题与解决方法等。

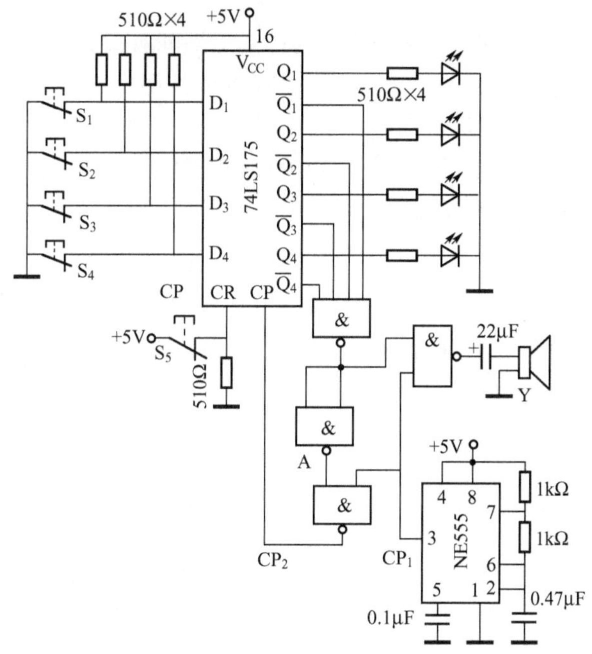

图 3.6.4　由四 D 触发器 74LS175 构成的 4 路抢答器

项目小结

(1) 和门电路一样，触发器也是组成数字电路的基本逻辑单元。触发器有两个基本特性：

① 有两个稳定的状态（0 状态和 1 状态），没有外信号作用时，保持原状态不变。

② 在外信号作用下，两个稳定状态可相互转换。由于触发器具有记忆功能，常用来保存二进制信息。

(2) 按照电路结构和工作特点，触发器可分为基本触发器、同步触发器、主从触发器和边沿触发器等。按照逻辑功能的不同，触发器可分为 RS 型触发器、D 触发器、JK 触发器、T 触发器和 T′触发器。

(3) 触发器逻辑功能的描述方法主要有特性表、卡诺图、特性方程、状态转换图和时序波形图。

(4) 触发器接收输入信号之前的状态称为现态，用 Q^n 表示。触发器接收输入信号之后的状态称为次态，用 Q^{n+1} 表示。触发器的次态 Q^{n+1} 与输入信号和现态 Q^n 之间关系的逻辑表达式，称为触发器的特性方程。

(5) 基本 RS 触发器由与非门或者或非门加上反馈电路组成。它的输出状态由输入信号的电平控制。它是组成其他各种功能触发器的基本电路。

(6) 同步触发器是在基本 RS 触发器的基础上增加输入控制门电路组成的。触发器的输出状态由输入信号决定，翻转时刻由时钟脉冲的电平控制。由于同步触发器存在空翻现象，它不能用作计数器、移位寄存器等，但常用作数据锁存器。

① 同步 RS 触发器的特性方程为

$$\begin{cases} Q^{n+1} = S + \overline{R}Q^n & (\text{CP}=1\text{ 期间有效}) \\ RS = 0 & (\text{约束条件}) \end{cases}$$

② 同步 D 触发器的特性方程为

$$Q^{n+1} = D \qquad (\text{CP}=1\text{ 期间有效})$$

③ 同步 JK 触发器的特性方程为

$$Q^{n+1} = J\overline{Q^n} + \overline{K}Q^n \qquad (\text{CP}=1\text{ 期间有效})$$

(7) 边沿触发器主要有边沿 D 触发器和边沿 JK 触发器。边沿触发器输出状态的改变只发生在时钟脉冲上升沿或下降沿到达时刻，而在其他时间时钟脉冲均不起作用，因此具有很强的抗干扰能力，工作速度也比较高。

① 边沿 D 触发器的特性方程为

$$Q^{n+1} = D \qquad (\text{CP 上升沿(或下降沿)到达时刻有效})$$

② 同步 JK 触发器的特性方程为

$$Q^{n+1} = J\overline{Q^n} + \overline{K}Q^n \qquad (\text{CP 上升沿(或下降沿)到达时刻有效})$$

集成边沿 D 触发器通常用 CP 上升沿触发，而集成边沿 JK 触发器通常用 CP 下降沿触发。

(8) T 触发器是一种具有保持和翻转功能的电路，而 T′触发器则是只具有翻转功能的电路。它们通常由边沿 D 触发器和边沿 JK 触发器组成。

① T 触发器的特性方程为

$$Q^{n+1} = T\overline{Q^n} + \overline{T}Q^n = T \oplus Q^n$$

② T′触发器的特性方程为

$$Q^{n+1} = \overline{Q^n}$$

上述特性方程的使用条件由组成 T 和 T′触发器所使用的边沿触发器决定。

(9) 使用边沿 D 触发器或边沿 JK 触发器，可构成 T 和 T′触发器。此外，边沿 D 触发器和边沿 JK 触发器的逻辑功能也可相互转换。

(10) 抢答器电路的核心部分是由触发器组成的输入信号锁存电路。从功能设计上，除了基本的抢答锁定外，还可以增加定时、自动复位、报警提示、号码显示、倒计时显示等功能。

习题

一、填空题

1. 两个与非门构成的基本 RS 触发器的功能有________、________和________。电路中不允许两个输入端同时为________，否则将出现逻辑混乱。

2. 通常把一个 CP 脉冲引起触发器多次翻转的现象称为________，此类触发器的工作属于触发方式。

3. 要使电平触发 D 触发器置 1，必须使 D =________、CP =________。

4. 要使边沿触发 D 触发器直接置 1，只要使 S_D =________、R_D =________即可。

5. 对于电平触发的D触发器或D锁存器，________情况下Q输出总是等于D输入。

6. JK触发器具有________、________、________和________四种功能。欲使JK触发器实现 $Q^{n+1}=\overline{Q}^n$ 的功能，则输入端J应接________，K应接________。

7. D触发器具有的逻辑功能是________和________的功能。T触发器具有的逻辑功能是________和________。T′触发器仅具有________功能。

8. 触发器的逻辑功能通常可用________、________、________和________等多种方法进行描述。

9. 组合逻辑电路的基本单元是________，时序逻辑电路的基本单元是________。

10. JK触发器的次态方程为________，D触发器的次态方程为________。

11. 触发器有两个互反的输出端Q和$\overline{Q}$，通常规定 $Q=1$，$\overline{Q}=0$ 时为触发器的________状态；$Q=0$，$\overline{Q}=1$ 时为触发器的________状态。

12. 两个与非门组成的基本RS触发器，在正常工作时，不允许 $\overline{R}=\overline{S}=$________，其特征方程为________，约束条件为________。

13. 同步RS触发器，在正常工作时，不允许输入端 $R=S=$________，其特征方程为________，约束条件为________。

14. 对于JK触发器，若 $J=K$，则可完成________触发器的逻辑功能；若 $J=\overline{K}$，则可完成________触发器的逻辑功能。

15. T触发器中，当 $T=1$ 时，触发器实现________功能；当 $T=0$ 时，触发器实现________功能。

二、判断题

1. 仅具有保持和翻转功能的触发器是RS触发器。（　　）
2. 基本的RS触发器具有“空翻”现象。（　　）
3. 同步RS触发器的约束条件是：$R+S=0$。（　　）
4. JK触发器的特征方程是：$Q^{n+1}=J\overline{Q}^n+KQ^n$。（　　）
5. 触发器和逻辑门一样，输出现态取决于输入现态。（　　）
6. 对边沿JK触发器，当 $J=K=1$ 时，在CP为高电平期间，输出状态会翻转一次。（　　）
7. D触发器的特性方程为 $Q^{n+1}=D$，与 Q^n 无关，所以它没有记忆功能。（　　）
8. RS触发器的约束条件 $RS=0$ 表示不允许出现 $R=S=1$ 的输入。（　　）
9. 同步RS触发器不存在“空翻”现象。（　　）
10. 上升沿触发器在时钟脉冲 $CP=1$ 期间，输出状态随输入信号变化而变化。（　　）
11. 同步RS触发器在 $CP=1$ 期间，输出状态Q随输入信号R、S的变化而变化。（　　）
12. 边沿JK触发器在 $CP=1$ 期间，输入信号J、K发生变化时，输出状态Q随之变化。（　　）
13. 将JK触发器的J、K输入端连接在一起，就可得到T触发器。（　　）

14. 在时钟脉冲 CP 作用下，T′触发器具有翻转功能。 ( )

15. 一个触发器具有两个互反的输出端 Q 和$\overline{Q}$，可保存两位二进制数。 ( )

三、选择题

1. 仅具有置“0”和置“1”功能的触发器是（ ）。
   A. 基本 RS 触发器　B. 钟控 RS 触发器
   C. D 触发器　D. JK 触发器

2. 由与非门组成的基本 RS 触发器不允许输入的变量组合 $\overline{S}\cdot\overline{R}$ 为（ ）。
   A. 00　B. 01　C. 10　D. 11

3. 与非门构成的基本 RS 触发器的约束条件是（ ）。
   A. $S+R=0$　B. $S+R=1$
   C. $SR=0$　D. $SR=1$

4. 同步 RS 触发器的特征方程是（ ）。
   A. $Q^{n+1}=\overline{R}+Q^n$　B. $Q^{n+1}=S+Q^n$
   C. $Q^{n+1}=R+\overline{S}Q^n$　D. $Q^{n+1}=S+\overline{R}Q^n$

5. 仅具有保持和翻转功能的触发器是（ ）。
   A. JK 触发器　B. T 触发器　C. D 触发器　D. T′触发器

6. 触发器由门电路构成，但它不同于门电路功能，主要特点是具有（ ）
   A. 翻转功能　B. 保持功能　C. 记忆功能　D. 置 0、置 1 功能

7. TTL 集成触发器直接置 0 端$\overline{R}_D$ 和直接置 1 端$\overline{S}_D$ 在触发器正常工作时应（ ）
   A. $\overline{R}_D=1$，$\overline{S}_D=0$　B. $\overline{R}_D=0$，$\overline{S}_D=1$
   C. 保持高电平“1”　D. 保持低电平“0”

8. 按触发器触发方式的不同，双稳态触发器可分为（ ）
   A. 高电平触发和低电平触发　B. 上升沿触发和下降沿触发
   C. 电平触发或边沿触发　D. 输入触发或时钟触发

9. 按逻辑功能的不同，双稳态触发器可分为（ ）。
   A. RS、JK、D、T 等　B. 主从型和维持阻塞型
   C. TTL 型和 MOS 型　D. 电平触发型和边沿触发型

10. 为避免“空翻”现象，应采用（ ）触发方式的触发器。
   A. 主从　B. 边沿　C. 电平　D. 时钟

11. $J=K=1$ 时，边沿 JK 触发器的时钟输入频率为 120Hz，则 Q 输出为（ ）。
   A. 保持为高电平　B. 保持为低电平
   C. 频率为 60Hz 波形　D. 频率为 240Hz 波形

12. JK 触发器在 CP 作用下，要使 $Q^{n+1}=Q^n$，则输入信号必为（ ）。
   A. $J=K=0$　B. $J=Q^n$，$K=0$
   C. $J=Q^n$，$K=Q^n$　D. $J=0$，$K=1$

13. 当 RS 触发器 $R=S=0$ 时，$Q^{n+1}=$（ ）。

A. 0　　B. 1　　C. Q^n　　D. $\overline{Q^n}$

14. 要将上升沿触发的 D 触发器 CT74LS74 输出 Q 置为低电平“0”时，输入应为（　　）。

A. $\overline{R_D}=1$、$\overline{S_D}=1$、D=1，输入 CP 正跃变

B. $\overline{R_D}=1$、$\overline{S_D}=1$、D=0，输入 CP 正跃变

C. $\overline{R_D}=0$、$\overline{S_D}=1$、D=1，输入 CP 负跃变

D. $\overline{R_D}=1$、$\overline{S_D}=0$、D=0，输入 CP 负跃变

15. 逻辑电路如图 T3.1 所示，A=0 时，CP 脉冲到来后，D 触发器（　　）。

A. 置“0”　　B. 置“1”　　C. 保持原态　　D. 状态翻转

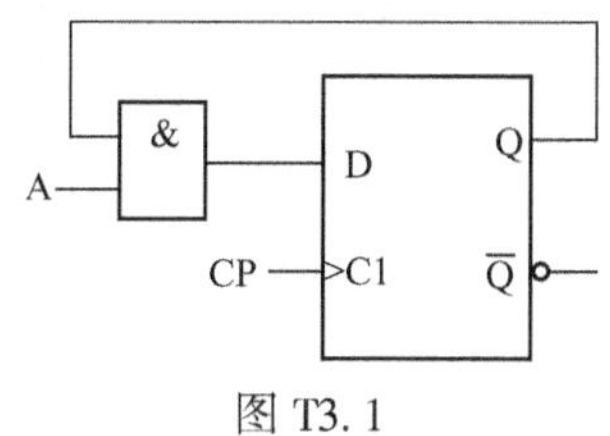

图 T3.1

16. 要将下降沿触发的边沿 JK 触发器 CT74LS112 输出 Q 置为高电平“1”时，输入应为（　　）。

A. J=1、K=1、$\overline{R_D}=1$、$\overline{S_D}=1$，输入 CP 正跃变

B. J=1、K=0、$\overline{R_D}=0$、$\overline{S_D}=1$，输入 CP 负跃变

C. J=1、K=1、$\overline{R_D}=1$、$\overline{S_D}=1$，输入 CP 负跃变

D. J=1、K=0、$\overline{R_D}=1$、$\overline{S_D}=1$，输入 CP 负跃变

17. JK 触发器，要使得输出 $Q^{n+1}=\overline{Q^n}$，则输入信号应为（　　）。

A. J=0，K=1　　B. J=1，K=0　　C. J=K=0　　D. J=K=1

18. 边沿 JK 触发器 CT74LS112 的$\overline{R_D}=1$、$\overline{S_D}=1$，且 J=1、K=1 时，如时钟脉冲 CP 输入频率为 100kHz，则 Q 端输出脉冲的频率为（　　）。

A. 50kHz　　B. 100kHz　　C. 150kHz　　D. 200kHz

四、综合分析题

1. 同步 RS 触发器，若初始状态 Q=1，$\overline{Q}=0$，试根据图 T3.2 所示的 CP、R、S 端的信号波形，画出 Q 和$\overline{Q}$的波形。

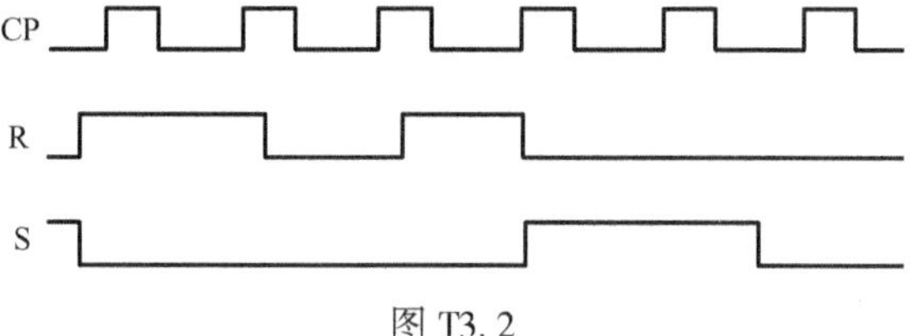

图 T3.2

2. D 触发器的初态 Q = 1，采用 CP 上升沿触发。试根据图 T3.3 所示的输入波形，画出输出 Q 的波形。

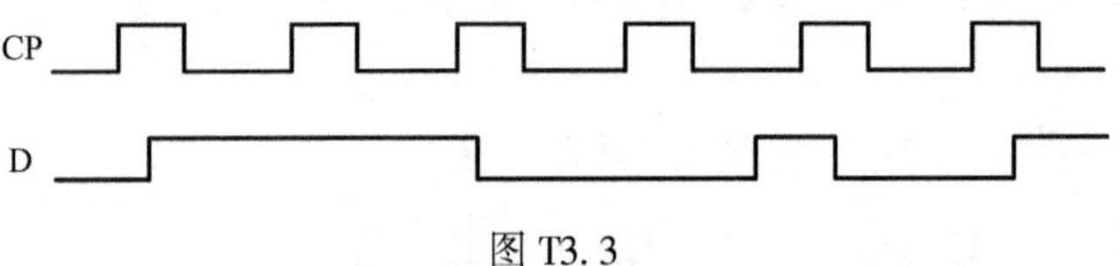

图 T3.3

3. 已知下降沿触发边沿 JK 触发器的输入控制端 J、K 及 CP 脉冲波形如图 T3.4 所示，试根据它们的波形画出相应输出端 Q 的波形。设触发器的初始状态 0。

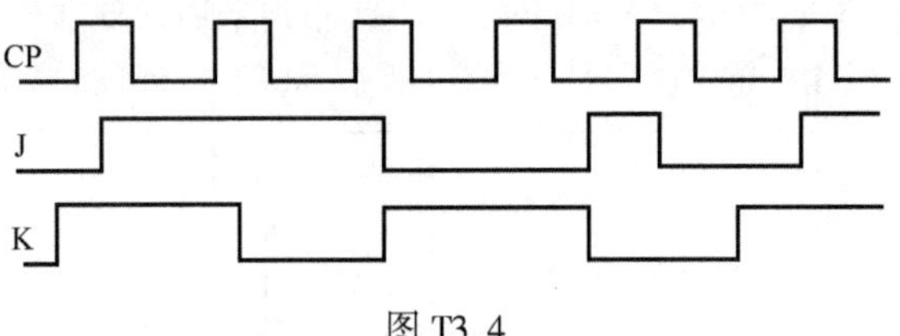

图 T3.4

4. 写出图 T3.5 所示各触发器的次态方程。设各触发器的初始状态皆为 Q = 0，试画出在 CP 信号连续作用下各触发器输出端的电压波形。

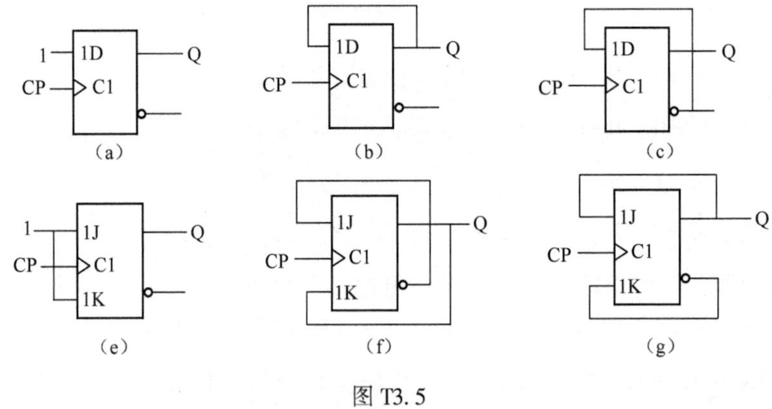

图 T3.5

5. 图 T3.6 所示为边沿 D 触发器构成的电路，试画出在 CP 脉冲下 Q_0 和 Q_1 的波形，设各触发器初态为 0。

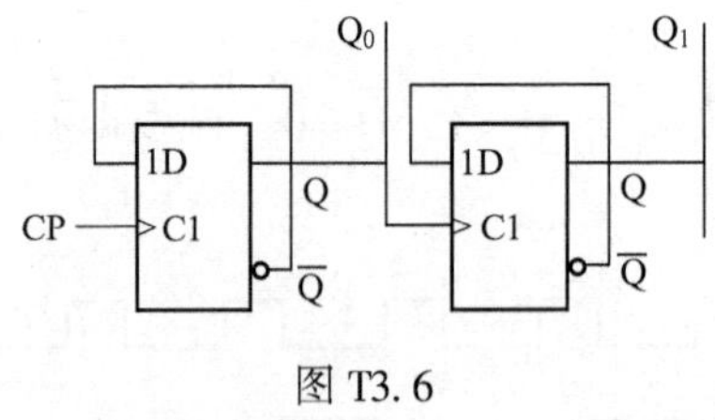

图 T3.6

6. 在图 T3.7 所示的电路中，触发器的初态 Q = 0，输入端 A、B、CP 的信号波形如图 T3.7所示，试求：

(1) 在 CP 作用下，输出 Q 与输入 A、B 的逻辑关系（真值表）。

（2）根据 A、B、CP 的信号波形，画出对应输出 Q 波形。

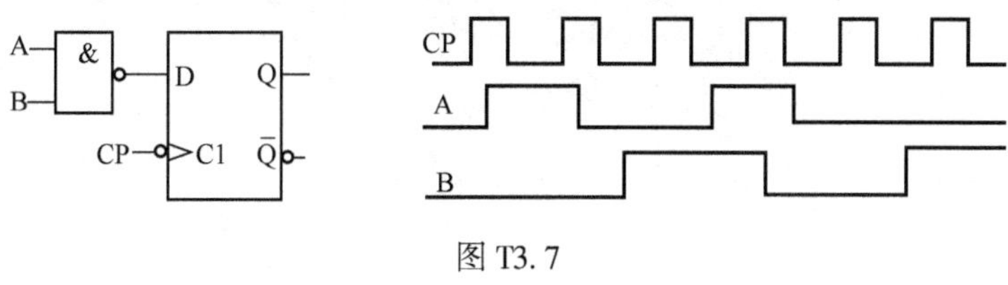

图 T3.7

7. 触发器电路如图 T3.8 所示。

（1）电路采用什么触发方式。

（2）分析并指出电路的逻辑功能。

（3）设触发器初态为 0，画出在 CP 脉冲下 Q_0 和 Q_1 的波形。

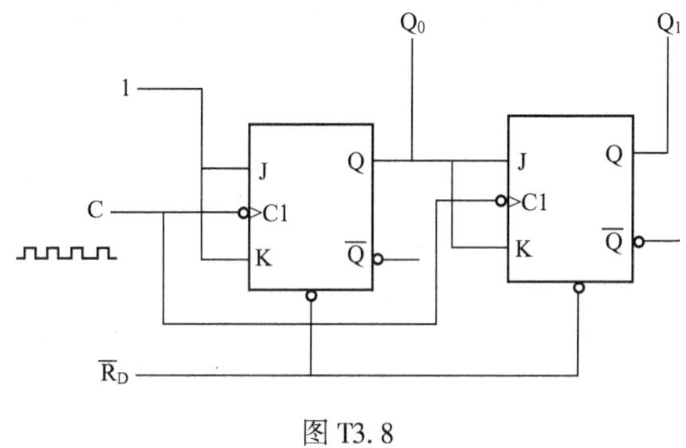

图 T3.8

8. 图 T3.9 所示电路是一个可以产生几种脉冲波形的信号发生器，设触发器的初态 Q＝0，试画出在 CP 脉冲作用下，F_1、F_2、F_3 输出端的波形。

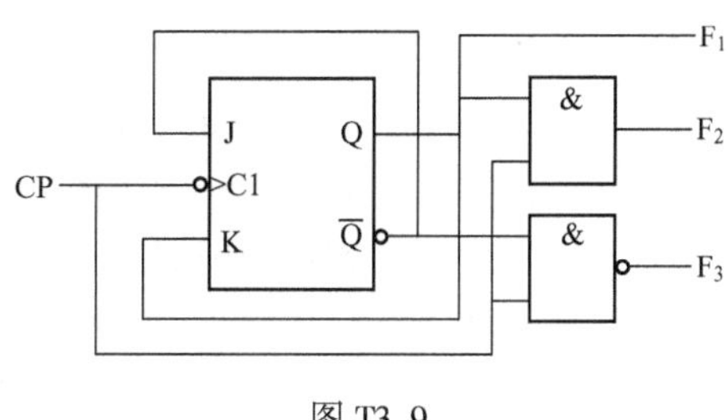

图 T3.9

项目 4

简易数字钟电路的设计

项目介绍

简易数字钟电路由振荡器、分频器、计数器、译码器、显示器等组成。本项目进行简易数字钟电路的设计和仿真，相关知识点主要有时序逻辑电路、计数器、寄存器等。

学习目标

(1) 了解时序逻辑电路的特点，掌握时序逻辑电路的分析方法。

(2) 了解常用集成计数器的功能，掌握它们的测试和应用方法。

(3) 掌握集成计数器的级联、任意进制计数器的构成方法。

(4) 了解常见集成寄存器的功能，掌握它们的测试和应用方法。

(5) 理解简易数字钟电路的构成和设计，掌握综合数字电路的设计技能。

任务 4. 1　时序逻辑电路的分析

4. 1. 1　时序逻辑电路概述

1. 时序逻辑电路的结构

时序逻辑电路是数字逻辑电路的重要组成部分，时序逻辑电路又简称为时序电路，它主要由存储电路和组合逻辑电路两部分组成，如图 4. 1. 1 所示。与组合逻辑电路不同，时序逻辑电路在任何时刻的输出状态不仅与该时刻电路的输入信号有关，而且还与电路原来的状态有关。时序逻辑电路的状态是由存储电路（由触发器组成）来记忆和保持的，并反馈到组合逻辑的输入端。

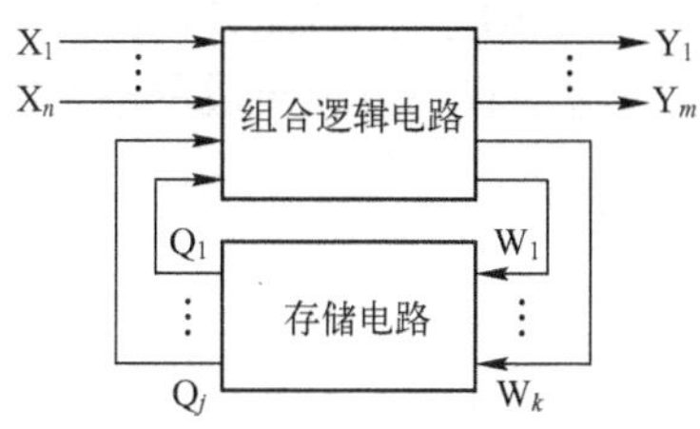

图 4. 1. 1　时序逻辑电路的结构框图

2. 时序逻辑电路的特点

时序逻辑电路任意时刻的输出不仅取决于该时刻的输入，而且还和电路原来的状态有关，所以时序电路具有记忆功能。时序逻辑电路的记忆功能依靠触发器来实现，所以触发器是必不可少的。时序逻辑电路有些时候可以没有组合逻辑电路，但不能没有触发器；没有触发器，就不是时序电路。

3. 时序逻辑电路的分类

（1）按照各触发器接收时钟信号时间的不同，时序逻辑电路可以分为同步时序电路和异步时序电路两大类。在同步时序电路中，各触发器由统一的时钟信号控制，并在同一脉冲信号作用下同时发生状态变化。如果没有时钟信号，即使输入信号发生变化，它可能会影响输出，但不会改变电路的状态。在异步时序电路中，存储电路的状态变化不是同时发生的。这种电路中没有统一的时钟信号。任何输入信号的变化都可能立刻引起异步时序电路状态的变化。

（2）根据电路逻辑功能的不同，时序逻辑电路又可以划分为计数器、寄存器、脉冲发生器等。

4. 时序逻辑电路功能的描述

时序逻辑电路的功能通常需要用输出方程、驱动方程和状态方程三者来描述。为了更直观地描述其工作过程和功能，还可列出状态转换真值表、状态转换图和时序波形图。根据图 4. 1. 1，有

输出方程　$Y = F(X, Q^n)$　(4. 1. 1)

驱动方程　$Y = G(X, Q^n)$　(4. 1. 2)

状态方程　$Q^{n+1} = H(W, Q^n)$　(4. 1. 3)

4. 1. 2　同步时序逻辑电路的分析

1. 基本分析步骤

1）写方程式

（1）输出方程：时序逻辑电路的输出逻辑表达式通常为现态和输入信号的函数。根据逻

辑电路图写出输出方程。

(2) 驱动方程：各触发器输入控制端的逻辑表达式，也称为激励方程。根据给定的逻辑电路图写出驱动方程。

(3) 状态方程：将驱动方程代入相应触发器的特性方程中，便得到该触发器的状态方程，又称为次态方程，从而得到由这些状态方程组成的整个时序电路的状态方程组。

2) 列状态转换真值表

将电路现态的各种取值代入状态方程和输出方程中进行计算，求出相应的次态和输出，从而列出状态转换真值表。如现态的起始值已给定时，则从给定值开始计算。如没有给定时，则可设定一个现态起始值依次进行计算。

3) 画状态转换图和时序图

状态转换图是指电路由现态转换到次态的示意图。时序图是在时钟脉冲 CP 作用下，各触发器状态变化的波形图。

4) 逻辑功能的说明；检验电路能否自启动

根据状态转换真值表、状态转换图和时序图来说明电路的逻辑功能。所谓自启动是指当电路进入无效状态时，能自动返回有效循环中。可进一步说明电路能否自启动。

2. 分析举例

【例 4.1.1】 试分析图 4.1.2 所示电路的逻辑功能，并画出状态转换图和时序图。

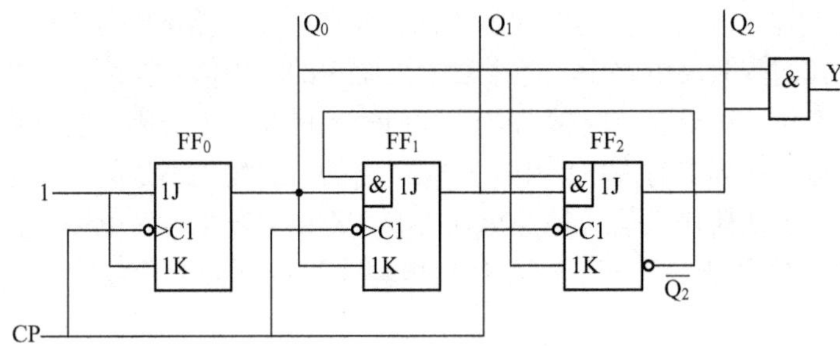

图 4.1.2 时序逻辑电路

解： 由图 4.1.2 所示电路可看出，时钟脉冲 CP 加在每个 JK 触发器的时钟脉冲输入端上。因此，它是一个同步时序逻辑电路，时钟方程可以省略不写。

(1) 写方程式。

输出方程：

$$Y = Q_2^n Q_0^n \tag{4.1.4}$$

驱动方程：

$$\begin{cases} J_0 = 1, K_0 = 1 \\ J_1 = \overline{Q_2^n} Q_0^n, K_1 = Q_0^n \\ J_2 = Q_1^n Q_0^n, K_2 = Q_0^n \end{cases} \tag{4.1.5}$$

状态方程：将驱动方程式 (4.1.5) 代入 JK 触发器的特性方程 $Q^{n+1} = J\overline{Q^n} + \overline{K}Q^n$ 可得电路的状态方程为

$$\begin{cases} Q_0^{n+1} = J_0\overline{Q_0^n} + \overline{K_0}Q_0^n = 1 \cdot \overline{Q_0^n} + \overline{1} \cdot Q_0^n = \overline{Q_0^n} \\ Q_1^{n+1} = J_1\overline{Q_1^n} + \overline{K_1}Q_1^n = \overline{Q_2^n}Q_0^n\overline{Q_1^n} + \overline{Q_0^n}Q_1^n \\ Q_2^{n+1} = J_2\overline{Q_2^n} + \overline{K_2}Q_2^n = Q_1^nQ_0^n\overline{Q_2^n} + \overline{Q_0^n}Q_2^n \end{cases} \quad (4.1.6)$$

(2) 列状态转换表。

设电路初始状态为 $Q_2^nQ_1^nQ_0^n = 000$，在连续时钟脉冲的作用下，上一时刻的次态即为下一时刻的现态，依次将其代入式（4.1.4）和式（4.1.6）中进行计算，可求得电路在各时刻的次态和输出，并将电路在主循环中没有出现的其他各种无效状态也依次代入式（4.1.4）和式（4.1.6）中，求出其相应的次态和输出，从而可得到电路的状态转换真值表，如表4.1.1所示。

表4.1.1　【例4.1.1】的状态转换真值表

CP	现态			次态			输出
	Q_2^n	Q_1^n	Q_0^n	Q_2^{n+1}	Q_1^{n+1}	Q_0^{n+1}	Y
1	0	0	0	0	0	1	0
2	0	0	1	0	1	0	0
3	0	1	0	0	1	1	0
4	0	1	1	1	0	0	0
5	1	0	0	1	0	1	0
6	1	0	1	0	0	0	1
无效状态	1	1	0	1	1	1	0
	1	1	1	0	0	0	1

(3) 画出状态转换图和时序图。

根据状态转换表4.1.1可以看出，电路从初始状态000开始，在输入第六个计数时钟脉冲CP后，返回初始状态000，同时输出端Y输出一个进位信号（取负跃变）。由000、001、010、011、100、101六个有效状态形成主循环（即为六进制）。有两个不在主循环中，可能随机出现的无效状态为110和111，但在计数时钟脉冲CP的作用下，都能够从无效状态自动返回有效状态000。由此，可画出电路的状态转换图和时序图如图4.1.3所示。

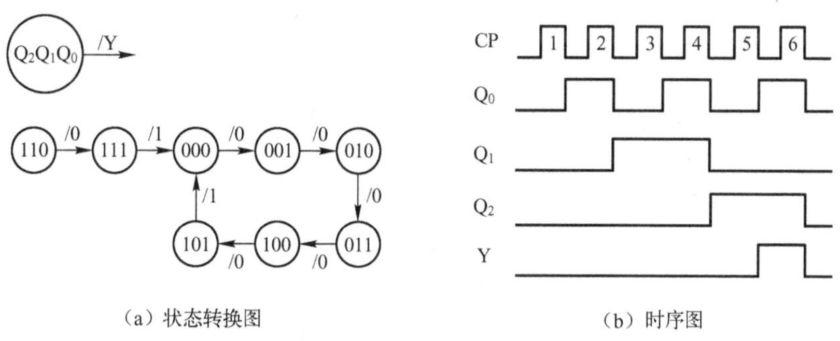

(a) 状态转换图　　(b) 时序图

图4.1.3　【例4.1.1】的状态转换图和时序图

(4) 逻辑功能说明。

根据表4.1.1所示的状态转换真值表，或图4.1.3所示的状态转换图和时序图，可以看出，图4.1.2所示电路是一个具有自启动能力的同步六进制加法计数器。

该电路又称为六分频电路。所谓分频电路是将输入的高频信号变为低频信号输出的电路。六分频是指输出信号的频率为输入信号频率的1/6。由图4.1.3（b）所示的时序图可看出，Q_2输出频率为CP信号频率的1/6。

4.1.3 异步时序逻辑电路的分析

异步时序电路的分析方法和同步时序电路的分析方法有所不同。在异步时序电路中，不同触发器的时钟脉冲不尽相同，各个触发器只在它自己的CP脉冲的相应边沿才动作，而没有时钟信号的触发器将保持原来的状态不变。因此异步时序电路的分析应写出每一级的时钟方程，具体分析过程比同步时序电路复杂。

【例4.1.2】已知异步时序电路如图4.1.4所示，试分析其功能。

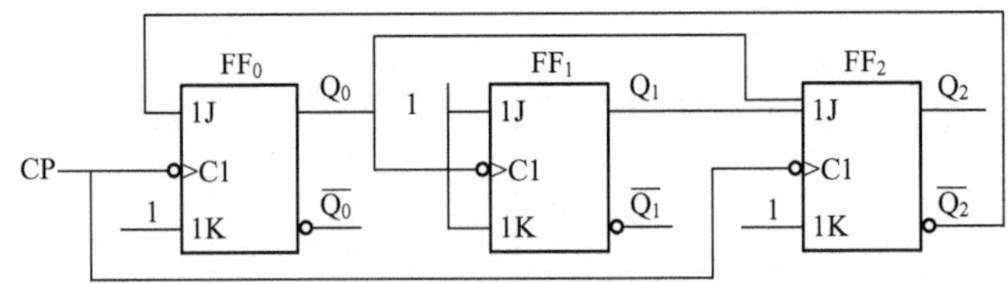

图4.1.4 【例4.1.2】的异步时序电路

解：由图4.1.4可知，第一级触发器FF_0和第三级触发器FF_2公用一个外部时钟脉冲，第二级触发器FF_1的时钟由第一级触发器FF_0的输出提供，因此电路为异步时序电路。

（1）写出各触发器的驱动方程：

$$\begin{cases} J_0 = \overline{Q}_2, K_0 = 1 \\ J_1 = 1, K_1 = 1 \\ J_2 = Q_0 Q_1, K_2 = 1 \end{cases} \tag{4.1.7}$$

写出电路的状态方程和时钟方程：

$$\begin{cases} Q_0^{n+1} = J_0\overline{Q}_0^n + \overline{K}_0 Q_0^n = \overline{Q}_2\overline{Q}_0^n + \overline{1}Q_0^n = \overline{Q}_2\overline{Q}_0^n;(CP_0 = CP\downarrow) \\ Q_1^{n+1} = J_1\overline{Q}_1^n + \overline{K}_1 Q_1^n = 1\cdot\overline{Q}_1^n + \overline{1}\cdot Q_1^n = \overline{Q}_1^n;(CP_1 = Q_0\downarrow) \\ Q_2^{n+1} = J_2\overline{Q}_2^n + \overline{K}_2 Q_2^n = Q_0Q_1\overline{Q}_2^n + \overline{1}Q_2^n = Q_0Q_1\overline{Q}_2^n;(CP_2 = CP\downarrow) \end{cases} \tag{4.1.8}$$

式（4.1.8）中符号“↓”表示脉冲下降沿，状态方程仅在对应的时钟脉冲下降沿才成立，其余时刻触发器均处于保持状态。

（2）列出状态转换真值表。

设电路初始状态为$Q_2^nQ_1^nQ_0^n = 000$，代入式（4.1.8）中Q_0和Q_2的次态方程，可得在CP作用下，$Q_0^{n+1}=1$，$Q_2^{n+1}=0$，此时Q_0由0→1，产生一个脉冲上升沿，用符号“↑”表示。而$CP_1 = Q_0\downarrow$，因此Q_1处于保持状态，即$Q_1^{n+1}=Q_1^n=0$。所以，电路次态为$Q_2^{n+1}Q_1^{n+1}Q_0^{n+1} = 001$。

当电路现态为001时，代入式（4.1.8）中Q_0和Q_2的次态方程，可得在CP作用下，$Q_0^{n+1}=0$，$Q_2^{n+1}=0$，此时Q_0由1→0产生一个下降沿↓，使Q_1状态翻转，即Q_1由0→1。所以，电路次态为 010。

依次类推，列出电路状态转换真值表如表 4.1.2 所示。

表 4.1.2 【例 4.1.2】的状态转换真值表

现态			时钟脉冲			次态		
Q_2	Q_1	Q_0	$CP_2=CP\downarrow$	$CP_1=Q_0\downarrow$	$CP_0=CP\downarrow$	Q_2^{n+1}	Q_1^{n+1}	Q_0^{n+1}
0	0	0	↓	↑	↓	0	0	1
0	0	1	↓	↓	↓	0	1	0
0	1	0	↓	↑	↓	0	1	1
0	1	1	↓	↓	↓	1	0	0
1	0	0	↓	0	↓	0	0	0
1	0	1	↓	↓	↓	0	1	0
1	1	0	↓	0	↓	0	1	0
1	1	1	↓	↓	↓	0	0	0

（3）画出状态转换图和时序图。

根据状态转换真值表画出状态转换图如图 4.1.5（a）所示，时序图如图 4.1.5（b）所示。

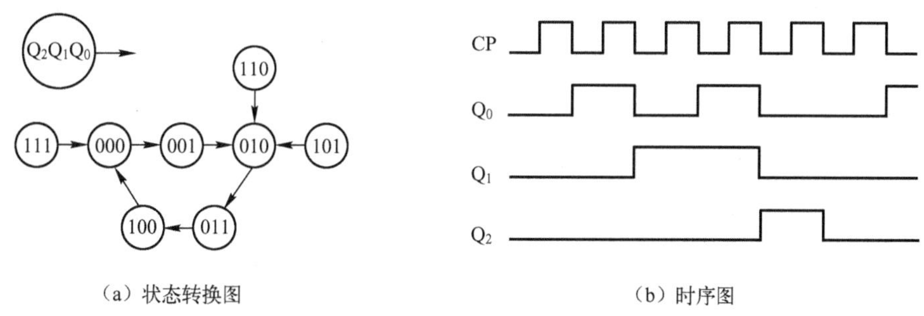

（a）状态转换图　　（b）时序图

图 4.1.5 【例 4.1.2】的状态转换图和时序图

（4）电路功能说明。

该电路是异步 3 位五进制加法计数器，且具有自启动能力。

任务 4.2　学习计数器

4.2.1　计数器概述

1. 计数器的概念

计数器（Counter）是一种对输入脉冲进行计数的时序逻辑电路。计数器不仅可以计数，还可以实现分频、定时、产生脉冲和执行数字运算等功能，是数字系统中广泛使用的主要部件。

计数器的主要电路单元是边沿触发器，计数器累计输入脉冲的最大数目称为计数器的模，用 M 表示。如 $M=10$ 计数器，又称为十进制计数器。所以，计数器的模实际上就是计数器的有效循环状态数，又称为计数容量或计数长度。

2. 计数器的分类

计数器的种类很多，特点各异，可以按照多种方式进行分类。

如果按计数器的计数长度分类，可以分为二进制计数器、十进制计数器和任意进制计数器。当输入计数脉冲到来时，按二进制数规律进行计数的电路称为二进制计数器；十进制计数器是按十进制数规律进行计数的电路；除了二进制和十进制计数器之外的其他进制的计数器都称为任意进制计数器。

如果按计数器中的触发器是否同步翻转，可以把计数器分为异步计数器和同步计数器。在异步计数器中，各个触发器的计数脉冲不同，即电路中没有统一的计数脉冲来控制电路状态的变化，电路状态改变时，电路中要更新状态的触发器的翻转有先有后，是异步进行的。在同步计数器中，各个触发器的计数脉冲相同，即电路中有一个统一的计数脉冲。显然，同步计数器的计数速度要比异步计数器快得多。

如果按计数增减趋势分类，还可以把计数器分为加法计数器、减法计数器和可逆计数器。当输入计数脉冲到来时，按递增规律进行计数的电路称为加法计数器；按递减规律进行计数的电路称为减法计数器。在加减信号控制下，既可以递增计数又可以递减计数的称为可逆计数器。

4.2.2 常用 MSI 集成计数器介绍

集成计数器具有功能较完善、通用性强、功耗低、工作速率高且可以自扩展等优点，因而得到广泛应用。常用的中规模集成计数器芯片包括 TTL 和 CMOS 两大系列。TTL 型 74 系列有 74LS160/161、74LS162/163、74LS190/191、74LS192/193、74LS290 等；CMOS 系列有 CD4510、CD4516、CD4518、CD4520 等。

表 4.2.1 列出了部分常用 74 系列 MSI 计数器的主要功能。

表 4.2.1 部分常用 74 系列 MSI 计数器的主要功能

<table>
<tr><th>型号</th><th>同步/异步</th><th>加/减</th><th>进制</th><th>触发</th><th>清零</th><th>置数</th><th>说明</th></tr>
<tr><td>74LS160</td><td rowspan="8">同步</td><td rowspan="4">加</td><td rowspan="2">10</td><td rowspan="8">上升沿</td><td>异步$\overline{CR}=0$</td><td rowspan="4">同步$\overline{LD}=0$</td><td rowspan="2">$CO=Q_3Q_0$</td></tr>
<tr><td>74LS162</td><td>同步$\overline{CR}=0$</td></tr>
<tr><td>74LS161</td><td rowspan="2">16</td><td>异步$\overline{CR}=0$</td><td rowspan="2">$CO=Q_3Q_2Q_1Q_0$</td></tr>
<tr><td>74LS163</td><td>同步$\overline{CR}=0$</td></tr>
<tr><td>74LS190</td><td rowspan="4">可逆</td><td>10</td><td rowspan="2">—</td><td rowspan="4">异步$\overline{LD}=0$</td><td rowspan="2">加：$\overline{U}/D=0$
减：$\overline{U}/D=1$</td></tr>
<tr><td>74LS191</td><td>16</td></tr>
<tr><td>74LS192</td><td>10</td><td rowspan="2">异步 CR=1</td><td rowspan="2">加时钟：CP_U
减时钟：CP_D</td></tr>
<tr><td>74LS193</td><td>16</td></tr>
<tr><td>74LS290</td><td rowspan="2">异步</td><td rowspan="2">加</td><td>2×5</td><td rowspan="2">下降沿</td><td rowspan="2">异步清零双高电平有效</td><td rowspan="2">异步置 9 双高电平有效</td><td rowspan="2">双时钟：CP_0、CP_1</td></tr>
<tr><td>74LS293</td><td>2×8</td></tr>
</table>

下面具体介绍几种典型的集成计数器的逻辑功能。

1. 74 系列同步计数器 74LS161/163 和 74LS160/162

74LS161/163、74LS160/162 是一组在上升沿时钟脉冲作用下进行加法计数的同步计数器，具有计数、保持、清零、置数功能，它们的引脚排列完全相同，如图 4.2.1（a）所示。图 4.2.1（b）是它们的逻辑功能示意图。

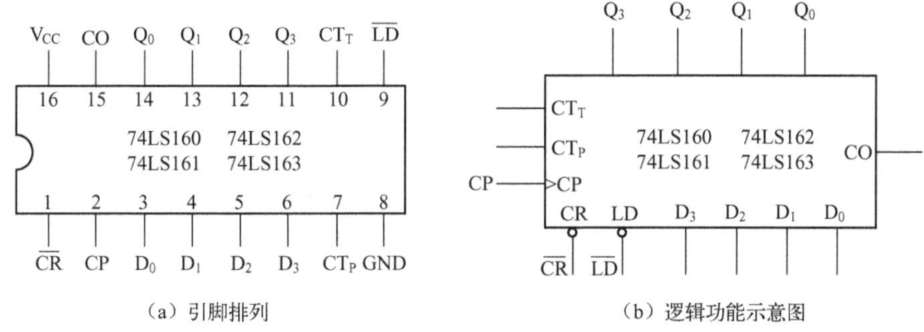

（a）引脚排列　　（b）逻辑功能示意图

图 4.2.1　74LS161/163、74LS160/162 的引脚排列和逻辑功能示意图

（1）74LS161 是 4 位同步二进制（模 $16=2^4$）加法计数器。图 4.2.1 中 $\overline{CR}$ 是异步清零端，$\overline{LD}$ 是同步置数端，CT_P 和 CT_T 是工作状态控制端，CP 是计数脉冲输入端，D_0～D_3 是并行输入数据端，Q_0～Q_3 是计数状态输出端，CO 是进位信号输出端。同步二进制加法计数器 74LS161 的逻辑表如表 4.2.2 所示。

表 4.2.2　同步二进制加法计数器 74LS161 的功能表

输入									输出					功能说明
$\overline{CR}$	$\overline{LD}$	CT_P	CT_T	CP	D_3	D_2	D_1	D_0	Q_3	Q_2	Q_1	Q_0	CO	
0	×	×	×	×	×	×	×	×	0	0	0	0	0	异步清零
1	0	×	×	↑	d_3	d_2	d_1	d_0	d_3	d_2	d_1	d_0		同步置数 $CO=CT_TQ_3Q_2Q_1Q_0$
1	1	1	1	↑	×	×	×	×	计数					$CO=Q_3Q_2Q_1Q_0$
1	1	0	×	×	×	×	×	×	保持					$CO=CT_TQ_3Q_2Q_1Q_0$
1	1	×	0	×	×	×	×	×	保持				0	

从表 4.2.2 可以看出：

CP 为计数脉冲输入端，上升沿有效。

$\overline{CR}$ 为异步清零端，低电平有效，只要 $\overline{CR}=0$，立即有 $Q_3Q_2Q_1Q_0=0000$，与 CP 无关。

$\overline{LD}$ 是同步置数端，低电平有效，在 $\overline{CR}=1$，$\overline{LD}=0$，CP 上升沿到来时，并行输入数据 d_0～d_3 进入计数器，使 $Q_3Q_2Q_1Q_0=d_3d_2d_1d_0$。

CT_P 和 CT_T 是工作状态控制端，高电平有效。当 $\overline{CR}=\overline{LD}=1$ 时，若 $CT_P \cdot CT_T=1$，在 CP 作用下计数器进行加法计数，若 $CT_P \cdot CT_T=0$，则计数器处于保持状态。CT_P 和 CT_T 的区别是 CT_T 影响进位输出 CO，而 CT_P 不影响进位输出 CO。

（2）74LS163 也是 4 位同步二进制（模 $16=2^4$）加法计数器，其逻辑功能如表 4.2.3 所示。比较表 4.2.3 和表 4.2.2 可以看出，74LS163 和 74LS161 两者的区别是：74LS163 采用同步清零，即首先使$\overline{CR}=0$，然后在时钟脉冲 CP 上升沿作用下计数器才被置 0，而 74LS161 则采用异步清零，它们的其他所有逻辑功能完全相同。

表 4.2.3　同步二进制加法计数器 74LS163 的功能表

输入									输出					功能说明
$\overline{CR}$	$\overline{LD}$	CT_P	CT_T	CP	D_3	D_2	D_1	D_0	Q_3	Q_2	Q_1	Q_0	CO	
0	×	×	×	↑	×	×	×	×	0	0	0	0	0	同步清零
1	0	×	×	↑	d_3	d_2	d_1	d_0	d_3	d_2	d_1	d_0		同步置数 $CO=CT_TQ_3Q_2Q_1Q_0$
1	1	1	1	↑	×	×	×	×	计数					$CO=Q_3Q_2Q_1Q_0$
1	1	0	×	×	×	×	×	×	保持					$CO=CT_TQ_3Q_2Q_1Q_0$
1	1	×	0	×	×	×	×	×	保持				0	

(3) 74LS160 是 4 位同步十进制加法计数器，其逻辑功能如表 4.2.4 所示。比较表 4.2.4 和表 4.2.2 可以看出，74LS160 和 74LS161 两者的区别是：74LS160 是十进制计数器，在输入第 9 个计数脉冲 CP 时，进位输出 CO 由 0 变为 1 状态，即 CO = 1，在输入第 10 个计数脉冲 CP 时，CO 端由高电平 1 负跃变到低电平 0，输出进位信号，实现了十进制计数；74LS161 是自然十六进制计数器，在输入第 15 个计数脉冲 CP 时，进位输出 CO 由 0 变为 1 状态，即 CO = 1，在输入第 16 个计数脉冲 CP 时，CO 端由高电平 1 负跃变到低电平 0，输出进位信号，实现了十六进制计数。74LS160 和 74LS161 的引脚排列、CP 触发方式、清零方式、置数方式完全相同。

表 4.2.4　同步十进制加法计数器 74LS160 的功能表

输入									输出					功能说明
$\overline{CR}$	$\overline{LD}$	CT_P	CT_T	CP	D_3	D_2	D_1	D_0	Q_3	Q_2	Q_1	Q_0	CO	
0	×	×	×	×	×	×	×	×	0	0	0	0	0	异步清零
1	0	×	×	↑	d_3	d_2	d_1	d_0	d_3	d_2	d_1	d_0		同步置数 $CO=CT_TQ_3Q_0$
1	1	1	1	↑	×	×	×	×	计数					$CO=Q_3Q_0$
1	1	0	×	×	×	×	×	×	保持					$CO=CT_TQ_3Q_0$
1	1	×	0	×	×	×	×	×	保持				0	

(4) 74LS162 也是 4 位同步十进制加法计数器，其逻辑功能如表 4.2.5 所示。比较表 4.2.5 和表 4.2.4 可以看出，74LS162 和 74LS160 两者的区别是：74LS162 采用同步清零，而 74LS160 则采用异步清零，它们的其他所有逻辑功能完全相同。

表 4.2.5　同步十进制加法计数器 74LS162 的功能表

输入									输出					功能说明
$\overline{CR}$	$\overline{LD}$	CT_P	CT_T	CP	D_3	D_2	D_1	D_0	Q_3	Q_2	Q_1	Q_0	CO	
0	×	×	×	↑	×	×	×	×	0	0	0	0	0	同步清零
1	0	×	×	↑	d_3	d_2	d_1	d_0	d_3	d_2	d_1	d_0		同步置数 $CO=CT_TQ_3Q_0$

续表

输入									输出					功能说明
$\overline{CR}$	$\overline{LD}$	CT_P	CT_T	CP	D_3	D_2	D_1	D_0	Q_3	Q_2	Q_1	Q_0	CO	
1	1	1	1	↑	×	×	×	×	计数					$CO = Q_3 Q_0$
1	1	0	×	×	×	×	×	×	保持					$CO = CT_T Q_3 Q_0$
1	1	×	0	×	×	×	×	×	保持				0	

2. 74 系列同步可逆计数器 74LS192/74LS193

74LS192 是双时钟同步十进制加减可逆型计数器，74LS193 是双时钟同步二进制加减可逆型计数器，两者的输入/输出端口、引脚排列完全相同，其引脚排列和逻辑功能示意图如图 4. 2. 2 所示。

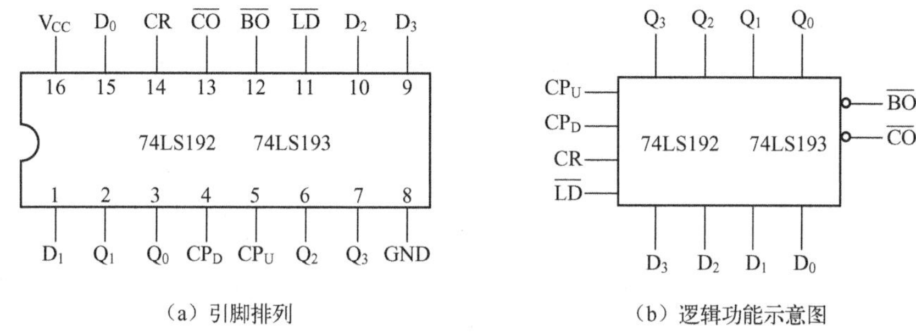

图 4. 2. 2　74LS192/74LS193 的引脚排列和逻辑功能示意图

图 4. 2. 2 中，CR 是异步清零端，高电平有效；$\overline{LD}$是异步并行置数端，低电平有效；D_0 ～ D_3是并行输入数据端；CP_U为加计数时钟输入端；CP_D为减计数时钟输入端；Q_0～ Q_3是计数状态输出端；$\overline{CO}$是进位信号输出端；$\overline{BO}$是借位信号输出端。74LS192/74LS193 的逻辑功能如表 4. 2. 6 所示。

表 4. 2. 6　74LS192/74LS193 的逻辑功能表

输入								输出				功能说明
CR	$\overline{LD}$	CP_U	CP_D	D_3	D_2	D_1	D_0	Q_3	Q_2	Q_1	Q_0	
1	×	×	×	×	×	×	×	0	0	0	0	异步清零
0	0	×	×	d_3	d_2	d_1	d_0	d_3	d_2	d_1	d_0	异步置数
0	1	↑	1	×	×	×	×	加计数				$\overline{CO} = \overline{\overline{CP_U} Q_3 Q_0}$ $\overline{CO} = \overline{\overline{CP_U} Q_3 Q_2 Q_1 Q_0}$
0	1	1	↑	×	×	×	×	减计数				$\overline{BO} = \overline{\overline{CP_D}\,\overline{Q_3}\,\overline{Q_2}\,\overline{Q_1}\,\overline{Q_0}}$
0	1	1	1	×	×	×	×	保持				$\overline{BO} = \overline{CO} = 1$

3. 74 系列异步二—五—十进制计数器 74LS290

74LS290 是异步二—五—十进制计数器，它包含两个独立的下降沿触发的计数器，即模

2（二进制）和模5（五进制）计数器。它的电路结构和逻辑功能示意图如图4.2.3所示。图4.2.3中，R_{0A}和R_{0B}为异步清零端，S_{9A}和S_{9B}为异步置9端，CP_0、CP_1为计数时钟输入端，Q_3、Q_2、Q_1、Q_0为输出端。

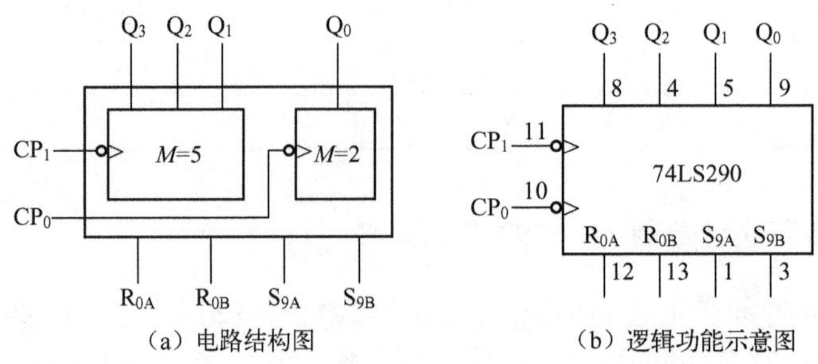

图4.2.3 异步计数器74LS290的和逻辑功能示意图

表4.2.7为74LS290的功能表。74LS290具有以下功能。

（1）异步置0功能：当S_{9A}和S_{9B}不全为1（即$S_{9A}\cdot S_{9B}=0$），并且R_{0A}和R_{0B}全为1（即$R_{0A}\cdot R_{0B}=1$）时，不论其他输入端状态如何，与时钟脉冲无关，计数器输出$Q_3Q_2Q_1Q_0=0000$，又称为异步清零功能或复位功能。

（2）异步置9功能：当R_{0A}和R_{0B}不全为1（即$R_{0A}\cdot R_{0B}=0$），并且S_{9A}和S_{9B}全为1（即$S_{9A}\cdot S_{9B}=1$）时，不论其他输入端状态如何，与时钟脉冲无关，计数器输出$Q_3Q_2Q_1Q_0=1001$，而$(1001)_2=(9)_{10}$，故称为异步置9功能，或异步置数功能。

（3）计数功能：当R_{0A}和R_{0B}不全为1（即$R_{0A}\cdot R_{0B}=0$），并且S_{9A}和S_{9B}不全为1（即$S_{9A}\cdot S_{9B}=0$）时，74LS290处于计数工作状态，在计数时钟脉冲CP下降沿作用下开始计数。有以下四种情况。

① 计数脉冲由CP_0端输入，从Q_0输出时，则构成1位二进制计数器。

② 计数脉冲由CP_1端输入，输出为$Q_3Q_2Q_1$时，则构成异步五进制计数器。

③ 若将Q_0和CP_1相连，计数脉冲由CP_0端输入，输出为$Q_3Q_2Q_1Q_0$时，则构成8421BCD码异步十进制加法计数器。

④ 若将Q_3和CP_0相连，计数脉冲由CP_1端输入，从高位到低位的输出为$Q_0Q_3Q_2Q_1$时，则构成5421BCD码异步十进制加法计数器。

表4.2.7 异步计数器74LS290的功能表

输入						输出				说明
R_{0A}	R_{0B}	R_{9A}	R_{9B}	CP_0	CP_1	Q_3	Q_2	Q_1	Q_0	
1	1	0	×	×	×	0	0	0	0	异步清零
1	1	×	0	×	×	0	0	0	0	异步清零
0	×	1	1	×	×	1	0	0	1	异步置9
×	0	1	1	×	×	1	0	0	1	异步置9
$R_{0A}\cdot R_{0B}=0$		$S_{9A}\cdot S_{9B}=0$		CP↓	0	二进制计数				
				0	CP↓	五进制计数				
				CP↓	Q_0	8421码十进制计数				Q_0和CP_1相连
				Q_3	CP↓	5421码十进制计数				Q_3和CP_0相连

4. CMOS 系列同步加/减计数器 CD4510/4516

CD4510/4516 为 4 位十进制/二进制可逆计数器（加/减计数器），该器件由 4 位具有同步时钟的 D 触发器构成。具有可预置数、加/减计数和多片级联使用等功能。CD4510/4516 的引脚排列和逻辑功能示意图如图 4.2.4 所示。

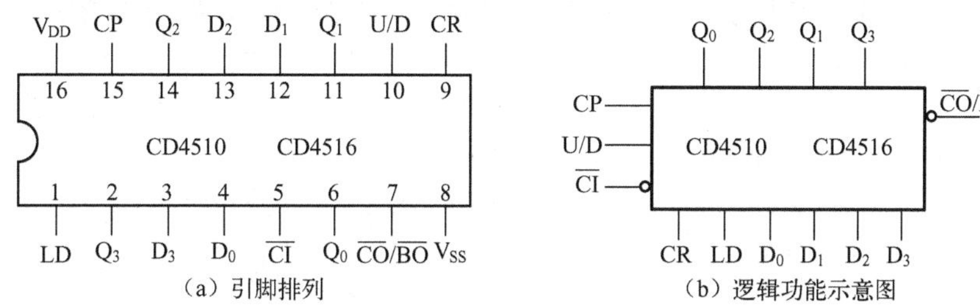

图 4.2.4 CD4510/4516 的引脚排列和逻辑功能示意图

CD4510/4516 具有异步复位端 CR、异步置数控制端 LD、并行数据输入端 D0 ～ D3、加减计数控制端 U/D、时钟脉冲端 CP 和计数使能端$\overline{CI}$。除了 4 个 Q 输出外，还有一个进位/借位输出$\overline{CO}/\overline{BO}$。

当 CR 为高电平 1 时，计数器直接清零。

当 CR 为低电平 0，LD 为高电平 1 时，D0 ～ D3 上的数据直接置入计数器中。

$\overline{CI}$端控制计数器的操作，$\overline{CI}=0$ 时，允许计数。此时，若 U/D 为高电平 1，在 CP 时钟上升沿，计数器加 1 计数；若 U/D 为低电平 0，在 CP 时钟上升沿，计数器减 1 计数。

CD4510/4516 的功能表如表 4.2.8 所示。

表 4.2.8 CD4510/4516 的功能表

输入					输出
CR	LD	$\overline{CI}$	CP	U/D	
1	×	×	×	×	异步清零
0	1	×	×	×	异步置数
0	0	0	↑	1	加计数
0	0	0	↑	0	减计数
0	0	1	×	×	保持

4.2.3 任意进制计数器的实现

市场上的集成计数器芯片主要是 4 位二进制计数器和十进制计数器，在实际应用中经常需要利用现有的常用 MSI 集成计数器外加适当的辅助控制电路构成任意进制计数器。用模 M 集成计数器构成 N 进制计数器时，如果 $N<M$，则只要一片模 M 集成计数器；如果 $N>M$，则使用多片模 M 集成计数器。而在具体实现方法上，通常有反馈清零法、反馈置数法、级联法等。

1. 反馈清零法

利用计数器的清零功能获得任意进制计数器。按计数器的清零方式分为两种：异步清零和同步清零。

1）异步清零法

异步清零法适用于具有异步清零端的集成计数器。由于异步清零与时钟脉冲 CP 没有关系，只要异步清零端出现有效清零信号，计数器输出状态立即被清零，因此，在输入第 N 个计数脉冲 CP 后，通过辅助控制电路产生一个清零信号加到异步清零端上，使计数器回到初始的 0 状态，则可获得 N 进制计数器，一般方法如下。

用 S_1，S_2，…，S_N表示输入 1，2，…，N 个计数脉冲 CP 时计数器的状态。

（1）写出加反馈清零信号时所对应的计数器状态，即 N 进制计数器状态 S_N的二进制代码。

（2）写出反馈归零函数，即根据 S_N写出异步清零端的逻辑表达式。

（3）画逻辑连线图。主要根据反馈归零函数画连线图，并对各个输入端做必要处理。

【例 4.2.1】 试用同步十进制计数器 74LS160 的异步清零功能构成七进制计数器。

解：（1）写出七进制计数器状态 S_7的二进制代码：$S_7=0111$。

（2）写出反馈归零函数：$\overline{CR}=\overline{Q_2Q_1Q_0}$。

（3）画逻辑连线图。根据异步清零端$\overline{CR}$的逻辑表达式画连线图，如图 4.2.5（a）所示。并行数据输入端$D_3D_2D_1D_0$可接任意数据。

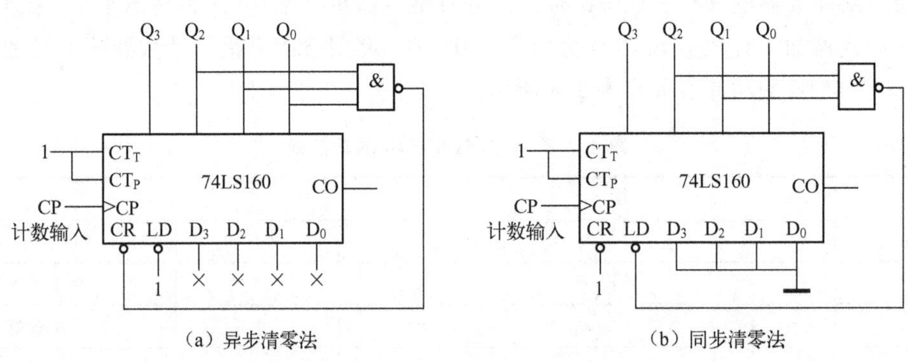

（a）异步清零法　　（b）同步清零法

图 4.2.5　用 74LS160 构成七进制计数器的两种方法

2）同步清零法

异步清零法适用于具有同步清零端的集成计数器。与异步清零不同，同步清零端获得有效清零信号后，计数器并不能立即被清零，只是为清零做好了准备，还要再输入一个计数脉冲 CP 后，计数器才能被清零。所以，利用同步清零端获得 N 进制计数器时，应在输入第 $N-1$ 个计数脉冲 CP 后，通过辅助控制电路使同步清零端获得清零信号，这样，在输入第 N 个计数脉冲 CP 时，计数器才被清零，回到初始的 0 状态，从而实现 N 进制计数器，一般方法如下。

用 S_1，S_2，…，S_N表示输入 1，2，…，N 个计数脉冲 CP 时计数器的状态。

（1）写出加反馈清零信号时所对应的计数器状态，即 N 进制计数器状态 S_{N-1}的二进制代码。

(2) 写出反馈归零函数，即根据 S_{N-1} 写出同步清零端的逻辑表达式。

(3) 画逻辑连线图。主要根据反馈归零函数画连线图，并对各个输入端做必要处理。

【例 4.2.2】 试用同步二进制计数器 74LS163 的同步清零功能构成十二进制计数器。

解： (1) 写出十二进制计数器状态 S_{11} 的二进制代码：$S_{11}=1011$。

(2) 写出反馈归零函数：$\overline{CR}=\overline{Q_3Q_1Q_0}$。

(3) 画逻辑连线图。根据同步清零端 $\overline{CR}$ 的逻辑表达式画连线图，如图 4.2.6 (a) 所示。并行数据输入端 $D_3D_2D_1D_0$ 可接任意数据。

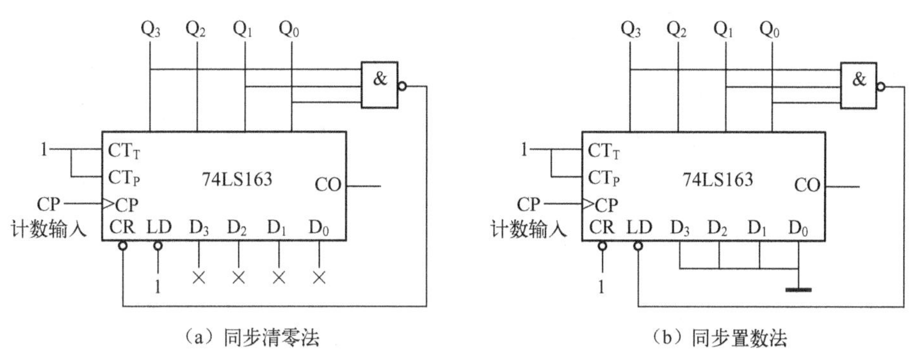

(a) 同步清零法　　(b) 同步置数法

图 4.2.6　用 74LS163 构成十二进制计数器的两种方法

2. 反馈置数法

利用计数器的置数功能也可获得任意进制计数器。这时，应在计数器的并行数据输入端 $D_3D_2D_1D_0$ 预先置入计数起始数据。计数起始可以是零，也可以非零，因此应用更灵活。按计数器的置数方式分为两种：异步置数和同步置数。

1) 异步置数法

异步置数法适用于具有异步置数端的集成计数器。和异步清零一样，异步置数与时钟脉冲 CP 没有关系，只要异步置数端出现有效置数信号，并行数据输入端 $D_3D_2D_1D_0$ 的数据便立即被置入计数器的输出端。因此，在计数器的并行数据输入端 $D_3D_2D_1D_0$ 预置入计数起始数据，在输入第 N 个计数脉冲 CP 后，通过辅助控制电路产生一个置数信号加到异步置数端上，使计数器回到起始状态，则可获得 N 进制计数器，一般方法如下。

确定 N 进制计数器的 N 个有效循环状态。用 S_1，S_2，…，S_N 表示输入 1，2，…，N 个计数脉冲 CP 时计数器的状态。

(1) 写出加反馈置数信号时所对应的计数器状态，即 N 进制计数器状态 S_N 的二进制代码。

(2) 写出反馈置数函数，即根据 S_N 写出异步置数端的逻辑表达式。

(3) 画逻辑连线图。主要根据反馈置数函数画连线图，并对各个输入端做必要处理。

【例 4.2.3】 试用同步十六进制计数器 74LS193 的异步置数功能分别构成十二进制加法计数器和十二进制减法计数器。

解： (1) 构成十二进制加法计数器。

设十二进制加法计数器的有效循环状态为：0000，0001，…，1011。起始状态为 0000，当输入第 12 个计数脉冲 CP 时，计数器应返回起始状态 0000。

① 写出十二进制计数器状态 S_{12} 的二进制代码：$S_{12}=1100$。

② 写出反馈置数函数：$\overline{LD}=\overline{Q_3Q_2}$。

③ 画逻辑连线图。由于是加法计数，故取 $CP_D=1$，CP 从 CP_U 输入。CR = 0，$D_3D_2D_1D_0=0000$。根据异步置数端 $\overline{LD}$ 的逻辑表达式画连线图，如图 4.2.7（a）所示。

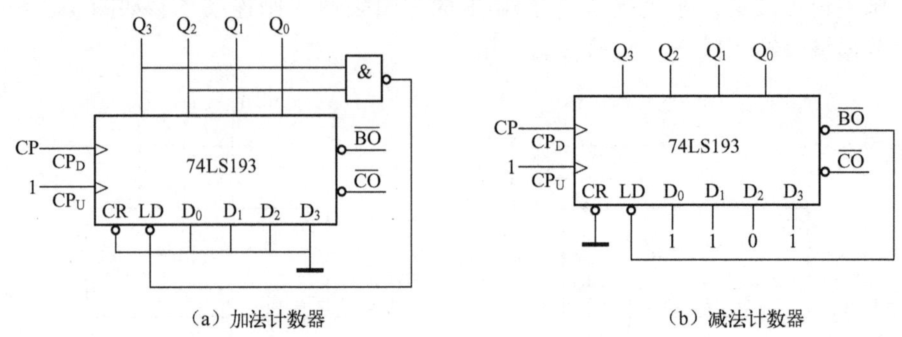

图 4.2.7　用 74LS193 构成十二进制加/减计数器

（2）构成十二进制减法计数器。

取十二进制减法计数器的有效循环状态如图 4.2.8 所示。

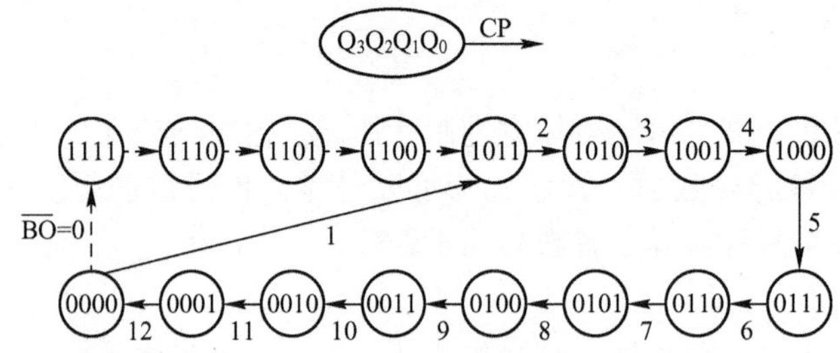

图 4.2.8　十二进制减法计数器的状态图

初始状态为 0000，当输入第 1 个计数脉冲 CP 时，开始减法计数，计数器应输出 1011，即 $(11)_{10}$…；当输入第 12 个计数脉冲 CP 时，返回初始状态 0000。在下一个计数脉冲 CP 到来时，计数器原本输出 1111，这时应产生反馈置数信号加到异步置数端，将输入数据 1011 立即置入计数器中，这样就可以跳过 1111、1110、1101、1100 这 4 个状态，实现 12 个有效循环状态 1011、1010，…，0000 递减计数。

因 $\overline{BO}=\overline{\overline{CP_D}\,\overline{Q_3}\,\overline{Q_2}\,\overline{Q_1}\,\overline{Q_0}}$，在计数器返回初始状态 0000 后的计数脉冲 CP 低电平 0 期间，$\overline{BO}$ 将出现短暂的低电平，因此可设置反馈置数函数 $\overline{LD}=\overline{BO}$ 即可。

由于是减法计数，故取 $CP_U=1$，CP 从 CP_D 输入。CR = 0，预置数 $D_3D_2D_1D_0=1011$，画连线图，如图 4.2.7（b）所示。

2）同步置数法

异步置数法适用于具有同步置数端的集成计数器。与异步置数不同的是，利用同步置数

端获得 N 进制计数器时，应在输入第 $N-1$ 个计数脉冲 CP 后，通过辅助控制电路使同步置数端获得置数信号，这样，在输入第 N 个计数脉冲 CP 时，计数器的并行数据输入端 $D_3D_2D_1D_0$ 的预置数据被置入计数器输出端，计数器回到起始状态，从而实现 N 进制计数器，一般方法如下。

确定 N 进制计数器的 N 个有效循环状态。用 S_1，S_2，…，S_N 表示输入 1，2，…，N 个计数脉冲 CP 时计数器的状态。

（1）写出加反馈置数信号时所对应的计数器状态，即 N 进制计数器状态 S_{N-1} 的二进制代码。

（2）写出反馈置数函数，即根据 S_{N-1} 写出同步置数端的逻辑表达式。

（3）画逻辑连线图。主要根据反馈置数函数画连线图，并对各个输入端做必要处理。

【例 4.2.4】 试用同步十进制计数器 74LS160 的同步置数功能构成七进制计数器。

解： 设七进制计数器的有效循环状态为：0000，0001，…，0110。起始状态为 0000，当输入第 7 个计数脉冲 CP 时，计数器应返回起始状态 0000。

（1）写出七进制计数器状态 S_6 的二进制代码：$S_6=0110$。

（2）写出反馈置数函数：$\overline{LD}=\overline{Q_2Q_1}$。

（3）画逻辑连线图。根据同步置数端 $\overline{LD}$ 的逻辑表达式画连线图，如图 4.2.5（b）所示。并行数据输入端 $D_3D_2D_1D_0$ 要接预置数据 0000。

【例 4.2.5】 试用同步二进制计数器 74LS163 的同步置数功能构成十二进制计数器。

解： 设十二进制计数器的有效循环状态为：0000，0001，…，1011。起始状态为 0000，当输入第 12 个计数脉冲 CP 时，计数器应返回起始状态 0000。

（1）写出十二进制计数器状态 S_{11} 的二进制代码：$S_{11}=1011$。

（2）写出反馈置数函数：$\overline{LD}=\overline{Q_3Q_1Q_0}$。

（3）画逻辑连线图。根据同步置数端 $\overline{LD}$ 的逻辑表达式画连线图，如图 4.2.6（b）所示。并行数据输入端 $D_3D_2D_1D_0$ 要接预置数据 0000。

【例 4.2.6】 试用异步二—五—十进制计数器 74LS290 构成七进制计数器。

解： 74LS290 具有异步置 0 功能：当 $S_{9A}\cdot S_{9B}=0$，$R_{0A}\cdot R_{0B}=1$ 时，计数器清零，输出 $Q_3Q_2Q_1Q_0=0000$。

（1）写出七进制计数器状态 S_7 的二进制代码：$S_7=0111$。

（2）写出反馈归零函数。由于 74LS290 清零要求异步清零端 R_{0A} 和 R_{0B} 同时为高电平 1，因此，反馈归零函数为 $R_0=R_{0A}\cdot R_{0B}=Q_2Q_1Q_0$，要用与门来实现。

（3）画逻辑连线图。由于计数容量为 7，大于 5，应将 Q_0 和 CP_1 相连，计数脉冲 CP 从 CP_0 输入；S_{9A} 和 S_{9B} 接 0；Q_2、Q_1、Q_0 三个输出端通过三输入与门综合，送到 R_{0A} 和 R_{0B}，连线图如图 4.2.9（a）所示。从逻辑上看，也可以将 Q_2、Q_1、Q_0 输出端的其中一端连接到 R_{0A}，另两端通过二输入与门综合，送到 R_{0B}，连线图如图 4.2.9（b）所示，但是，由于 R_{0B} 的信号经过了与门的传输延迟，R_{0A} 的信号将先到达，各触发器的复位可能先后不一致，先复位的触发器状态将使清零信号立即消失，而使其他触发器来不及复位，导致电路出错。所以图 4.2.9（b）的连接方法并不可靠。

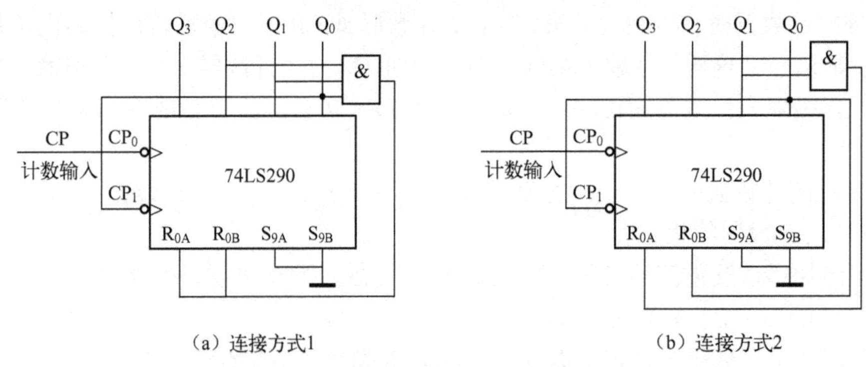

（a）连接方式1　　（b）连接方式2

图 4.2.9　用 74LS290 构成七进制计数器

3. 级联法

用模 M 集成计数器构成 N 进制计数器时，当 $N>M$ 时，要使用多片模 M 集成计数器进行级联。计数器级联就是将两个或两个以上集成计数器串联起来，以获得计数容量更大的计数器。例如，两片模分别为 N_1、N_2的计数器级联后，可实现最大模值为 $N_1 \cdot N_2$的计数器。集成计数器的级联通常用低位片的进位/借位输出端和高位片的使能端或时钟脉冲端相连来实现。根据集成计数器的时钟脉冲触发方式不同，计数器的级联方式也有两种：异步级联和同步级联。

1）异步级联

用两片异步二—五—十进制计数器 74LS290 级联组成 8 位 8421BCD 码一百进制计数器，电路如图 4.2.10 所示。图 4.2.10 中的两片 74LS290 都将接成 8421BCD 码十进制计数器（Q_0接到 CP_1），然后将低位片的 Q_3作为进位信号，与高位片的 CP_0相连接。这样，在输入计数脉冲 CP 时，低位片进行十进制加法计数，在计数到 9 时，低位片输出 1001，在输入第 10 个计数脉冲 CP 时，低位片的计数值由 1001 回到 0000，Q_3由 1 变为 0，发出一个进位脉冲下降沿给高位片的 CP_0端，高位片进行计数，输出 0001。显然，每当低位片的计数值由 1001 回到 0000 时，Q_3就会发出一个进位信号，使高位片进行加 1 计数，从而构成了一百进制计数器。

【例 4.2.7】 试用两片异步二—五—十进制 74LS290 构成二十四进制计数器。

解： 74LS290 具有异步置 0 功能：当 $S_{9A} \cdot S_{9B}=0$，$R_{0A} \cdot R_{0B}=1$ 时，计数器清零。

（1）写出二十四进制计数器状态 S_{24}十位和个位的二进制代码：$S_7=0010,0100$。

（2）写出反馈归零函数。设十位计数器输出为 $Q_3'Q_2'Q_1'Q_0'$，个位为 $Q_3Q_2Q_1Q_0$，则反馈归零函数为 $R_0=R_{0A} \cdot R_{0B}=Q_1'Q_2$。

（3）画逻辑连线图。两片 74LS290 进行级联，用两个与非门组成与门作辅助控制电路。电路如图 4.2.10 所示。

2）同步级联

如图 4.2.11 所示为两片 4 位同步十进制计数器 74LS160 级联组成 8 位一百进制计数器。两片计数器公用外部时钟脉冲 CP，同步工作。可以看出，低位片在计到 9 以前，其进位输出 $CO=Q_3Q_0=0$，高位片 $CT_T=0$，保持原状态不变。当低位片计到 9 时，其输出 $CO=1$，即高位片的 $CT_T=CT_P=1$，这时，高位片为下一个时钟脉冲 CP 到来时进行计数做好了准备。

当输入第 10 个脉冲 CP 时，低位片回到 0 状态，高位片进行加 1 计数。显然，电路构成了一百进制计数器。

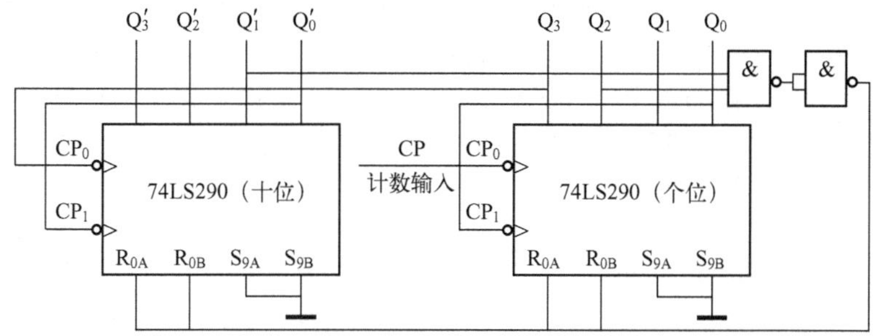

图 4. 2. 10　用 74LS290 构成二十四进制计数器

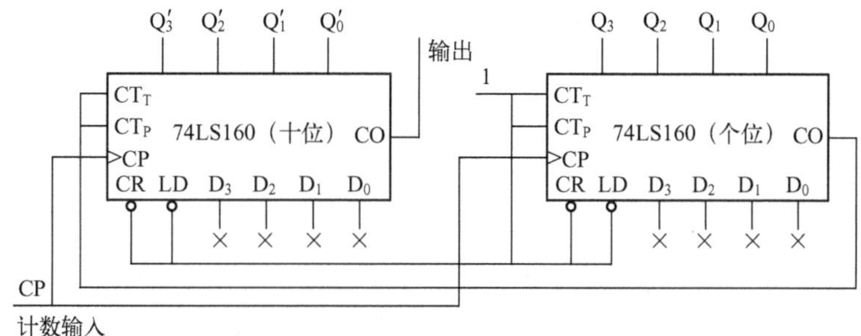

图 4. 2. 11　两片 74LS160 级联组成 8 位一百进制计数器

【例 4. 2. 8】 试用两片同步十进制计数器 74LS160 构成六十进制计数器。

解： 使用异步清零端 $\overline{CR}$ 来构成六十进制计数器。

（1）写出六十进制计数器状态 S_{60} 的二进制代码：$S_7 = 0110,0000$。

（2）写出反馈归零函数：$\overline{CR} = \overline{Q_2' Q_1'}$。

（3）画逻辑连线图。两片 74LS160 进行级联，用与非门作为辅助控制电路，根据异步清零端 $\overline{CR}$ 的逻辑表达式画连线图，如图 4. 2. 12 所示。并行数据输入端 $D_3 D_2 D_1 D_0$ 可接任意数据。

本题也可使用同步置数端 $\overline{LD}$ 来构成六十进制计数器，请自行思考解法。

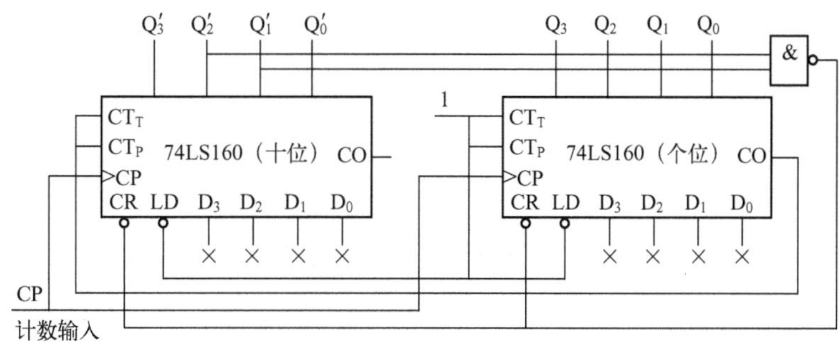

图 4. 2. 12　用 74LS160 构成六十进制计数器

图 4.2.13 所示为两片 4 位同步十六进制计数器 74LS161 级联组成 8 位二百五十六进制计数器。两片计数器公用外部时钟脉冲 CP，同步工作。可以看出，低位片在计到 15 前，其进位输出 $CO = Q_3Q_2Q_1Q_0 = 0$，高位片 $CT_T = 0$，保持原状态不变。当低位片计到 15 时，其输出 CO = 1，即高位片的 $CT_T = CT_P = 1$，这时，高位片为下一个时钟脉冲 CP 到来时进行计数做好了准备。当输入第 16 个脉冲 CP 时，低位片回到 0 状态，高位片进行加 1 计数。显然，电路构成了二百五十六进制计数器。

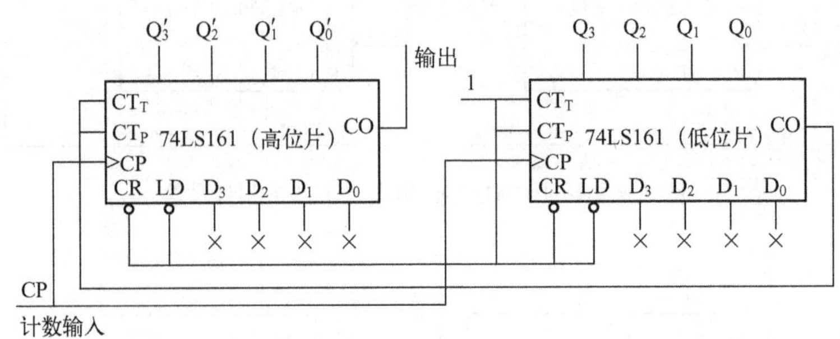

图 4.2.13 两片 74LS161 级联组成 8 位二百五十六进制计数器

【例 4.2.9】 试用两片同步十六进制计数器 74LS161 构成六十进制计数器。

解： 使用异步清零端$\overline{CR}$来构成六十进制计数器。

(1) 写出六十进制计数器状态 S_{60}的二进制代码：$S_{60} = 0011,1100$。

(2) 写出反馈归零函数：$\overline{CR} = \overline{Q_1'Q_0'Q_3Q_2}$。

(3) 画逻辑连线图。两片 74LS161 进行级联，用四输入与非门作辅助控制电路，根据异步清零端$\overline{CR}$的逻辑表达式画连线图，如图 4.2.14 所示。并行数据输入端$D_3D_2D_1D_0$可接任意数据。

本题也可使用同步置数端$\overline{LD}$来构成六十进制计数器，请自行思考解法。

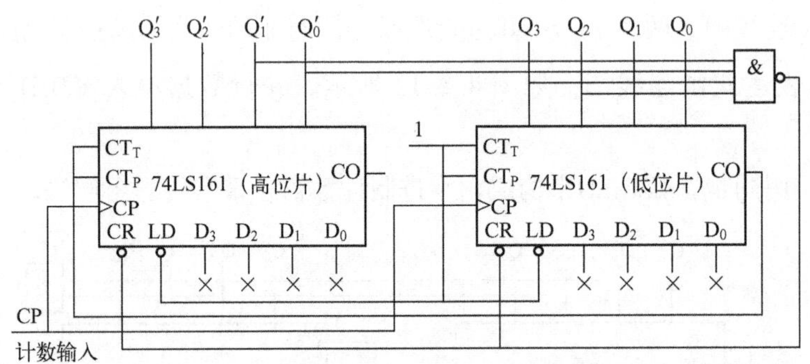

图 4.2.14 用 74LS161 构成六十进制计数器

图 4.2.15 所示为两片 4 位同步十进制加/减计数器 74LS192 级联组成 8 位一百进制加/减计数器。两片计数器的异步清零端 CR 并接在一起，异步置数端$\overline{LD}$并接在一起，低位片的进位输出端$\overline{CO}$接到高位片的 CP_U，低位片的借位输出端$\overline{BO}$接到高位片的 CP_D。

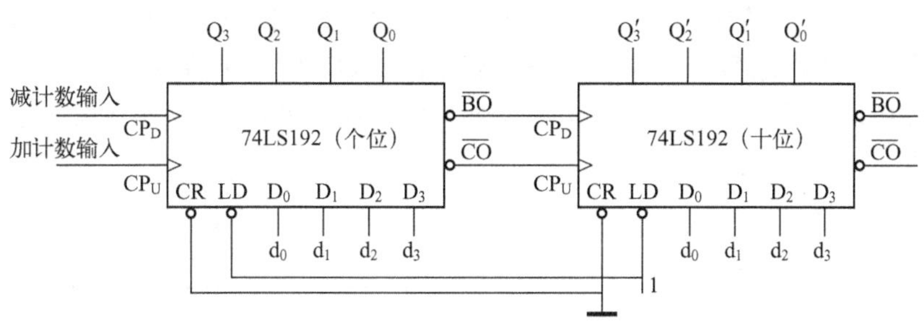

图 4. 2. 15　两片 74LS192 级联组成 8 位一百进制加/减计数器

当用作加计数器时，取低位片的 $CP_D=1$，计数脉冲 CP 由低位片的 CP_U端输入。低位片进行十进制加法计数，每当其状态 $Q_3Q_2Q_1Q_0$由 1001 变为 0000 时，$\overline{CO}$端输出一个上升沿，使高位片进行加 1 计数，从而使计数器实现一百进制加法计数。

当用作减计数器时，取低位片的 $CP_U=1$，计数脉冲 CP 由低位片的 CP_D端输入。低位片进行十进制减法计数，每当其状态 $Q_3Q_2Q_1Q_0$由 0000 变为 1001 时，$\overline{BO}$端输出一个上升沿，使高位片进行减 1 计数，从而使计数器实现一百进制减法计数。

【例 4. 2. 10】 试用两片双时钟同步十进制可逆计数器 74LS192 设计一个从 60 开始倒计数的计数器。

解： 参照图 4. 2. 15 将两片 74LS192 级联组成一百进制减法计数器，如图 4. 2. 16 所示。高位片（即十位片）在计数状态 $Q_3Q_2Q_1Q_0$输出 0000 后的 CP_D低电平 0 期间，将产生短暂的借位输出信号 $\overline{BO}=0$。令异步置数端 $\overline{LD}=\overline{BO}$，并行数据输入端预置入 $(60)_{10}=(0110,0000)_2$，即可实现从 60 开始倒数计数。

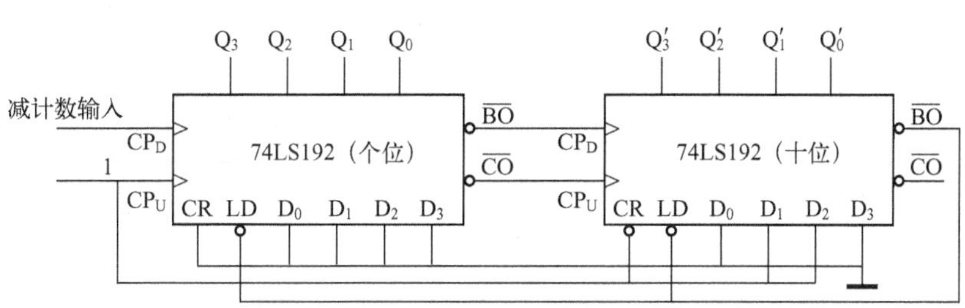

图 4. 2. 16　用 74LS192 构成六十进制减法计数器

4. 2. 4　集成计数器应用举例

1. 序列信号发生器

能产生特定串行数字序列信号的逻辑电路称为序列信号发生器。在数字系统中，序列信号发生器常用于控制某些设备按照一定的顺序进行运算或操作。构成序列信号发生器的常用方法，一是用计数器和数据选择器组成，一是用数据选择器和移位寄存器组成。

图 4. 2. 17 所示是由同步二进制加法计数器 74LS161 和数据选择器 74LS151 构成的循环序列信号发生器。自然二进制加法计数器 74LS161 的输出端 $Q_2Q_1Q_0$构成八进制加法计数器，

输出3位循环二进制代码000～111，接到8选1数据选择器74LS151的地址端$A_2A_1A_0$，作为地址控制信号；8位序列信号从74LS151的数据输入端D_0～D_7输入。图4.2.17中，在时钟脉冲信号CP的作用下，电路的信号输出端Y将产生按00110101顺序排列、周期循环的串行序列信号。

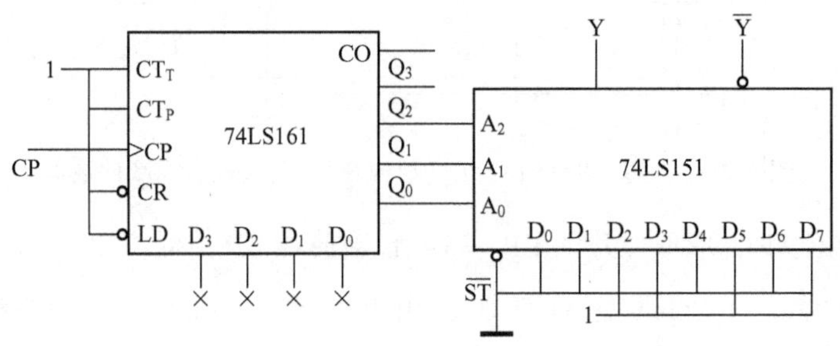

图4.2.17　由74LS161和74LS151构成的序列信号发生器

2. 顺序脉冲发生器

顺序脉冲是指在每个循环周期内，在时间上按一定先后顺序排列的脉冲信号。产生顺序脉冲信号的电路称为顺序脉冲发生器。在数字系统中，顺序脉冲发生器也被用于控制设备按照事先规定的顺序进行运算或操作中。

如图4.2.18所示是由同步二进制加法计数器74LS161和3线—8线译码器74LS138构成的顺序脉冲发生器。自然二进制加法计数器74LS161的输出端$Q_2Q_1Q_0$构成八进制加法计数器，输出3位循环二进制代码000～111，接到3线—8线译码器74LS138的二进制代码输入端$A_2A_1A_0$，作为译码输入信号。在时钟脉冲信号CP的作用下，译码器依次输出低电平顺序循环脉冲信号。

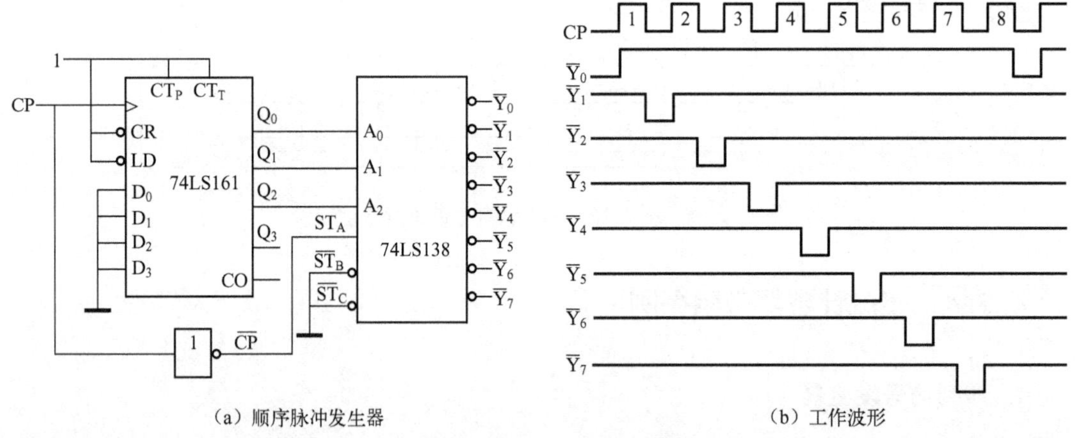

（a）顺序脉冲发生器　　　　（b）工作波形

图4.2.18　由74LS161和74LS138构成的顺序脉冲发生器

为了防止出现竞争冒险现象，将时钟脉冲CP经非门反相后的信号$\overline{CP}$，作为选通信号接到74LS138的使能端ST_A上来控制译码器的工作。当时钟脉冲CP的上升沿到来时，计数器进行计数，与此同时，选通信号$\overline{CP}$使ST_A为低电平0，译码器被封锁而停止工作。当时钟脉冲 CP 的下降沿到来后，选通信号$\overline{CP}$转为高电平 1，$ST_A=1$，译码器工作，相应输出端输出有效低电平。这样，选通控制信号$\overline{CP}$使译码器的译码工作时间和计数器中触发器状态的变化时间错开了，从而有效地消除了竞争冒险现象。

任务 4.3　学习寄存器和移位寄存器

在数字系统中，经常要把数码或运算结果存储起来，然后根据需要取出来进行处理或运算。寄存器（Register）就是用来存放数码、运算结果或指令等二进制数据的电路。寄存器由触发器组成，由于一个触发器能寄存 1 位二进制数码 0 或 1，因此 n 位寄存器由 n 个触发器组成，常用的有 4 位、8 位、16 位寄存器等。

4.3.1　寄存器

通常可作为寄存器使用的集成芯片有 TTL 系列的四 D 触发器 74LS175、六 D 触发器 74LS174、CMOS 系列的四 D 触发器 74HC379、六 D 触发器 74HC378、八 D 触发器 74HC 373/374 等。

74LS175 为上升沿触发的四 D 触发器，可用作 4 位寄存器，其逻辑图和引脚图如图 4.3.1 所示，其功能表如表 4.3.1 所示。

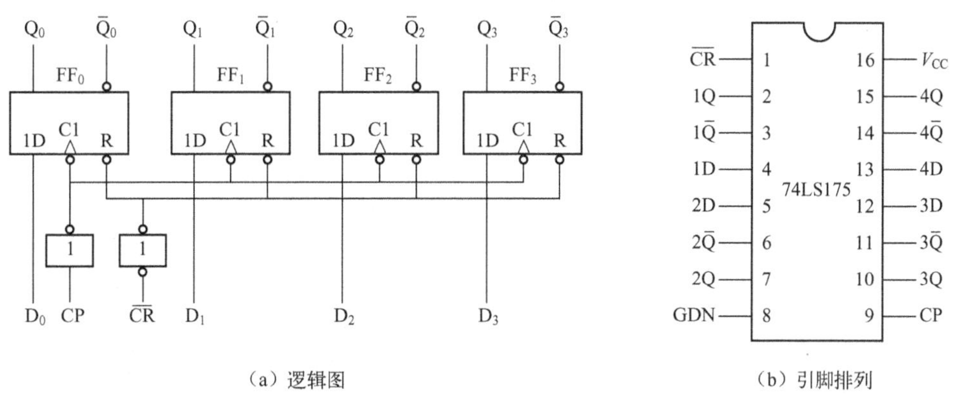

（a）逻辑图　　（b）引脚排列

图 4.3.1　4 位寄存器 74LS175 的逻辑图和引脚排列

在图 4.3.1 中，$\overline{CR}$是异步清零端，低电平有效；CP 是同步时钟信号输入端，上升沿有效；D_0～D_3是并行数据输入端；Q_0～Q_3是并行数据输出端。

由表 4.3.1 可知，74LS175 具有以下功能。

（1）异步清零功能。只要$\overline{CR}=0$，立即有 $Q_3Q_2Q_1Q_0=0000$，与时钟信号 CP 无关。

（2）并行置数功能。当$\overline{CR}=1$，CP 上升沿到来时，并行数据输入端 D_0～D_3的预存数据 $d_3d_2d_1d_0$送入寄存器，使输出端 $Q_3Q_2Q_1Q_0=d_3d_2d_1d_0$。

（3）保持功能。当$\overline{CR}=1$，没有 CP 上升沿到来时，并行数据输出端 $Q_3Q_2Q_1Q_0$的状态保持不变。

表 4.3.1　4 位寄存器 74LS175 的功能表

输入						输出			
$\overline{CR}$	CP	D_3	D_2	D_1	D_0	Q_3	Q_2	Q_1	Q_0
0	×	×	×	×	×	0	0	0	0
1	↑	d_3	d_2	d_1	d_0	d_3	d_2	d_1	d_0
1	0	×	×	×	×	保持			

4.3.2　移位寄存器

移位寄存器（Shift Register）不但可保存二进制数据，而且在移位脉冲作用下，存储的数码可根据需要向左或向右移位。根据移位方式不同，移位寄存器又分为可左移或右移的单向移位寄存器和既可左移又可右移的双向移位寄存器。

常用的集成 4 位双向移位寄存器有 TTL 系列的 74LS194 和 CMOS 系列的 74HC194 等。74LS194 的逻辑功能示意图如图 4.3.2 所示，其功能表如表 4.3.2 所示。

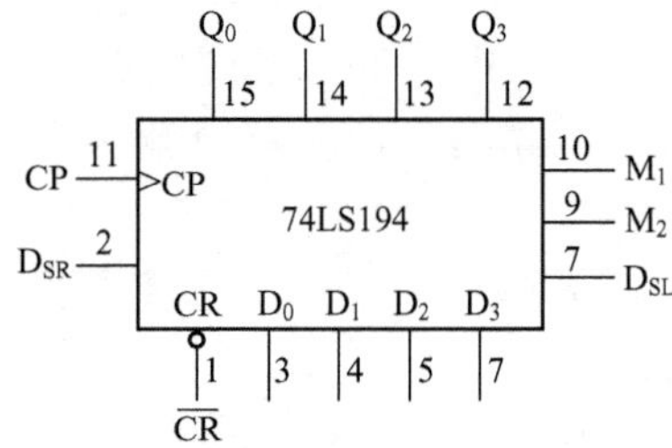

图 4.3.2　双向移位寄存器 74LS194 的逻辑功能示意图

图 4.3.2 中，$\overline{CR}$是异步清零端，低电平有效，CP 是移位时钟信号输入端，上升沿有效，D_0～D_3是 4 位并行数码输入端，D_{SR}是右移串行数码输入端，D_{SL}是左移串行数码输入端，M_0和 M_1是工作方式控制端，Q_0～Q_3是 4 位并行数码输出端。

表 4.3.2　双向移位寄存器 74LS194 的功能表

输入										输出				功能说明
$\overline{CR}$	M_1	M_0	CP	D_{SL}	D_{SR}	D_0	D_1	D_2	D_3	Q_0	Q_1	Q_2	Q_3	
0	×	×	×	×	×	×	×	×	×	0	0	0	0	异步清零
1	×	×	0	×	×	×	×	×	×	保持				保持
1	1	1	↑	×	×	d_0	d_1	d_2	d_3	d_0	d_1	d_2	d_3	并行置数
1	0	1	↑	×	1	×	×	×	×	1	Q_0	Q_1	Q_2	右移输入 1
1	0	1	↑	×	0	×	×	×	×	0	Q_0	Q_1	Q_2	右移输入 0
1	1	0	↑	1	×	×	×	×	×	Q_1	Q_2	Q_3	1	左移输入 1
1	1	0	↑	0	×	×	×	×	×	Q_1	Q_2	Q_3	0	左移输入 0
1	0	0	×	×	×	×	×	×	×	保持				保持

由表 4.3.2 可知，双向移位寄存器 74LS194 具有以下功能。

（1）异步清零功能。只要$\overline{CR}=0$，双向移位寄存器立即清零，$Q_0Q_1Q_2Q_3=0000$，与时钟信号 CP 无关。

（2）保持功能。当$\overline{CR}=1$，没有 CP 上升沿到达或 $M_1M_0=00$ 时，双向移位寄存器的状态保持不变。

（3）并行置数功能。当$\overline{CR}=1$，$M_1M_0=11$ 时，在 CP 上升沿到来时，并行数码输入端 D_0～ D_3的预存数码 $d_0d_1d_2d_3$送入寄存器，使输出端 $Q_0Q_1Q_2Q_3 = d_0d_1d_2d_3$。

（4）右移串行送数功能。当$\overline{CR}=1$，$M_1M_0=01$ 时，在连续 CP 上升沿作用下，D_{SR}端输入的数码依次从寄存器的低位端 Q_0向高位端 Q_3右移输出。

（5）左移串行送数功能。当$\overline{CR}=1$，$M_1M_0=10$ 时，在连续 CP 上升沿作用下，D_{SL}端输入的数码依次从寄存器的高位端 Q_3向低位端 Q_0左移输出。

4.3.3　移位寄存器的应用

1. 构成环形计数器

如图 4.3.3（a）所示为由双向移位寄存器 74LS194 构成的 4 位左移环形计数器。电路中$\overline{CR}=1$，$D_0D_1D_2D_3 = 0001$，Q_0和左移串行数码输入端 D_{SL}相连。先使 $M_1M_0=11$，在 CP 作用下计数器并行置数，使输出端 $Q_0Q_1Q_2Q_3 = d_0d_1d_2d_3=0001$。然后，使 $M_1M_0=10$，使寄存器工作在左移串行送数状态。这时，随着移位脉冲 CP 的输入，电路开始左移操作，从寄存器的高位端 Q_3向低位端 Q_0左移依次输出一个高电平脉冲，且每输入 4 个移位脉冲 CP，电路自动返回初始状态，从而实现了四进制环形计数。电路的工作波形如图 4.3.3（b）所示，输出脉冲宽度为 CP 的一个周期。它实际上也是一个顺序脉冲发生器。

如果要实现右移环形计数，只要将 Q_3和右移串行数码输入端 D_{SR}相连，并使 $M_1M_0=01$，操作方法相同。

环形计数器的优点是电路简单，$Q_0Q_1Q_2Q_3$无须译码可直接作为输出控制信号，缺点是电路需要设置初始状态，电路状态利用率低，4 位移位寄存器组成的环形计数器只有 4 个有效状态（模值），而电路原有 2^4个状态。

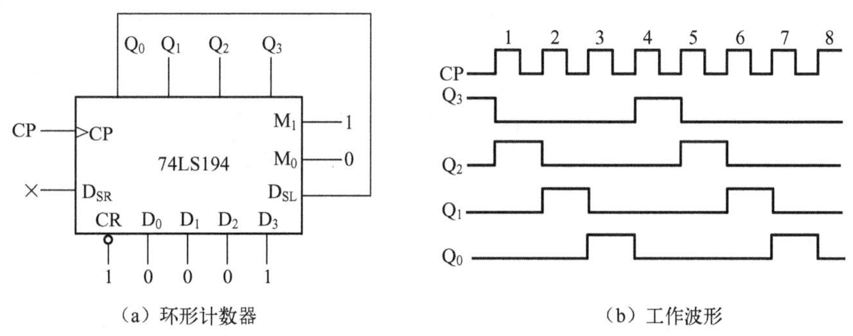

（a）环形计数器　　（b）工作波形

图 4.3.3　由 74LS194 构成的 4 位环形计数器及工作波形

2. 构成扭环形计数器

图 4.3.3 是由双向移位寄存器 74LS194 构成的七进制扭环形计数器。图 4.3.3 中输出端

Q_3和Q_2的信号经与非门运算后加在右移串行数码输入端D_{SR}上，即$D_{SR}=\overline{Q_3Q_2}$。设寄存器的初态为$Q_0Q_1Q_2Q_3=0000$，由于$M_1M_0=01$，因此在计数脉冲CP的作用下，电路执行右移操作，状态变化情况如表4.3.3所示。

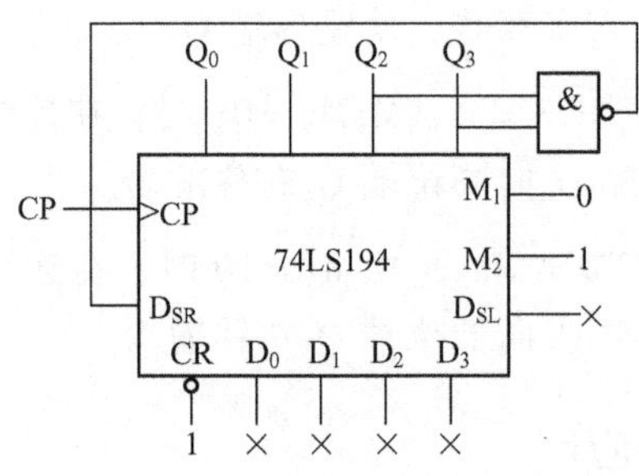

图4.3.4　由74LS194构成的七进制扭环形计数器

表4.3.3　由74LS194构成的七进制扭环形计数器的状态变化表

计数脉冲顺序	右移输入 $D_{SR}=\overline{Q_3^nQ_2^n}$	现态				次态			
		Q_0^n	Q_1^n	Q_2^n	Q_3^n	Q_0^{n+1}	Q_1^{n+1}	Q_2^{n+1}	Q_3^{n+1}
0	1	0	0	0	0	1	0	0	0
1	1	1	0	0	0	1	1	0	0
2	1	1	1	0	0	1	1	1	0
3	1	1	1	1	0	1	1	1	1
4	0	1	1	1	1	0	1	1	1
5	0	0	1	1	1	0	0	1	1
6	0	0	0	1	1	0	0	0	1
7	1	0	0	0	1	1	0	0	0

由表4.3.3可以看出，电路输入7个计数脉冲后，返回起始状态$Q_0Q_1Q_2Q_3=1000$，所以是七进制扭环形计数器，也是一个七分频电路。表4.3.3中省略了8个无效状态，分析表明，所有无效状态在计数脉冲CP作用下，均可进入模7有效主循环，所以电路具有自启动功能，无须设置初始状态。

利用移位寄存器组成扭环形计数器具有一定的规律。若将移位寄存器的第n位输出经非门后加到D_{SR}端，则构成$2n$进制扭环形计数器，即偶数分频电路；若将移位寄存器的第n位和第$n-1$位输出经与非门后加到D_{SR}端，则构成$2n-1$进制扭环形计数器，即奇数分频电路。

任务4.4　技能训练：集成计数器的功能测试及应用

1. 训练目的

(1) 熟悉常用MSI计数器的逻辑功能和典型应用。

(2) 熟悉使用常用 MSI 计数器构成任意进制计数器的设计方法。
(3) 学会正确使用 MSI 计数器，掌握它们的测试方法。

2. 设备和元器件

(1) 设备：数字电路实验箱、万用表、安装有 Multisim 软件的 PC。
(2) 集成电路：

4 位同步十进制加法计数器 74LS160（或 74LS162）	2 片
4 位同步二进制加法计数器 74LS161（或 74LS163）	2 片
双时钟 4 位同步十进制加减可逆计数器 74LS192 （或双时钟 4 位同步二进制加减可逆计数器 74LS193）	2 片
四 2 输入与非门 74LS00	1 片
二 4 输入与非门 74LS20	1 片

3. 训练内容与步骤

1）同步十进制加法计数器 74LS160（或 74LS162）逻辑功能的测试及应用
(1) 测试 74LS160（或 74LS162）的逻辑功能。
(2) 将两片 74LS160（或 74LS162）级联构成一百进制计数器，并测试。
(3) 用反馈清零法和反馈置数法将 74LS160（或 74LS162）构成七进制计数器，并测试。
(4) 用反馈清零法和反馈置数法将 74LS160（或 74LS162）构成二十四进制计数器，并测试。
2）同步二进制加法计数器 74LS161（或 74LS163）逻辑功能的测试及应用
(1) 测试 74LS161（或 74LS163）的逻辑功能。
(2) 将两片 74LS161（或 74LS163）级联构成二百五十六进制计数器，并测试。
(3) 用反馈清零法和反馈置数法将 74LS161（或 74LS163）构成十二进制计数器，并测试。
(4) 用反馈清零法和反馈置数法将 74LS161（或 74LS163）构成六十进制计数器，并测试。
3）双时钟 4 位同步十进制加减可逆计数器 74LS192（或双时钟 4 位同步二进制加减可逆计数器 74LS193）逻辑功能的测试及应用
(1) 测试 74LS192（或 74LS193）的逻辑功能。
(2) 将两片 74LS192（或 74LS193）级联构成一百进制（或二百五十六进制）加减可逆计数器，并测试。
(3) 用反馈置数法将 74LS192（或 74LS193）构成十二进制减法计数器，并测试。
(4) 用反馈置数法将 74LS192（或 74LS193）构成六十进制减法计数器，并测试。
要求：预先查阅资料，画好电路设计图，拟定记录表格。先用 Multisim 软件进行电路仿真，再用实验箱进行实物连接测试，记录测试结果。
Multisim 软件中元器件的选取路径：
① 电源 VCC：Place Source→POWER_ SOURCES→VCC。

② 接地：Place Source→POWER_ SOURCES→GROUND。

③ 电阻：Place Basic→RESISTOR，选择 300 ~ 510Ω。

④ 门电路：Place TTL→74LS→74LS20N、74LS00N。

⑤ 计数器：Place TTL→74LS→74LS160N、74LS161N、74LS162N、74LS163N、74LS192N、74LS193N。

⑥ 发光二极管：Place Diode→LED→LED_ red。

指示灯：Place Indicators→PROBE→PROBE_ RED。

⑦ 信号源：Place Source→SIGNAL_VOLTAGE_SO→CLOCK_VOLTAGE。

函数发生器：View→Toolbars→Instruments→Function Generator。

⑧ 七段显示译码器：Place TTL→74LS→74LS48N

⑨ 七段共阴极数码管：Place Indicators→HEX_DISPLAY→SEVEN_SEG_COM_K。

带译码器七段数码显示器：Place Indicators→HEX_DISPLAY→DCD_HEX。

图 4.4.1 为用反馈置数法将 74LS160 构成七进制计数器的 Multisim 仿真电路。该电路采用指示灯和带译码电路的七段数码显示器来显示计数状态。

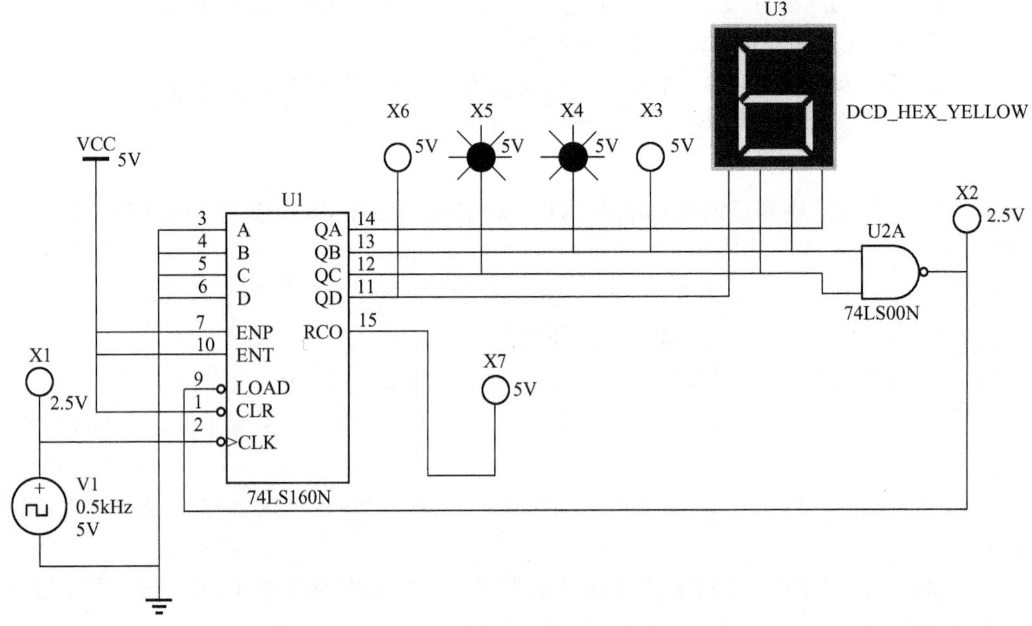

图 4.4.1　用 74LS160 构成七进制计数器的 Multisim 仿真电路

图 4.4.2 为用 74LS192 构成六十进制减法计数器的 Multisim 仿真电路。该电路采用输出高电平有效的七段显示译码器 74LS48N 驱动七段共阴极数码管来显示计数状态。

4. 训练总结

（1）整理并分析训练结果。

（2）总结 74LS160（或 74LS162）、74LS161（或 74LS163）、74LS192（或 74LS193）的逻辑功能特点和使用方法。

（3）说明训练出现的故障和排除方法。

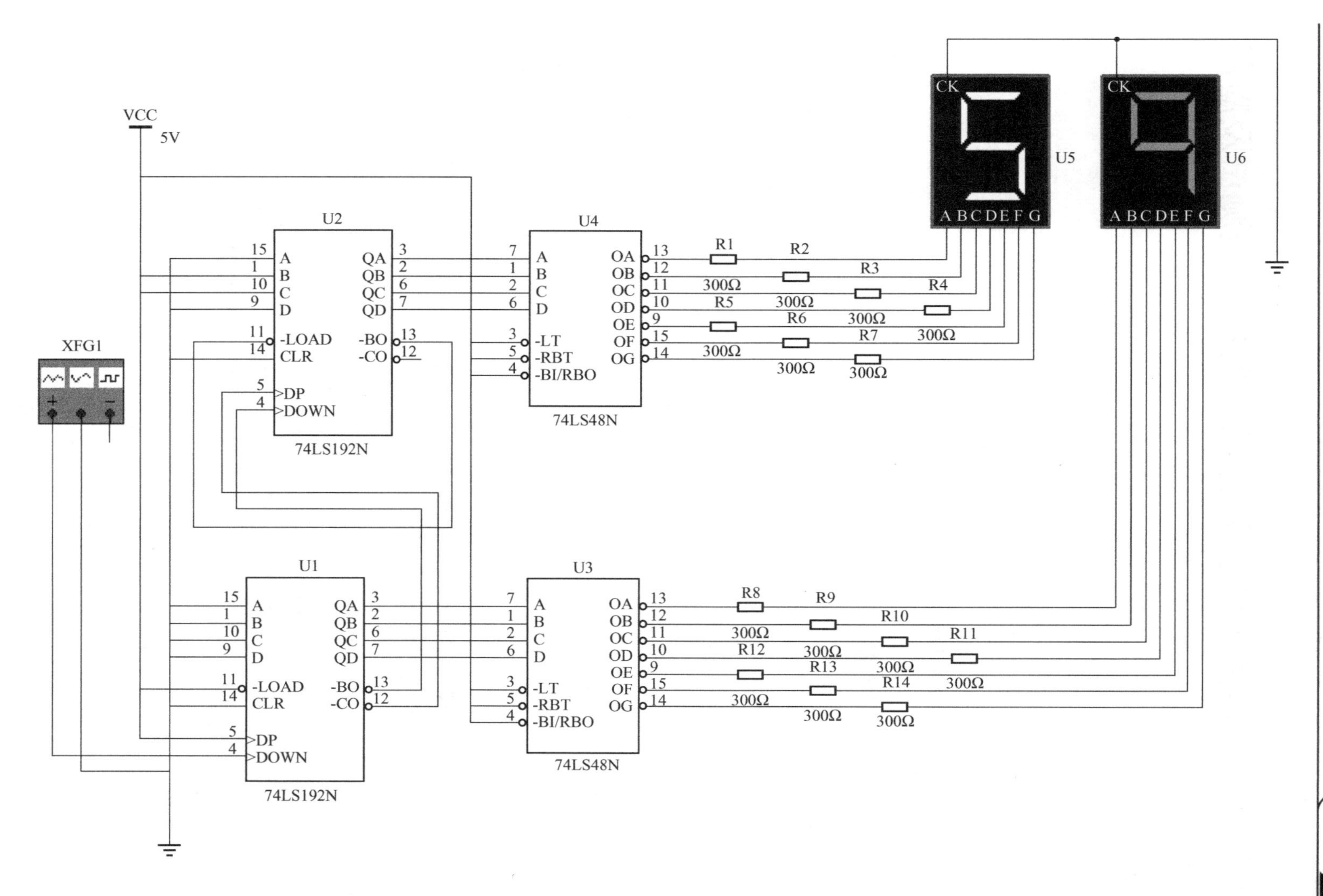

图4.4.2　用74LS192N构成六十进制减法计数器的Multisim仿真电路

任务4.5　技能训练：移位寄存器的功能测试及应用

1. 训练目的

(1) 熟悉常用 MSI 移位寄存器的逻辑功能和使用方法。

(2) 熟悉使用移位寄存器构成环形计数器和扭环形计数器等典型应用。

2. 设备和元器件

(1) 设备：数字电路实验箱、双踪示波器、万用表、安装有 Multisim 软件的 PC

(2) 集成电路：

4 位双向移位寄存器 74LS194	2 片
四 2 输入与非门 74LS00	1 片
二 4 输入与非门 74LS20	1 片
六反相器 74LS04	1 片

3. 训练内容与步骤

(1) 双向移位寄存器 74LS194 逻辑功能的测试。

(2) 使用双向移位寄存器 74LS194 构成 4 位左移（或右移）环形计数器，并测试。

(3) 使用双向移位寄存器 74LS194 构成七进制扭环形计数器，测试运行情况，用双踪示波器观察各输出端的波形。

(4) 使用双向移位寄存器 74LS194 构成八进制扭环形计数器，测试运行情况，用双踪示波器观察各输出端的波形。

要求：预先查阅资料，画好电路设计图，拟定记录表格。先用 Multisim 软件进行电路仿真，再用实验箱进行实物连接测试，记录测试结果。

Multisim 软件中元器件的选取路径：

① 电源 VCC：Place Source→POWER_SOURCES→VCC。

接地：Place Source→POWER_SOURCES→GROUND。

② 电阻：Place Basic→RESISTOR，选择 300 ～ 510Ω。

开关：Place Basic→SWITCH→SPDT（或 Place Electro_mechanical→SUPPLEMENTORY_CO→SPDT_SB）。

③ 门电路：Place TTL→74LS→74LS20D、74LS00D、74LS04D。

④ 移位寄存器器：Place TTL→74LS→74LS194D。

⑤ 发光二极管：Place Diode→LED→LED_red。

指示灯：Place Indicators→PROBE→PROBE_RED。

⑥ 信号源：Place Source→SIGNAL_VOLTAGE_SO→CLOCK_VOLTAGE。

函数发生器：View→Toolbars→Instruments→Function Generator。

⑦ 七段显示译码器：Place TTL→74LS→74LS48D

⑧ 七段共阴极数码管：Place Indicators→HEX_DISPLAY→SEVEN_SEG_COM_K。

带译码器七段数码显示器：Place Indicators→HEX_DISPLAY→DCD_HEX。

⑨ 双踪示波器：View→Toolbars→Instruments→Oscilloscope。

图 4.5.1 为双向移位寄存器 74LS194 构成八进制扭环形计数器。

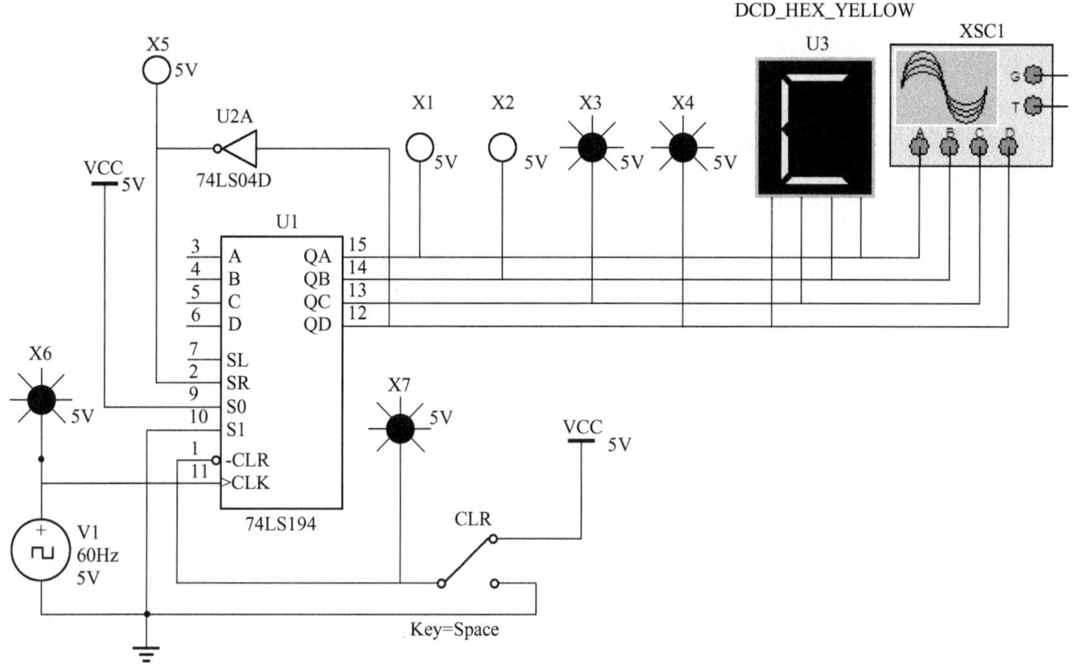

图 4.5.1　用 74LS194 构成八进制扭环形计数器的 Multisim 仿真电路

4. 训练总结

（1）整理并分析训练结果。

（2）总结双向移位寄存器 74LS194 的逻辑功能特点和使用方法，总结双向移位寄存器 74LS194 的典型应用。

（3）说明训练出现的故障和排除方法。

任务 4.6　技能训练：简易数字钟的仿真设计

1. 训练目的

（1）掌握计数器、译码器、555 定时器等集成电路的逻辑功能和应用。

（2）熟悉时序逻辑电路、组合逻辑电路、脉冲信号产生电路等构成的综合数字系统的设计。

（3）熟悉使用 Multisim 软件设计层次性电路的方法。

2. 训练内容与步骤

简易数字钟电路的组成框图如图 4.6.1 所示。

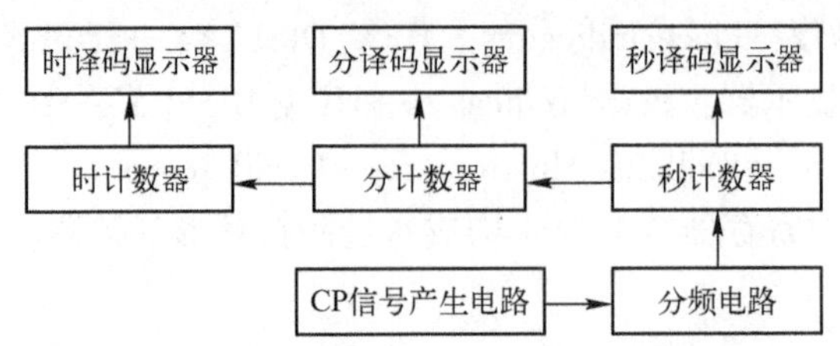

图 4.6.1　简易数字钟电路的组成框图

简易数字钟电路由振荡器、分频器、计数器、译码器、显示器等部分组成。振荡器负责产生矩形脉冲，作为数字钟的时钟脉冲信号源。通常可采用石英晶体振荡器、555 定时器组成的多谐振荡器等构成。分频器将振荡器产生的脉冲信号进行分频，得到频率为 1Hz 的秒信号。秒信号送入计数器进行计数，计数器包括六十进制秒计数器、六十进制分计数器、二十四进制时计数器。3 个计数器的输出经过相应的七段显示译码器译码后，送到显示器显示数码。

由于数字钟电路包含多个模块，相对比较复杂，在 Multisim 仿真软件中，可采用层次电路图的设计方法，在生成的层次块图中绘制各个单元电路，最后在主电路中连接各个层次块，完成电路设计。各个单元电路可单独仿真，检查运行情况，及时修改。最后进行主电路仿真，检查运行结果。

1）CP 信号产生电路的设计

在 Multisim 软件中新建“数字钟电路”文件作为主电路，保存。单击主菜单“Place”，在下拉菜单中单击“New Hierarchical Block（新的层次块）”命令，弹出如图 4.6.2 所示的对话框，设置层次电路块的名称和输入、输出引脚数，单击“OK”后，层次图块将随鼠标浮动，在主电路图中单击，出现一个“CP 信号产生电路”层次块图 X1，如图 4.6.3 所示。

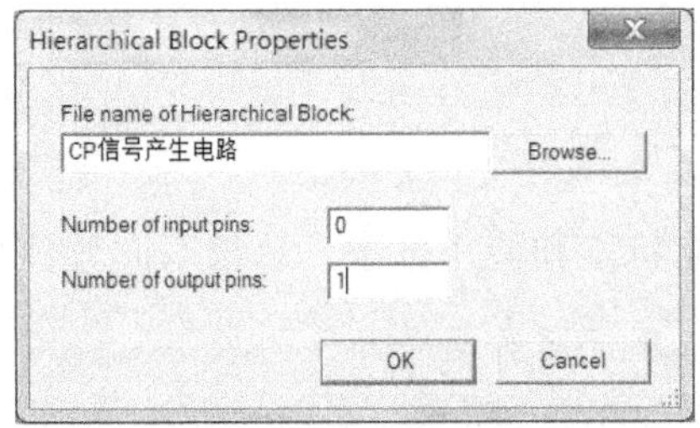

图 4.6.2　CP 信号产生电路层次块属性对话框

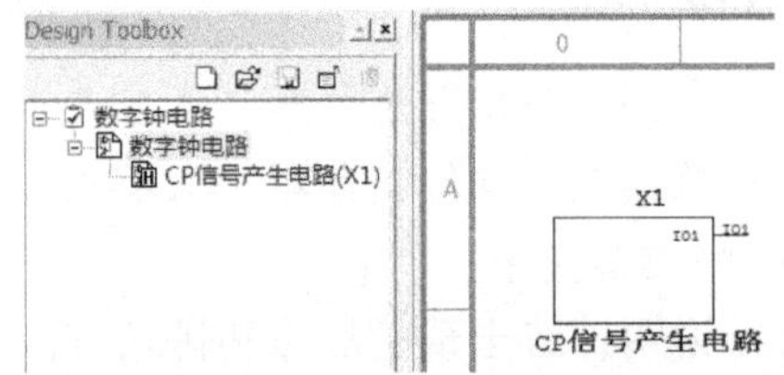

图 4.6.3　CP 信号产生电路层次块图

双击图 4.6.3 所示的层次块图，弹出如图 4.6.4 所示对话框，单击“Edit HB/SC”按钮，弹出一个空白电路编辑区，其电路编辑区右侧有一个 IO1 输出端。

在这个编辑区中绘制由 555 定时器构成的多谐振荡器，并将输出与 IO1 端连接，如图 4.6.4 所示。电路输出矩形脉冲的振荡频率为

$$f=\frac{1}{0.7(R_1+2R_2)C_1}$$

可使用示波器观察输出信号的波形，使用频率计测量输出信号的频率。调节电位器 R2，使输出脉冲的频率为 1kHz 左右。

Multisim 软件中部分元器件的选取路径：

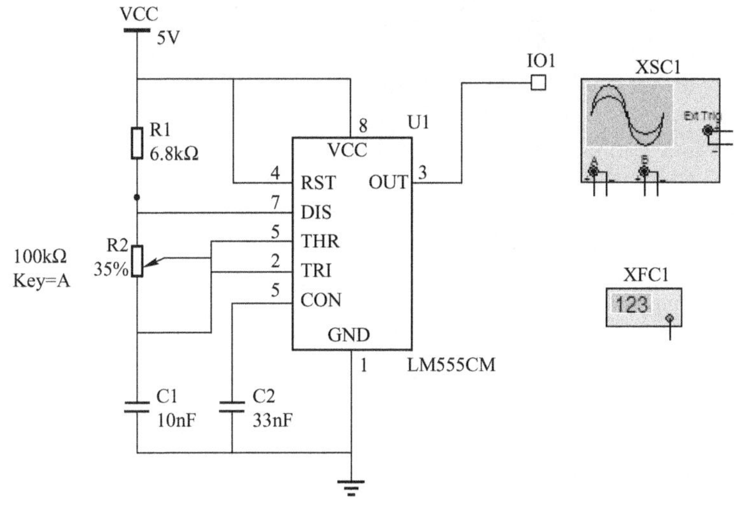

图 4.6.4　由 555 定时器构成的多谐振荡器

① 可调电阻：Place Source→Potentiometer，选择 1k。

② 电容：Place Basic→Capacitor，选择 10nF、33nF。

③ 555 定时器：Place Mixed→TIMER→LM555CM。

④ 双踪示波器、频率计从虚拟仪器栏 Instruments 中选取。

2）1000 分频电路的设计

由多谐振荡器产生的 1kHz 的脉冲信号，要经过 1000 分频以得到秒信号。1000 分频电路可用三片异步二—五—十进制计数器 74LS290 级联构成。

在设计工具箱中选择主电路文件“数字钟电路”，依次执行“Place”、“New Hierarchical Block”命令，弹出如图 4.6.5 所示对话框，按图示设置层次块名称和输入、输出引脚数。确定后在主电路图中产生“1000 分频电路”层次块图 X2，如图 4.6.6 所示。

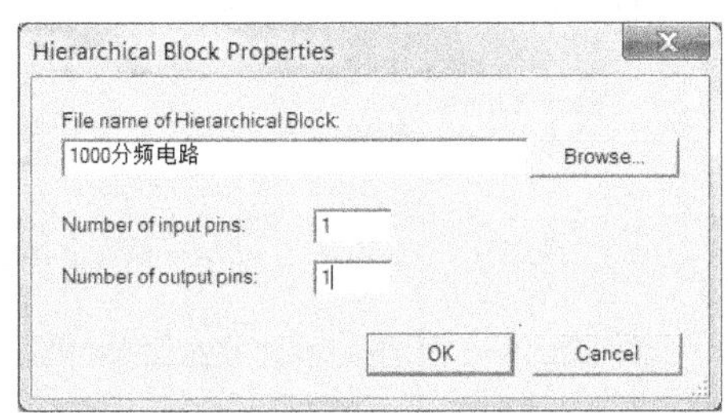

图 4.6.5　1000 分频电路层次块属性对话框

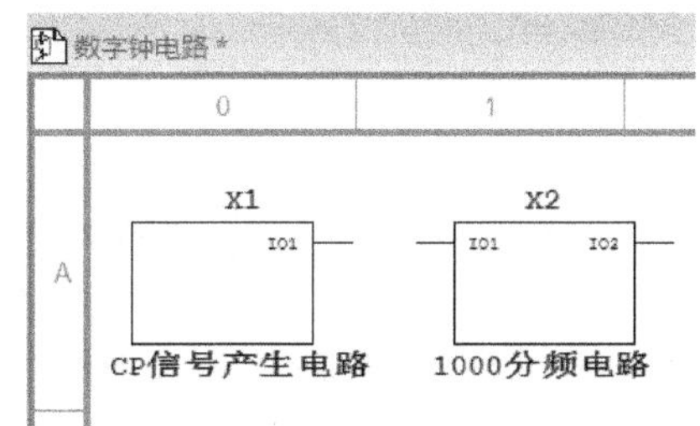

图 4.6.6　1000 分频电路层次块图

在设计工具箱中选择层次电路文件“1000 分频电路（X2）”，在编辑区中绘制由三片 74LS290 级联构成的分频电路，并将输入、输出与 IO1、IO2 端连接，如图 4.6.7 所示。可使用双踪示波器观察输入、输出信号的波形。时钟信号源仅用于电路测试，测试完后要拆除连接。

Multisim 软件中部分元器件的选取路径：

① 计数器：Place TTL→74LS→74LS290D。

② 信号源：Place Source→SIGNAL_VOLTAGE_SO→CLOCK_VOLTAGE。

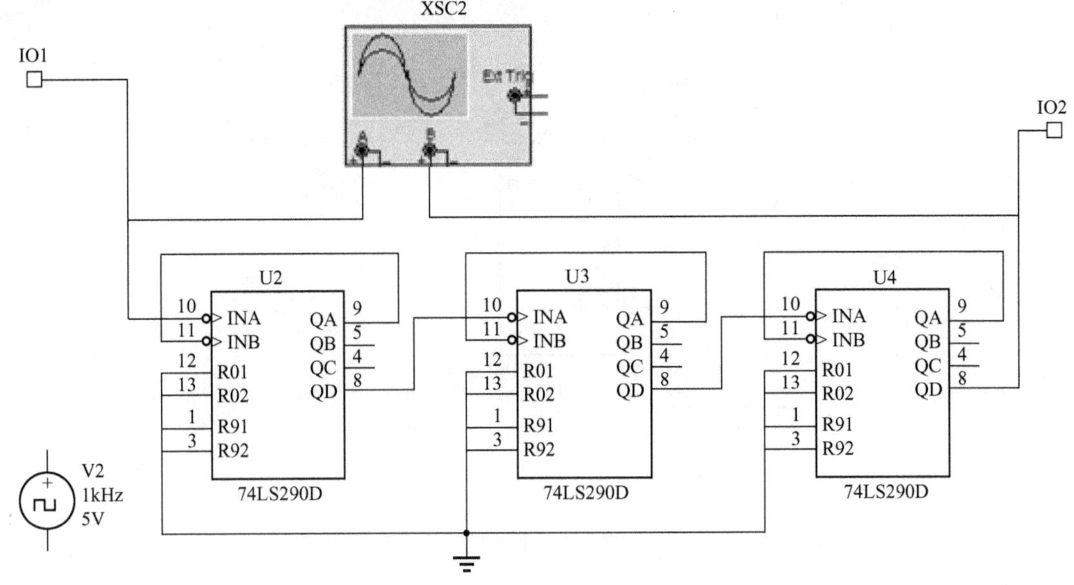

图 4. 6. 7　由 74LS290 级联构成的 1000 分频电路

3）六十进制秒计数器的设计

六十进制秒计数器由两片同步十进制计数器 74LS160 和辅助控制电路构成。六十进制秒计数器对输入的秒信号进行计数，8 个状态输出端的二进制数在下一步经译码后显示十进制数码，进位输出端则送给分计数器进行计数。

在设计工具箱中选择主电路文件“数字钟电路”，依次执行“Place”、“New Hierarchical Block”命令，弹出如图 4. 6. 8 所示对话框，按图示设置层次块名称和输入、输出引脚数。确定后在主电路图中产生“六十进制秒计数器”层次块图 X3，如图 4. 6. 9 所示。

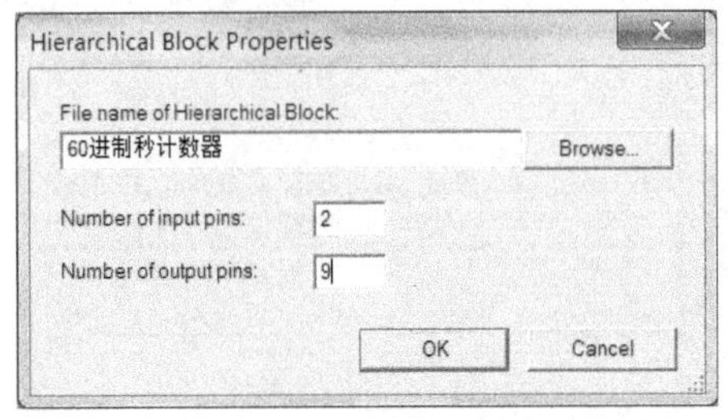

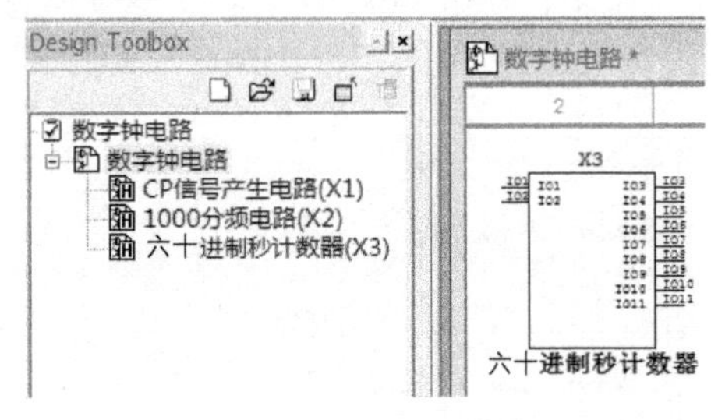

图 4. 6. 8　六十进制秒计数器层次块属性对话框　　　图 4. 6. 9　六十进制秒计数器层次块图

在设计工具箱中选择层次电路文件“六十进制秒计数器(X3)”，在编辑区中绘制由两片 74LS160 和门电路构成的六十进制秒计数器。将计数器的异步清零端 CLR 与 IO1 连接，时钟脉冲端 CLK 与 IO2 连接，个位片和十位片的输出端与 IO3 ~ IO10 连接，与非门输出端连接 IO11 作为进位信号，如图 4. 6. 10 所示。可使用带译码器的数码显示器连接两片计数器的输出端进行仿真，由于从 IO2 输入的秒信号频率过低，数码显示改变需要的时间长，可采用外加时钟信号源调高频率进行测试，完成后拆除信号源。

4）六十进制分计数器的设计

六十进制分计数器对来自秒计数器的进位信号进行计数，并将进位信号送给时计数器。

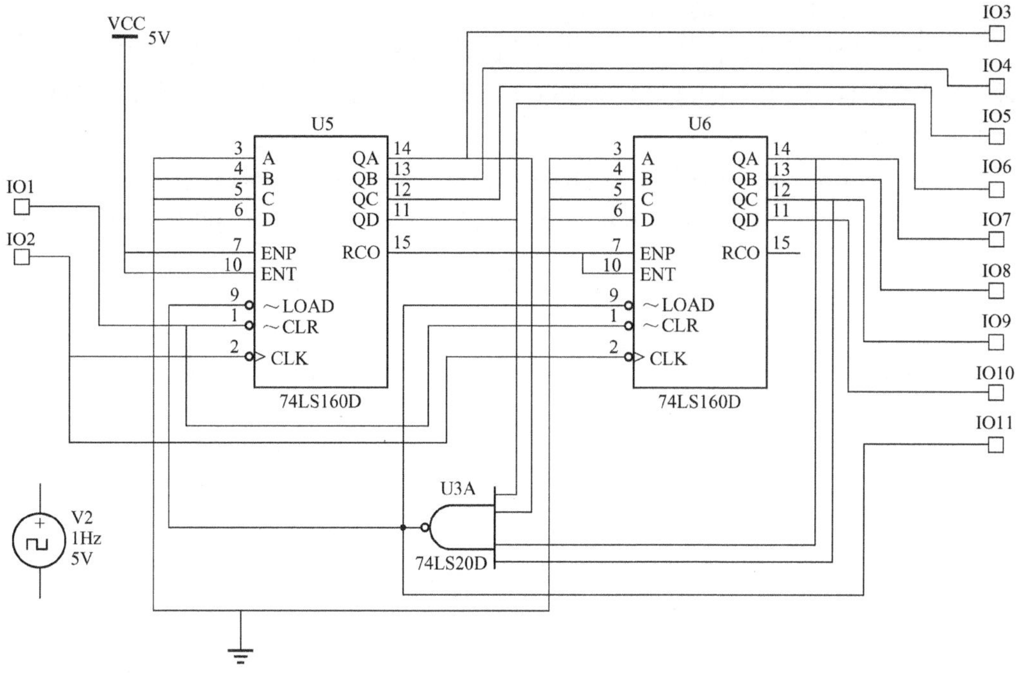

图4.6.10　由74LS160和辅助电路构成的六十进制秒计数器

六十进制分计数器与六十进制秒计数器电路完全相同。

继续创建新的层次电路“六十进制分计数器(X4)”，将层次电路“六十进制秒计数器(X3)”全选后复制粘贴过来即可，电路芯片编号将自动更新，如图4.6.11所示。

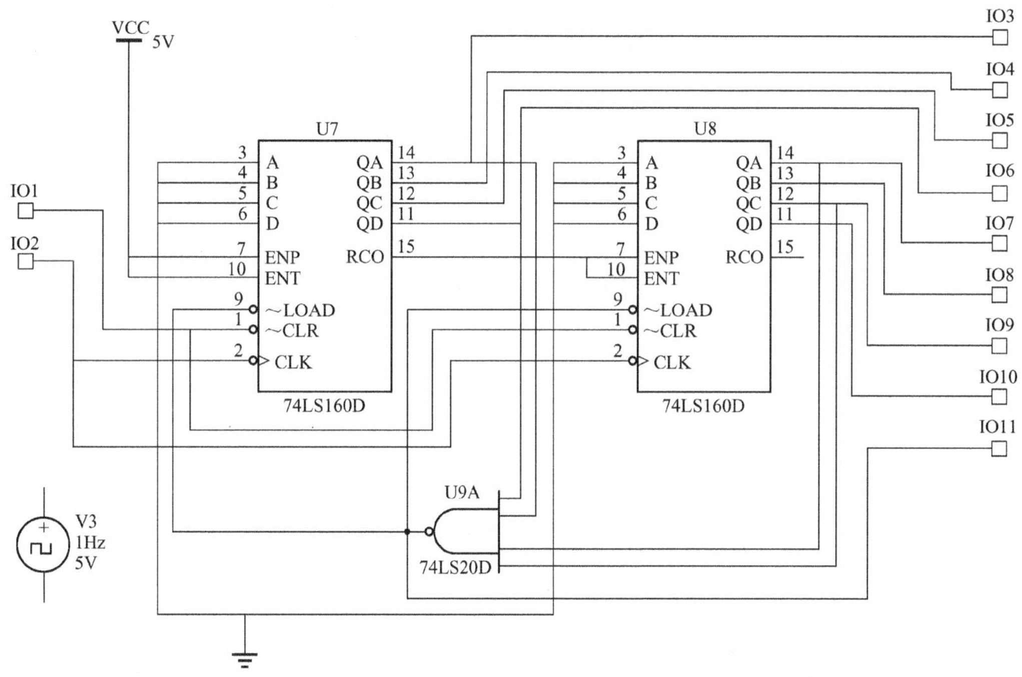

图4.6.11　由74LS160和辅助电路构成的六十进制分计数器

5）二十四进制时计数器的设计

二十四进制时计数器由两片同步十进制计数器74LS160和辅助控制电路构成。二十四进制时计数器对来自分计数器的进位信号进行计数，8个状态输出端的二进制数将经过译码后显示十进制数码。

在设计工具箱中选择主电路文件“数字钟电路”，依次执行“Place”、“New Hierarchical Block”命令，弹出如图4.6.12所示对话框，按图示设置层次块名称和输入、输出引脚数。确定后在主电路图中产生“二十四进制秒计数器”层次块图X5，如图4.6.13所示。

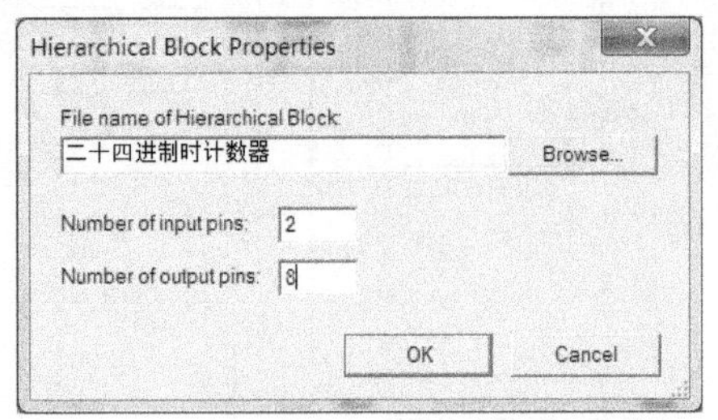

图4.6.12　二十四进制时计数器层次块属性对话框

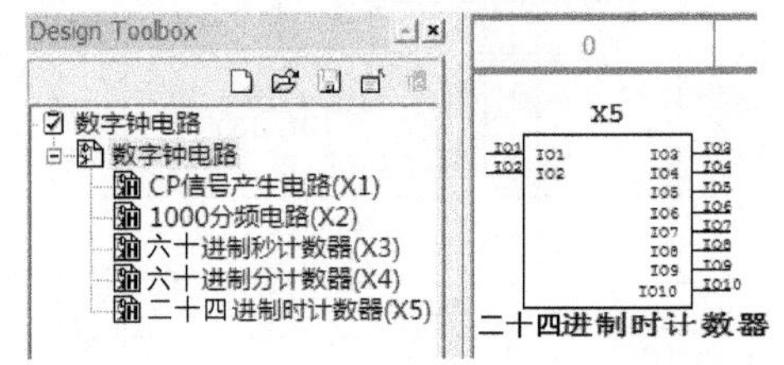

图4.6.13　二十四进制时计数器层次块图

在设计工具箱中选择层次电路文件“二十四进制时计数器（X5）”，在编辑区中绘制由两片74LS160和门电路构成的二十四进制时计数器。将计数器的异步清零端CLR与IO1连接，时钟脉冲端CLK与IO2连接，个位片和十位片的输出端与IO3～IO10连接，如图4.6.14所示。可使用带译码器的数码显示器连接两片计数器的输出端进行仿真，检查运行情况。

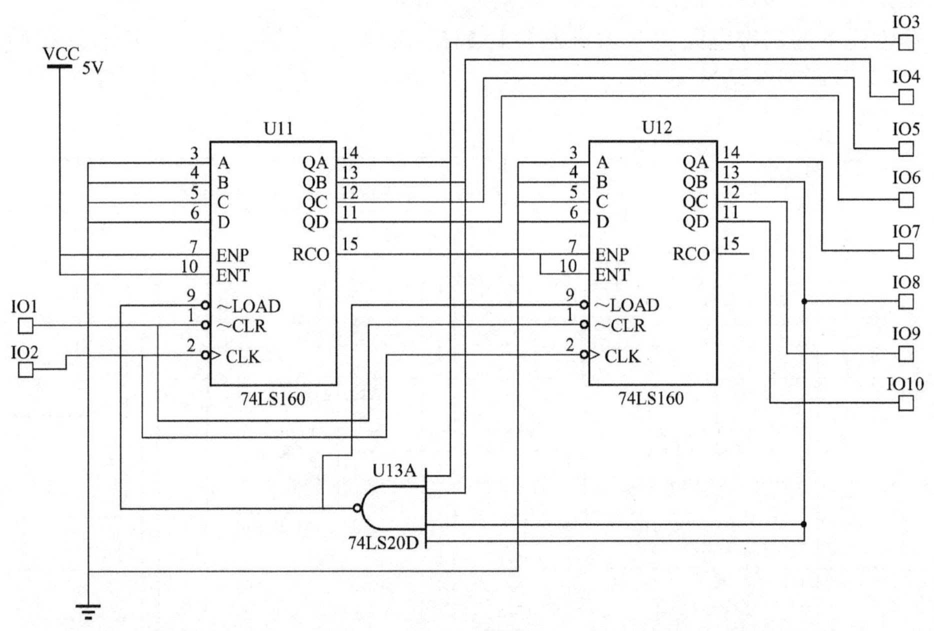

图4.6.14　由74LS160和辅助电路构成的二十四进制时计数器

6）总体电路的连接和仿真

在数字钟电路的主电路编辑区中，把各个层次块电路连接起来，并添加七段显示译码器、限流电阻、七段显示数码管和清零开关等元器件，为简单起见，也可用带译码器的七段显示数码管作为输出显示器，得到如图4.6.15所示的总电路。

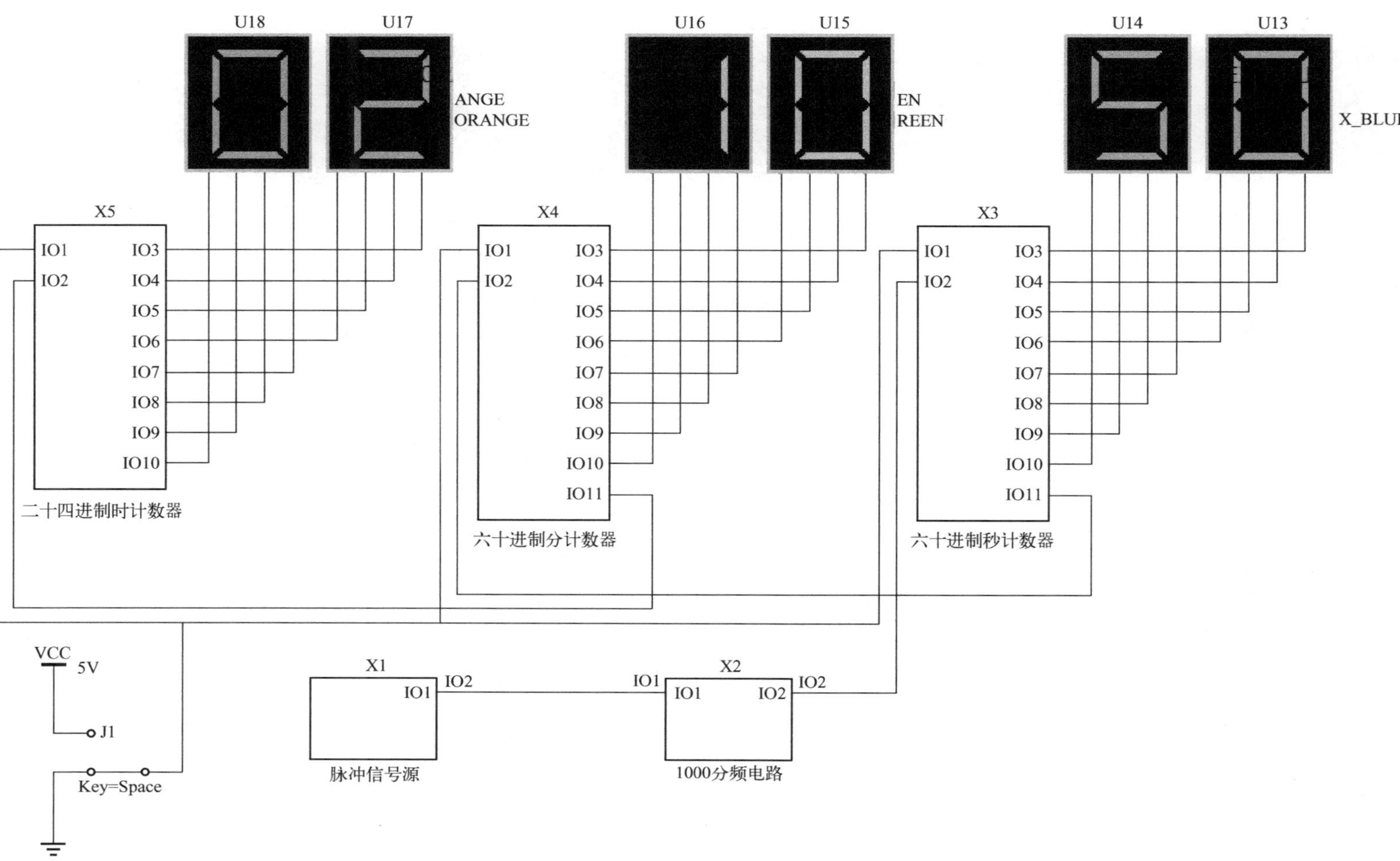

图4.6.15　简易数字钟总电路

运行总电路，为减少仿真时间，可采用外加时钟信号源调高频率进行测试。检查运行结果，修改错误连接，必要时可修改电路。

3. 训练总结

（1）总结简易数字钟的电路构成，总结振荡器、分频器、计数器等单元电路的设计方法。

（2）总结使用 Multisim 软件设计层次性电路的方法。

（3）说明各个单元电路和总电路的运行情况，如存在问题，则分析原因，提出解决办法。

项目小结

（1）时序逻辑电路的特点是任意时刻的输出不仅取决于该时刻的输入，而且还和电路原来的状态有关，即时序电路具有记忆功能。为了记忆电路的状态，时序电路必须包含有存储电路。存储电路通常以触发器为基本单元电路构成。

（2）通常用于描述时序电路逻辑功能的方法有方程组（由状态方程、驱动方程和输出方程组成）、状态转换表、状态转换图和时序波形图等几种。

（3）时序电路分析的主要步骤是：首先根据逻辑电路的特点写出驱动方程、输出方程和状态方程，然后由上述方程得到电路的状态转换真值表和状态图，最后根据状态表和状态图用文字描述电路的逻辑功能。

（4）常用的 MSI 集成计数器 TTL 型 74 系列有 74LS160/161、74LS162/163、74LS190/191、74LS192/193、74LS290 等，CMOS 系列有 CD4510、CD4516、CD4518、CD4520 等。利用常用 MSI 集成计数器可构成任意进制计数器。用模 M 集成计数器构成 N 进制计数器时，如果 $N<M$，则只要一片模 M 集成计数器；如果 $N>M$，则要使用多片模 M 集成计数器。而在具体实现方法上，通常有反馈清零法、反馈置数法、级联法等。

（5）可作为寄存器使用的集成芯片有 TTL 系列的四 D 触发器 74LS175、六 D 触发器 74LS174、CMOS 系列的四 D 触发器 74HC379、六 D 触发器 74HC378、八 D 触发器 74HC373/374 等。

（6）构成序列信号发生器的常用方法，一是用计数器和数据选择器组成，一是用数据选择器和移位寄存器组成。常用的集成 4 位双向移位寄存器有 TTL 系列的 74LS194 和 CMOS 系列的 74HC194 等。使用移位寄存器可以构成环形计数器和扭环形计数器。

（7）简易数字钟电路由振荡器、分频器、计数器、译码器、显示器等部分组成，由于电路包含多个模块，相对比较复杂，在 Multisim 仿真软件中，可采用层次电路图的设计方法，在生成的层次块图中绘制各个单元电路，最后在主电路中连接各个层次块，完成电路设计。

习题

一、填空题

1. 对于时序逻辑电路来说，某一时刻电路的输出不仅取决于当时的________，而且还取决于电路________，所以时序电路具有________性。

2. 计数器的主要用途是对脉冲进行________，也可以用作________和________等。

3. 用 n 个触发器构成的二进制计数器计数容量最多可为______。

4. MSI 集成计数器按照其计数进制，常用的有________、________计数器。

5. 集成计数器异步清零时与时钟脉冲________，同步置数时与时钟脉冲________。

6. 模 13 计数器的开始计数状态为 0000，则它的最后计数状态是________。

7. 一个模 7 的计数器有________个计数状态，它所需要的最小触发器个数为________。

8. 2^n进制计数器也称为________位二进制计数器。

9. 在计数器中，若触发器的时钟脉冲不是同一个信号，各触发器状态的改变有先有后，则这种计数器称为________。

10. 在计数器中，当计数脉冲输入时，所有触发器同时翻转，即各触发器状态的改变是同时进行的，这种计数器称为________。

11. 一个触发器可以构成________位二进制计数器，它有________种工作状态，若要表示 n 位二进制数，则要________个触发器。

12. 寄存器可分成________寄存器和________寄存器。

13. 4 位移位寄存器经过________个 CP 脉冲后，4 位数码恰好全部移入寄存器，再经过________个 CP 脉冲，可以得到 4 位串行输出。

二、判断题（正确的打√，错误的打 ×）

1. 构成计数器电路的器件必须具有记忆功能。（　　）

2. 8421 码十进制加法计数器处于 1001 状态时，应准备向高位发进位信号。（　　）

3. 计数器是执行连续加 1 操作的逻辑电路。（　　）

4. 按照计数器在计数过程中触发器的翻转次序，计数器可分为同步计数器和异步计数器。（　　）

5. 十进制计数器由 10 个触发器组成。（　　）

6. n 位二进制计数器，最后一个触发器输出脉冲的频率将降为输入计数脉冲频率的 $1/2^n$。（　　）

7. 4 位触发器构成的二进制计数器，其模值最大为 15。（　　）

8. 在同步计数器中，各触发器的时钟脉冲 CP 都相同。（　　）

9. 寄存器存储输入二进制数码或信息时，是按寄存指令要求进行的。（　　）

10. 计数器和寄存器是常用的组合逻辑器件。（　　）

11. 移位寄存器只能串行输入数据。（　　）

12. 异步时序电路的各级触发器类型不同。（　　）

13. 同步时序电路各级触发器具有统一的时钟 CP 控制。（　　）

14. 把一个五进制计数器与一个十进制计数器串联可得到十五进制计数器。（　　）

15. 计数器的模是指构成计数器的触发器的个数。（　　）

16. 环形计数器在每个时钟脉冲 CP 作用时，仅有一位触发器发生状态更新。（　　）

17. 时序电路通常包含组合电路和存储电路两个组成部分，其中组合电路必不可少。（　　）

18. 一个时序电路，可能没有输入变量，也可能没有组合电路，但一定包含存储电路。（　　）

三、选择题

1. 构成计数器的基本单元是（　　）。
A. 与非门　　B. 或非门　　C. 触发器　　D. 放大器
2. 计数器的模是（　　）。
A. 触发器的个数
B. 计数状态的最大可能个数
C. 实际计数状态的个数
3. 某计数器在计数过程中，当计数器从 111 状态变为 000 状态时，产生进位信号，此计数器的计数长度是（　　）。
A. 8　　B. 7　　C. 6　　D. 3
4. 4 个触发器可以构成（　　）位二进制计数器。
A. 6 位　　B. 5 位　　C. 4 位　　D. 3 位
5. 4 位二进制计数器有（　　）计数状态。
A. 4 个　　B. 8 个　　C. 16 个　　D. 32 个
6. 一位 8421BCD 码十进制计数器至少需要（　　）个触发器。
A. 3 个　　B. 4 个　　C. 5 个　　D. 6 个
7. 一个 4 位二进制加法计数器起始状态为 1001，当接到 4 个脉冲时，触发器状态为（　　）。
A. 0011　　B. 0100　　C. 1101　　D. 1100
8. 寄存器由（　　）组成。
A. 门电路　　B. 触发器
C. 触发器和具有控制作用的门电路　　D. 计数器
9. 输入时钟脉冲频率为 100kHz 时，则十进制计数器最后一级输出脉冲的频率为（　　）。
A. 10kHz　　B. 20kHz　　C. 50kHz　　D. 100kHz
10. N 个触发器可以构成最大计数长度为（　　）的计数器。
A. N　　B. $2N$　　C. N^2　　D. 2^N
11. N 个触发器可以构成能寄存（　　）位二进制数码的寄存器。
A. N　　B. $2N$　　C. N^2　　D. 2^N
12. 5 个 D 触发器构成环形计数器，其计数长度为（　　）。
A. 5　　B. 10　　C. 25　　D. 32

四、分析设计题

1. 分析图 T4.1 所示时序电路。
(1) 试问它为同步时序电路还是异步时序电路?
(2) 请画出其状态表和状态图。

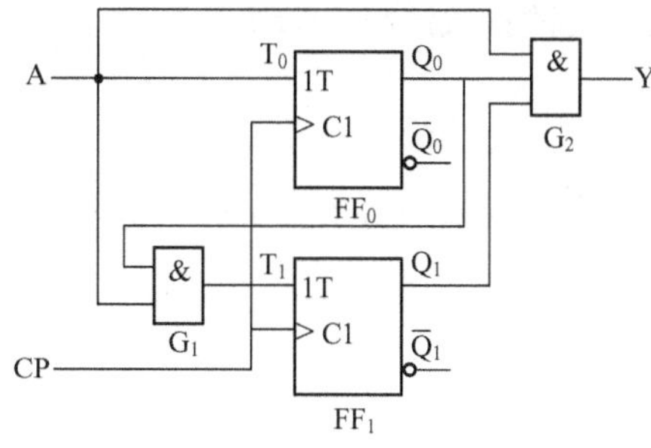

图 T4.1

2. 分析图 T4.2 所示时序电路。

（1）试问它为同步时序电路还是异步时序电路？

（2）请画出其状态表和状态图。

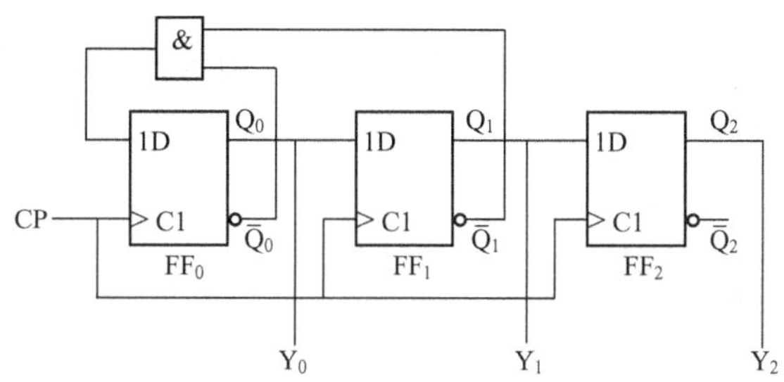

图 T4.2

3. 试分析图 T4.3 所示电路的逻辑功能，要求：写出时钟方程、驱动方程、状态方程，画出状态转换图，并说明其逻辑功能。

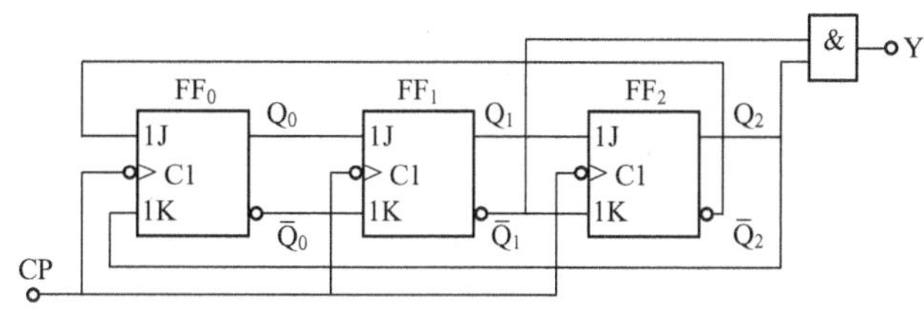

图 T4.3

4. 分析图 T4.4 中集成计数器芯片 74LS161 构成几进制计数器，并画出状态转换图。

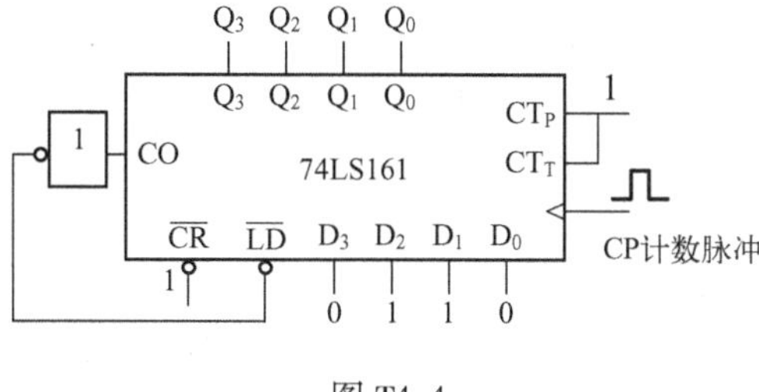

图 T4.4

5. 试分别用反馈清零法和反馈置数法将74LS160构成下列计数器。

(1) 九进制计数器。

(2) 五十进制计数器。

6. 试分别用反馈清零法和反馈置数法将74LS161构成下列计数器。

(1) 十二进制计数器。

(2) 五十进制计数器。

7. 试分别用反馈清零法和反馈置数法将74LS162构成下列计数器。

(1) 九进制计数器。

(2) 六十进制计数器。

8. 试分别用反馈清零法和反馈置数法将74LS163构成下列计数器。

(1) 十进制计数器。

(2) 六十进制计数器。

9. 试用反馈置数法，将74LS161构成同步加法计数器，其计数状态为1001～1111。

10. 试用反馈置数法，将74LS192构成同步减法计数器，其计数状态为0001～1000。

11. 试分别用反馈清零法和反馈置数法将74LS192构成下列计数器。

(1) 同步八进制加法计数器。

(2) 同步六十进制加法计数器。

(3) 同步五十进制减法计数器。

12. 试分别用反馈清零法和反馈置数法将74LS193构成下列计数器。

(1) 同步八进制加法计数器。

(2) 同步六十进制加法计数器。

(3) 同步五十进制减法计数器。

13. 试分别用反馈清零法和反馈置9法将74LS290构成下列计数器。

(1) 8421BCD码异步九进制加法计数器。

(2) 8421BCD码异步五十进制加法计数器。

14. 74LS194连成如图T4.5所示电路。先清0，再使 $M_1M_0=01$。在时钟脉冲的作用下，电路的状态如何变换？列出状态转换表，画出状态转换图，说明该电路为模几计数器。

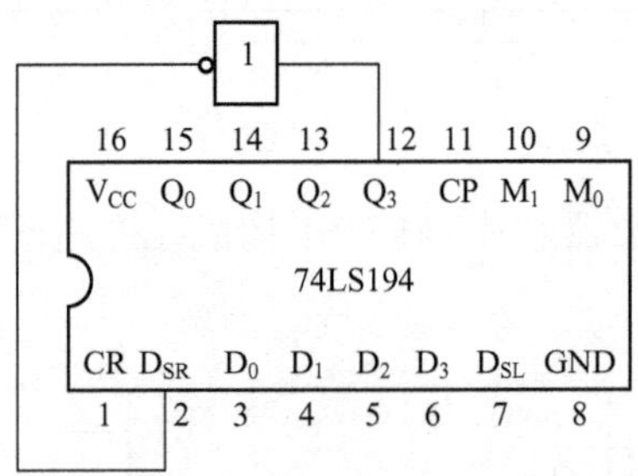

图T4.5

项目 5

双音门铃电路的设计

项目介绍

双音门铃电路是一种由555定时器构成的常用电路，电路中设置一个按钮开关，当按下按钮时发出门铃的较高频率“叮”声，松开按钮，发出较低频率的“咚”声，而且“咚”声在一段时间后会自动停止。本项目学习双音门铃电路的设计与制作，涉及的知识点有555定时器、单稳态触发器、多谐振荡器和施密特触发器等。

学习目标

（1）了解555定时器的电路结构，理解555定时器的工作原理，掌握555定时器的功能和使用方法。

（2）掌握使用555定时器构成单稳态触发器、多谐振荡器和施密特触发器的方法及它们的应用。

（3）掌握使用555定时器设计制作双音门铃等实用电路的方法。

任务5.1 学习555定时器

555定时器是一种集模拟电路和数字电路的多功能中规模集成电路，其结构简单、使用方便灵活、用途广泛。它电源电压范围宽（双极型555定时器为4.5～16V，CMOS 555定时器为3～18V），可提供与TTL及CMOS数字电路兼容的接口电平，也可与模拟电路电平兼容，还可输出一定功率，驱动微电机、扬声器、指示灯等。

555定时器成本低，性能可靠，只要外接几个电阻、电容，就可构成单稳态触发器、施密特触发器及多谐振荡器等电路。它也常作为定时器广泛应用于仪器仪表、家用电器、电子测量及自动控制等方面。

5.1.1 555 定时器的电路结构

集成555定时器逻辑电路如图5.1.1所示，它主要由分压器、两个电压比较器（A_1、A_2）、一个基本RS触发器、一个放电三极管VT及输出缓冲器G五部分所组成。

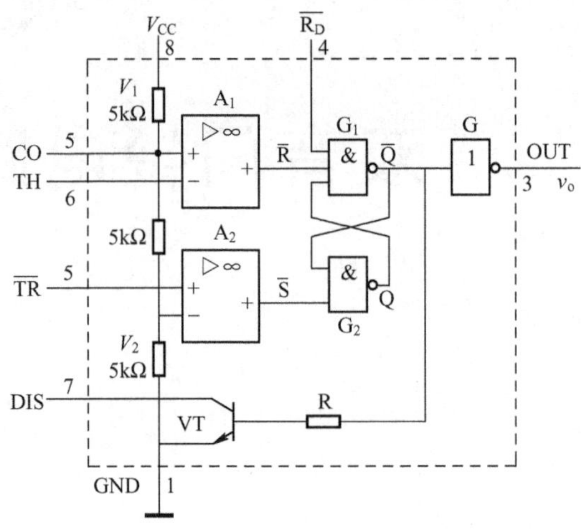

图5.1.1　555定时器逻辑电路

图5.1.2为555定时器的逻辑功能图，各个引脚的功能和作用如下：

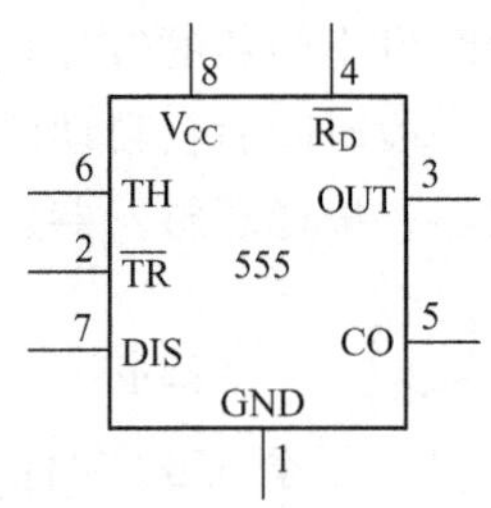

图5.1.2　555定时器的逻辑功能图

1脚——GND：一般情况下接地；

2脚——$\overline{TR}$：电压比较器A_2的输入端，也称为触发端；

3脚——OUT：输出端；

4脚——$\overline{R_D}$：直接清零端，低电平有效，当$\overline{R_D}=0$时，无论TH和$\overline{TR}$有无信号输入，输出v_o都为0，555定时器正常工作时$\overline{R_D}$应接高电平；

5脚——CO：控制电压端；

6脚——TH：电压比较器A_1的输入端，也称为阈值端；

7脚——DIS：放电端；

8脚——V_{CC}：外接直流电源端。

1. 分压器

分压器由3个阻值均为5kΩ的电阻串联而成，并为比较器A_1和A_2提供参考电压。其中，A_1同相端电压$V_1=2V_{CC}/3$，A_2反相端电压$V_2=V_{CC}/3$。

从图5-2中可以看出，如果想改变A_1和A_2的参考电压，则可通过控制端CO加控制电压，如在CO端加入电压V_{CO}，则$V_1=V_{CO}$，$V_2=V_{CO}/2$。若不使用CO端，一般都通过一个

0.01μF 的电容接地，以防止高频干扰。

2. 电压比较器

A_1和 A_2是两个由运算放大器组成的电压比较器，比较器有两个输入端，同相端“+”和反相端“-”，其电压分别用 V_+和 V_-表示。当 $V_+ > V_-$时，比较器输出高电平 1；当 $V_+ < V_-$时，比较器输出低电平 0。

3. 基本 RS 触发器

基本 RS 触发器由两个与非门组成。$\overline{R_D}$为外部信号置 0 端，当$\overline{R_D}=0$时，Q=0，$\overline{Q}=1$，输出 $u_o=0$。一般 555 定时器在工作时，$\overline{R_D}$接高电平。

4. 放电三极管

三极管 VT 在这里是相当于开关，其状态受基本 RS 触发器的$\overline{Q}$所控制，当$\overline{Q}=0$时，VT 截止，当$\overline{Q}=1$时，VT 导通。

5. 输出缓冲器

接在输出端的反相器 G 作为 555 定时器的输出缓冲器，其作用是提高 555 定时器带负载的能力和隔离负载对定时器的影响。

5.1.2 555 定时器的工作原理和功能

设 TH 和$\overline{TR}$端的输入电压分别为 V_{TH}和 $V_{\overline{TR}}$，由图 5-2 可知 555 定时工作原理如下。

（1）当 $V_{TH}>2V_{CC}/3$、$V_{\overline{TR}}>V_{CC}/3$ 时，电压比较器 A_1输出$\overline{R}=0$，A_2的输出$\overline{S}=1$，使基本 RS 触发器置 0，即 Q=0，$\overline{Q}=1$，输出 $v_o=0$，同时 Q=0 使晶体管 VT 导通。

（2）当 $V_{TH}<2V_{CC}/3$、$V_{\overline{TR}}<V_{CC}/3$ 时，电压比较器 A_1输出$\overline{R}=1$，A_2的输出$\overline{S}=0$，使基本 RS 触发器置 1，即 Q=1，$\overline{Q}=0$，输出 $v_o=1$，同时 Q=1 使晶体管 VT 截止。

（3）当 $V_{TH}<2V_{CC}/3$、$V_{\overline{TR}}>V_{CC}/3$ 时，电压比较器 A_1输出$\overline{R}=1$，A_2的输出$\overline{S}=1$，使基本 RS 触发器保持原来的状态不变，输出 v_o 和晶体管 VT 也保持原来的状态不变。

综上所述，555 定时器功能表如表 5.1.1 所示。

表 5.1.1 555 定时器功能表

输入			输出	
$\overline{R}$	TH	$\overline{TR}$	v_o	晶体管 VT
0	×	×	0	导通
1	$>2V_{CC}/3$	$>V_{CC}/3$	0	导通
1	$<2V_{CC}/3$	$<V_{CC}/3$	1	截止
1	$<2V_{CC}/3$	$>V_{CC}/3$	不变	不变

任务5.2 学习单稳态触发器

单稳态触发器是一种常用的脉冲整形和延时电路，它只有一个稳定状态，这个稳定状态要么是0，要么是1。单稳态触发器的工作特点如下。

（1）在无外加触发脉冲时，电路处于稳态。

（2）在受到外加触发脉冲作用时，电路从一个稳定状态翻转到一个暂稳态。

（3）经过一段时间后，电路从暂稳态返回稳态。单稳态触发器在暂稳态停留的时间仅仅取决于电路本身外接的 R、C 值，与外加触发脉冲无关。

5.2.1 用555定时器组成的单稳态触发器

由555定时器组成的单稳态触发器如图5.2.1所示，将 $\overline{TR}$ 作为信号 v_i 的输入端，外接R和C定时元件即可。

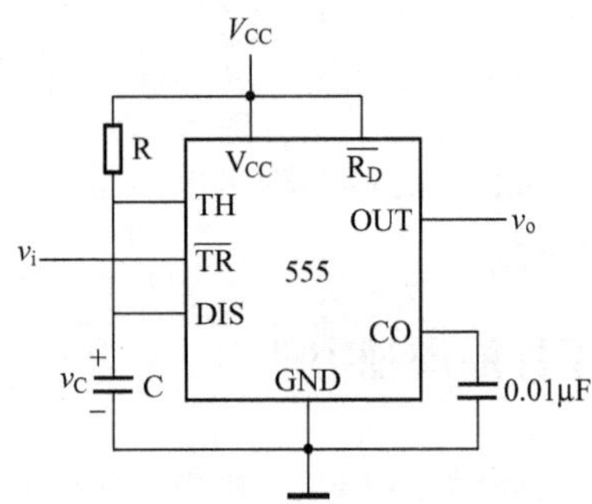

图5.2.1 由555定时器组成的单稳态触发器

该单稳态触发器的工作原理如下。

1. 稳定状态

在没有外加脉冲信号时，输入信号 v_i 相当于高电平 U_{ih}，使得 $V_{\overline{TR}}=v_i>V_{CC}/3$。接通电源后 V_{CC} 经R向C充电，使电容电压 v_c 上升。当电容电压 $v_c \geqslant 2V_{CC}/3$ 时，满足 $V_{TH}>2V_{CC}/3$、$V_{\overline{TR}}>V_{CC}/3$，输出 $v_o=0$，晶体管VT导通，电容C经VT迅速放电完毕，$v_c \approx 0$。这时 $V_{\overline{TR}}=v_i>V_{CC}/3$，$V_{TH}=v_c\approx 0<2V_{CC}/3$，输出 v_o 保持低电平不变。因此在稳定状态时，$v_c\approx 0$，$v_o=0$。

2. 暂稳态

当输入端加入负触发脉冲且 $v_i<V_{CC}/3$ 时，由于稳态时 $v_c\approx 0<2V_{CC}/3$，故输出电压 v_o 由低电平跃变为高电平，进入暂稳态，这时放电管VT截止，V_{CC} 又经R向C充电，v_c 上升。

3. 返回稳定状态

在 v_c 上升到 $v_c>2V_{CC}/3$ 时，$V_{TH}=v_c\geqslant 2V_{CC}/3$、$V_{\overline{TR}}=v_i>V_{CC}/3$，输出电压 v_o 重新跃变为

低电平，同时，放电管 VT 导通，经 VT 迅速放电，放电完毕后，电路返回稳态，$v_c\approx0$，$v_o=0$，其波形如图 5.2.2 所示。

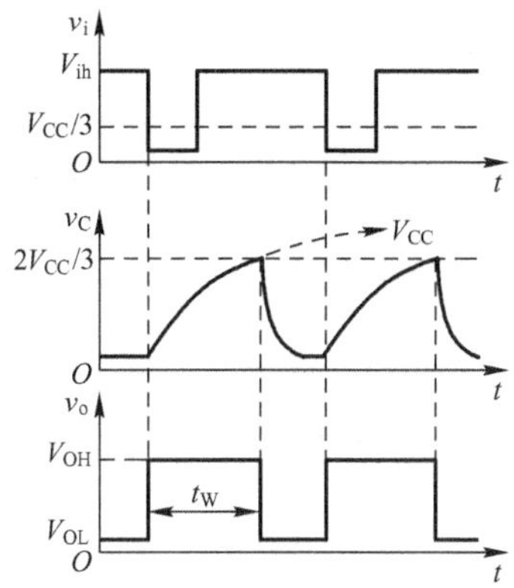

图 5.2.2　单稳态触发器的工作波形

暂稳态持续的时间称脉冲宽度，用 t_w 表示，它由电容两端的电压来决定，是 $v_c\approx0$ 充电到 $2V_{CC}/3$ 所需要的时间，可用下式估算：

$$t_w = RC\ln3 \approx 1.1RC \tag{5.2.1}$$

5.2.2　集成单稳态触发器

集成单稳态触发器性能稳定、价格低廉、触发方式灵活，既可输入脉冲下降沿触发，又可用上升沿触发，使用方便，有不可重复触发型单稳态触发器和可重复触发型单稳态触发器两种。不可重复触发型单稳态触发器在暂稳态期间如再次被触发，对原暂稳时间无影响，输出脉冲宽度 t_w 仍从第一次触发开始计算。它的逻辑符号如图 5.2.3（a）所示，它的工作波形如图 5.2.4（a）所示。可重复触发型单稳态触发器在暂稳态期间如再次被触发，输出脉冲宽度可在此前暂稳态时间的基础上再展宽 t_w，它的逻辑符号如图 5.2.3（b）所示，它的工作波形如图 5.2.4（b）所示。

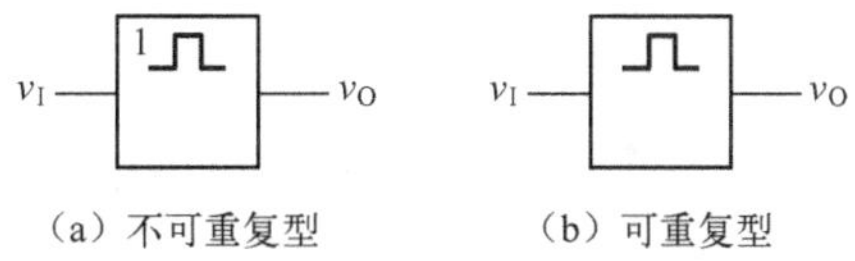

（a）不可重复型　　（b）可重复型

图 5.2.3　集成单稳态触发器的逻辑符号

下面以不可重复型 TTL 集成单稳态触发器 74LS121 为例进行介绍，如图 5.2.5 所示为 74LS121 的逻辑功能示意图，该触发器有 3 个触发信号输入端 TR_{-A}、TR_{-B} 和 TR_{+}，其中 TR_{-A} 和 TR_{-B} 用负脉冲触发，TR_{+} 用正脉冲触发，Q 和 $\overline{Q}$ 为两个互补的输出端，9、10、11 脚为外接定时元件端，“×”号表示非逻辑连接，即没有任何逻辑信息的连接。例如，外接 R、C 和 V_{CC} 等，R_{int} 为内接电阻引出端，使用时与 V_{CC} 相连即可。

单稳态触发器 74LS121 的功能表如表 5.2.1 所示。由表 5.2.1 可见，集成单稳态触发器 74LS121 的逻辑功能如下。

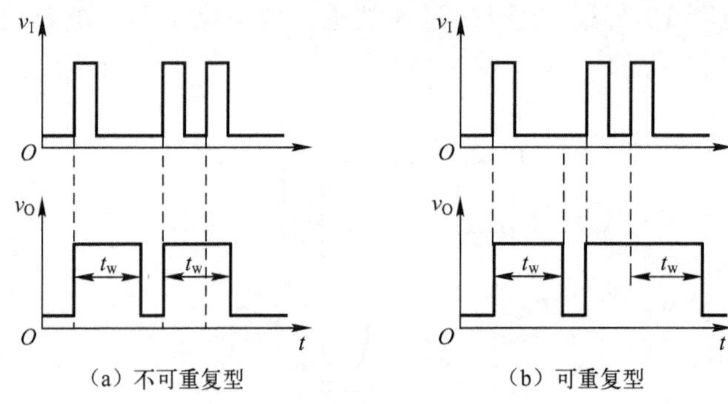

（a）不可重复型　　（b）可重复型

图 5.2.4　集成单稳态触发器的工作波形

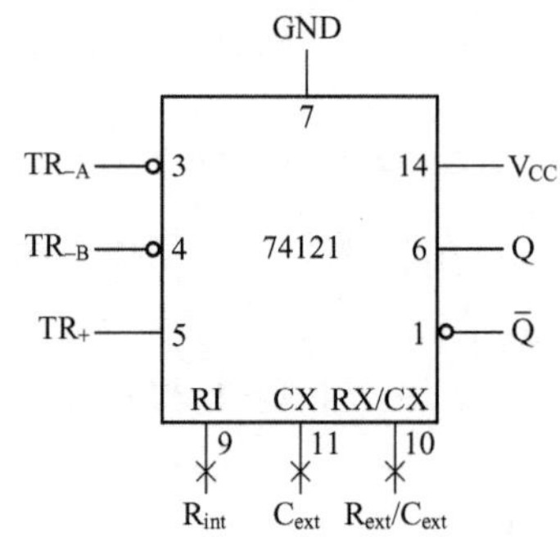

图 5.2.5　74LS121 的逻辑功能示意图

表 5.2.1　单稳态触发器 74LS121 的功能表

输　入			输　出	
TR_{-A}	TR_{-B}	TR_{+}	Q	$\overline{Q}$
0	×	1	0	1
×	0	1	0	1
×	×	0	0	1
1	1	×	0	1
1	↓	1	⊓	⊔
↓	1	1	⊓	⊔
↓	↓	1	⊓	⊔
0	×	↑	⊓	⊔
×	0	↑	⊓	⊔

（1）稳定状态：输入端 TR_{-A}、TR_{-B}和 TR_{+}在前 4 行取值的任一种状态时，电路都处于 $Q=0$、$\overline{Q}=1$ 的稳定状态。

（2）加入触发信号：加入下述情况的触发信号时，电路由稳定状态翻转到暂稳态。

① 下降沿触发翻转：TR_{-A}、TR_{-B}至少有一个是下降沿，其他输入为高电平。

② 上升沿触发翻转：TR_{-A}、TR_{-B}至少有一个是低电平，TR_{+}为上升沿。

集成单稳态触发器 74LS121 的输出脉冲宽度 t_w 可按下式进行估算：

$$t_w \approx 0.7 R_{ext} C_{ext} \tag{5.2.1}$$

R_{ext}和C_{ext}为外接电阻和电容，R_{ext}一般取2～40kΩ，C_{ext}一般取10pF～10μF。

使用74LS121时，一般可用内部设置的电阻R_{in}代替外接电阻以简化外部接线，但R_{in} = 2kΩ，当要求输出脉冲宽度较小时，须再外接电阻。具体接线方式如图5.2.6所示。

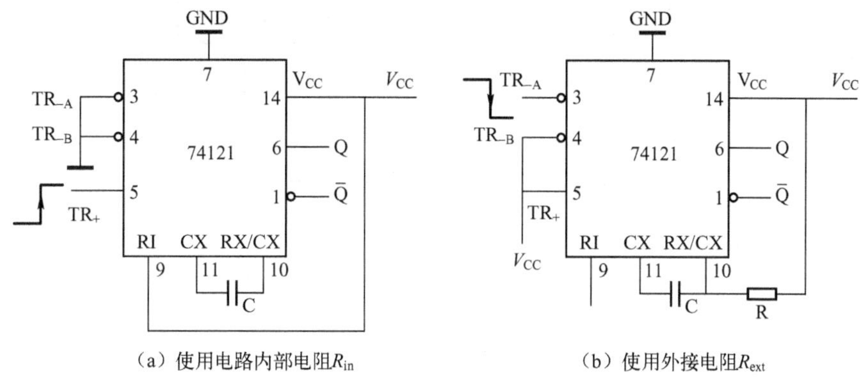

(a) 使用电路内部电阻R_{in}　(b) 使用外接电阻R_{ext}

图5.2.6　74LS121外部电阻和电容的连接

5.2.3　单稳态触发器的应用

利用单稳态触发器的特性可以实现脉冲整形、脉冲延时定时、脉冲展宽等功能。

1. 脉冲整形

脉冲整形就是将不规则的脉冲信号进行处理，输出符合数字系统要求的标准波形。经过长距离传输后，脉冲信号的边沿会变差或波形上叠加某些干扰，利用整形可使其变成符合要求的波形。单稳态触发器能产生一定宽度的脉冲，利用这一特性可以将过宽或过窄的输入脉冲整形成固定宽度的脉冲输出。

如图5.2.7所示的不规则输入波形，经单稳态触发器处理后，便可得到规则的矩形波输出。

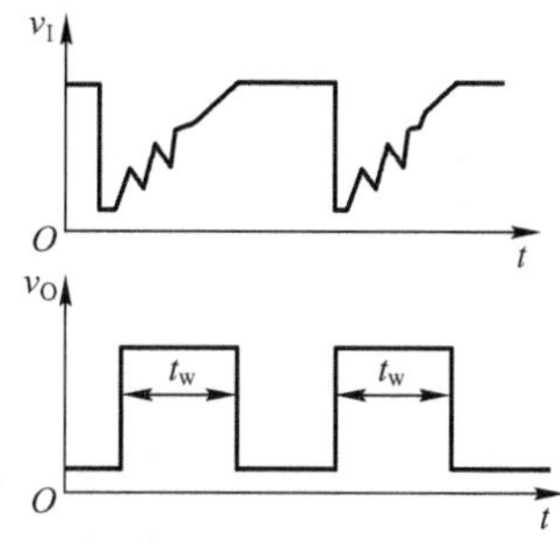

图5.2.7　脉冲整形

2. 脉冲延时与定时

若将单稳态触发器的输出v_C作为与门G的一个输入端，与门的另一个输入脚输入脉冲信号v_B。只有在单稳态触发器输出v_C为高电平时，G打开，v_B才能通过G，这时$v_O = v_B$，G打开的时间完全由单脉冲触发器所决定。当v_C为低电平时，G关闭，v_B不能通过，因此利用单稳态触发器可以控制门开通与否及开通多长时间。其工作波形如图5.2.8所示，从波形图可以看出利用该电路可实现脉冲的延时与定时。

3. 脉冲展宽

当输入脉冲宽度较窄时，可利用单稳态脉冲触发器展宽，将其加在单稳态脉冲触发器的输入端，输出端Q就可获得展宽的脉冲波形，如图5.2.9所示，选择合适的R、C值，就可

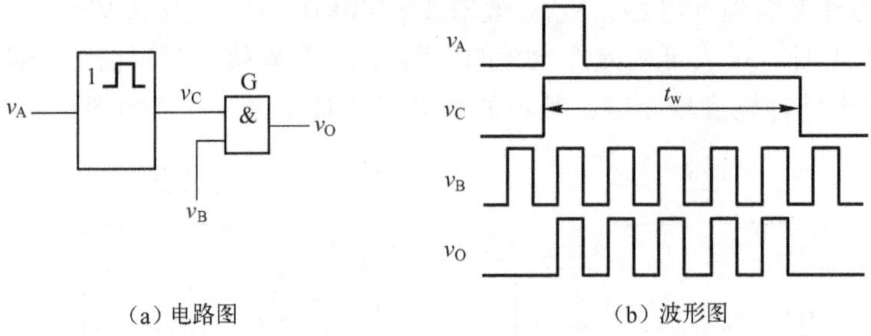

（a）电路图　　（b）波形图

图 5.2.8　单稳态触发器构成的延时定时电路及工作波形

获得宽度符合要求的脉冲。

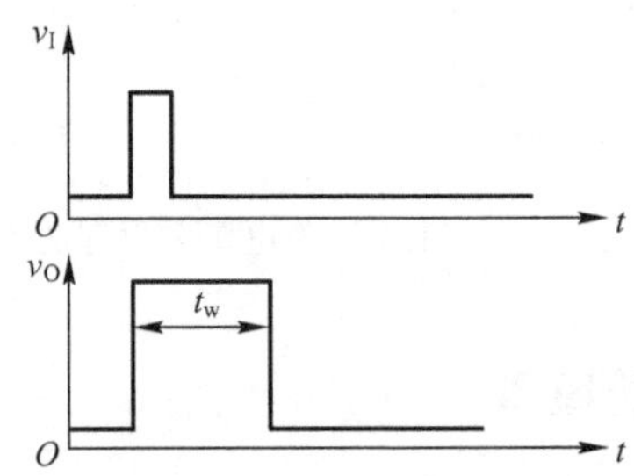

图 5.2.9　单稳态触发器脉冲展宽示意图

任务 5.3　学习施密特触发器

施密特触发器也是常见的数字电路，它可以将输入缓慢变化的不规则波形整形为符合数字电路要求的矩形脉冲。它有两个稳定状态，但与其他触发器不同的是，这两个稳定状态之间的转换和状态的维持都取决于外加的触发信号。施密特触发器具有滞回特性，抗干扰能力强，所以广泛应用于脉冲的整形和产生。

施密特触发器是一种特殊的门电路，与普通的门电路不同，施密特触发器有两个阈值电压，分别称为正向阈值电压 V_{T+} 和负向阈值电压 V_{T-}。如图 5.3.1 所示，输入信号由低电平上升到高电平的过程中使电路状态发生变化的输入电压称为正向阈值电压，输入信号由高电平下降到低电平的过程中使电路状态发生变化的输入电压称为负向阈值电压。正向阈值电压与负向阈值电压之差称为回差电压 ΔV_T。

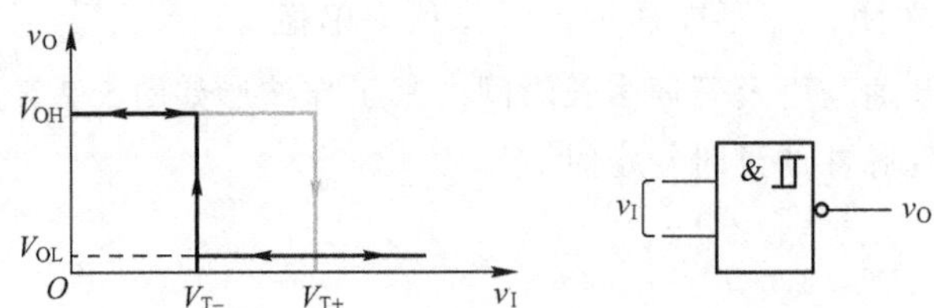

图 5.3.1　施密特触发器的回差电压及逻辑符号

施密特触发器具有以下特点。

(1) 允许输入信号为缓慢变化的信号。

(2) 有两个阈值电压。

(3) 有两个稳定状态。

5.3.1 用 555 定时器组成的施密特触发器

将 555 定时器阈值输入端 TH 和触发器输入端 $\overline{TR}$ 连在一起作为触发器信号的输入端 v_I，并且从 OUT 端取出 v_O，就构成一个反向输出施密特触发器，如图 5.3.2 所示，CO 端一般通过电容 0.01μF 接地，以防止高频干扰。

假定输入信号为一个三角波。

先分析输入电压由 0V 逐渐升高的过程，当 $v_I \leqslant V_{CC}/3$ 时，触发器置 1，输出 v_O 为高电平。当 $2V_{CC} > v_I > V_{CC}/3$ 时，电路保持原来的状态不变，输出 v_O 仍为高电平。当 $v_I \geqslant 2V_{CC}/3$ 时，触发器置 0，输出 v_O 跃变为低电平。此后 v_I 再增大，输出仍然保持不变。由此可知，该电路的正阈值电压 $V_{T+} = 2V_{CC}/3$。

接着在分析输入电压下降的过程，当输入信号由高电平开始下降，且当 $2V_{CC}/3 > v_I > V_{CC}/3$ 时，电路保持原来的状态不变，输出 v_O 为低电平。当 $v_I \leqslant V_{CC}/3$ 时，触发器置 1，输出 v_O 跃变为高电平。此后 v_I 再减小，输出仍然保持不变，由此可知，该电路的负阈值电压 $V_{T-} = V_{CC}/3$。

综上所述，可知该施密特触发器的工作波形如图 5.3.3 所示，由上述分析也可得出该电路的回差电压 $\Delta V_T = V_{T+} - V_{T-} = V_{CC}/3$。

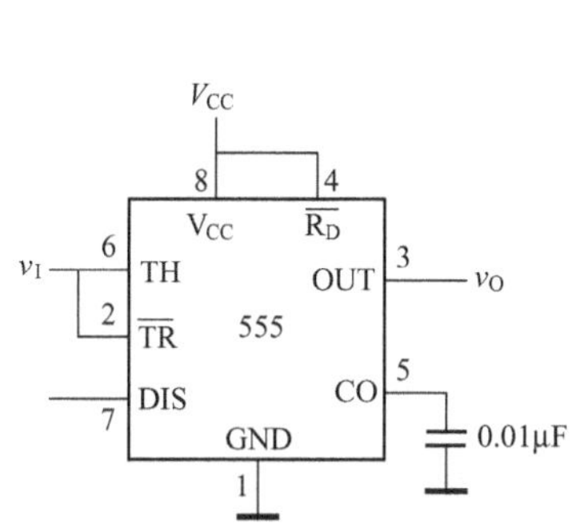

图 5.3.2 用 555 定时器组成的施密特触发器

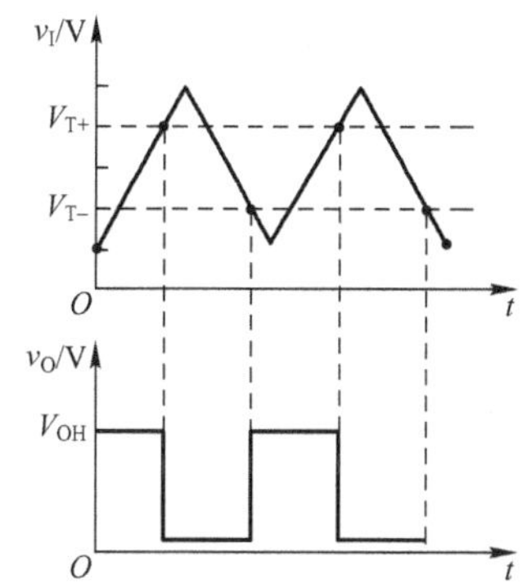

图 5.3.3 施密特触发器的工作波形

5.3.2 施密特触发器的应用

施密特触发器的应用非常广泛，主要用于波形变换、脉冲整形、脉冲幅度鉴别等。

1. 波形变换

施密特触发器常用于将三角波、正弦波及其他变换缓慢的不规则波形变换成矩形脉冲。如图 5.3.4 所示，利用施密特触发器将正弦波变换成矩形波。

2. 脉冲整形

脉冲信号在传输过程中受到干扰时会发生形变，这时可利用施密特触发器进行整形，将受干扰的信号或不符合边沿要求的信号整形成较好的矩形脉冲，如图 5.3.5 所示。

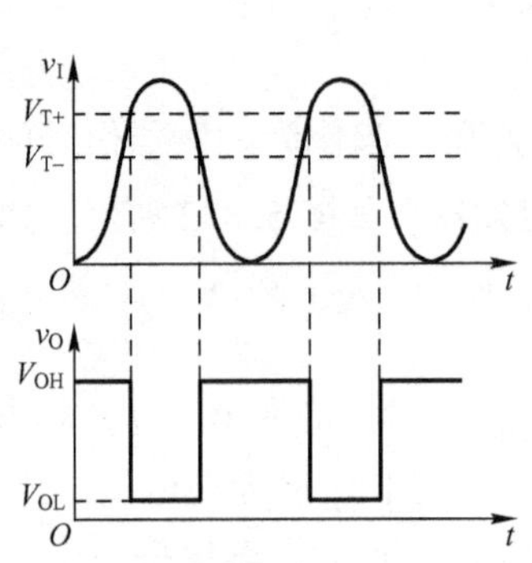

图 5.3.4　施密特触发器用于波形变换

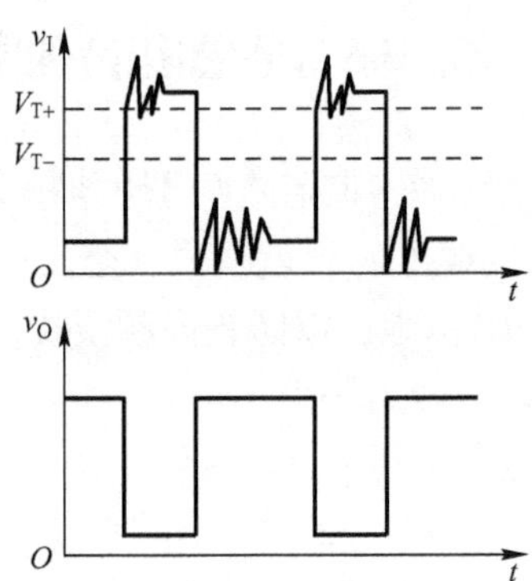

图 5.3.5　施密特触发器用于脉冲整形

3. 脉冲幅度鉴别

当输入信号为一组幅度不等的脉冲而要求去掉幅值较小的脉冲时，可利用施密特触发器将幅度大于 V_{T+} 的脉冲挑选出来，即可对输入脉冲的幅值进行鉴别，如图 5.3.6 所示。

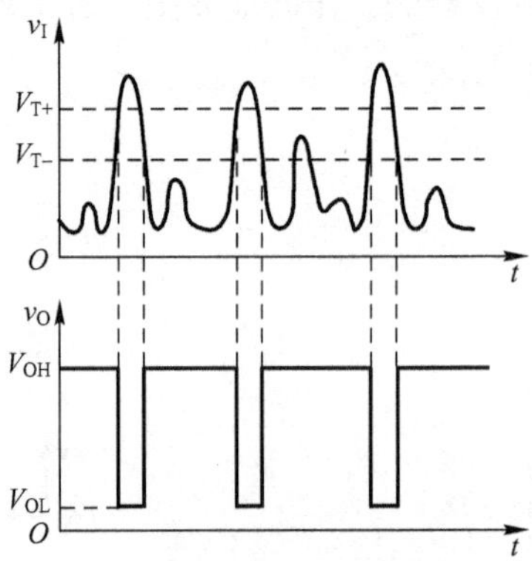

图 5.3.6　施密特触发器用于鉴别脉冲幅度

另外，还可用施密特触发器组成单稳态触发器，如图 5.3.7 所示。

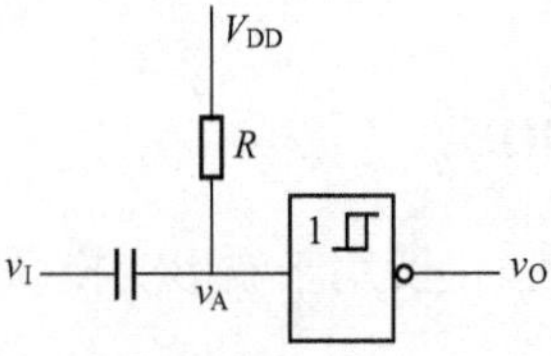

图 5.3.7　用施密特触发器组成的单稳态触发器

其工作波形如图 5.3.8 所示，输入信号为一矩形波，通过图 5.3.7 输入后，便可得到一个单稳态波形图。

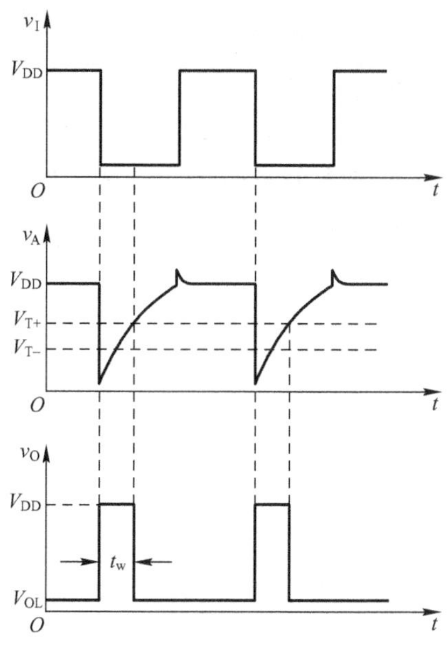

图 5.3.8　用施密特触发器组成的单稳态触发器工作波形

任务 5.4　学习多谐振荡器

多谐振荡器没有稳定的输出状态，只有两个暂稳态。工作时，通过电容的充电和放电，使两个暂稳态相互交替，从而产生自激振荡，输出周期性的矩形脉冲信号。“多谐”指矩形波中除了基波成分外，还含有丰富的高次谐波成分。常用作脉冲信号源及时序电路中的时钟信号或用作方波发生器，其工作特点主要有以下两点。

（1）无须输入信号。

（2）无稳定状态，只有两个暂稳态。

如图 5.4.1 为其逻辑符号。

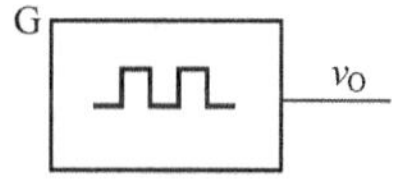

图 5.4.1　多谐振荡器的逻辑符号

5.4.1　用 555 定时器组成的多谐振荡器

由 555 定时器组成的多谐振荡器如图 5.4.2 所示，R_1、R_2和 C 为外接定时元件，TH 和$\overline{TR}$相连并与电容 C 相连，C 的另一端接地，DIS 端对地接 R_2、C 积分电路，控制电压端 CO 通常外接 0.01μF 电容。

由该多谐振荡器的构成可分析其工作原理。

接通电源 V_{CC}后，开始时 $TH=\overline{TR}=v_C\approx0$，输出电压 v_O 为高电平，放电管 VT 截止，V_{CC}经 R_1、R_2向 C 充电，v_C 上升，这时电路处于暂稳态Ⅰ。

当 v_C 上升到时 $TH=\overline{TR}=v_C \geqslant 2V_{CC}/3$，$v_O$ 跃变为低电平，同时放电管 VT 导通，C 经 R_2 和 VT 放电，v_C 下降，电路进入暂稳态 Ⅱ。

当 v_C 下降到 $TH=\overline{TR}=v_C \leqslant V_{CC}/3$ 时，v_O 重新跃变为高电平，同时放电管 VT 截止，C 又被充电，v_C 上升，电路又重新返回到暂稳态Ⅰ。电容 C 如此循环充电和放电，使电路产生振荡，输出矩形脉冲，其工作波形如图 5.4.3 所示。

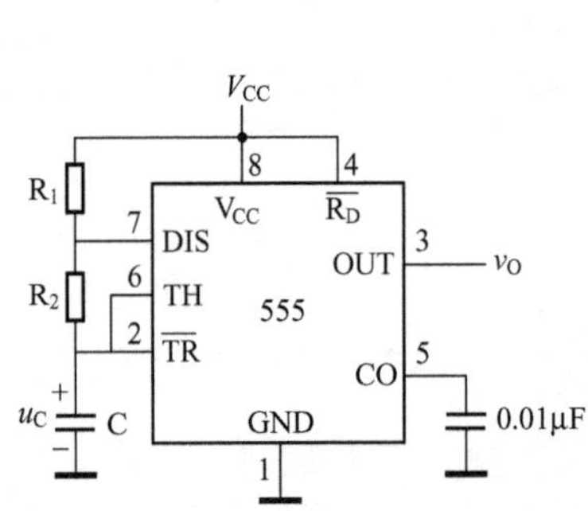

图 5.4.2　由 555 定时器组成的多谐振荡器

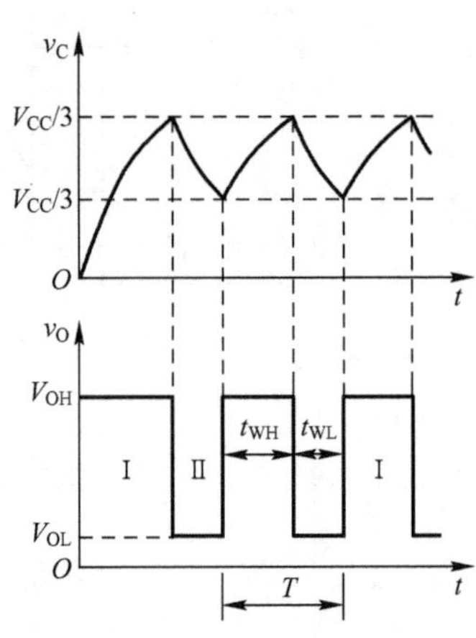

图 5.4.3　工作波形

由其工作波形图可计算该电路以下的相关参数。

(1) 输出高定平的脉宽 t_{WH} 为

$$t_{WH}=0.7(R_1+R_2)C \tag{5.4.1}$$

(2) 输出低电平的脉宽 t_{WL} 为

$$t_{WL}=0.7R_2C \tag{5.4.2}$$

(3) 振荡周期 T 为

$$T=t_{WH}+t_{WL}=0.7(R_1+2R_2)C \tag{5.4.3}$$

(4) 振荡频率 f 为

$$f=\frac{1}{T}=\frac{1}{0.7(R_1+2R_2)C} \tag{5.4.4}$$

(5) 占空比 q 为

$$q=\frac{t_{WH}}{T}=\frac{R_1+R_2}{R_1+2R_2} \tag{5.4.5}$$

当 $R_1=R_2$ 时，$q=50\%$，这时 $t_{WH}=t_{WL}$，多谐振荡器输出方波。

5.4.2　其他多谐振荡器

1. 用施密特触发器构成多谐振荡器

多谐振荡器也可由施密特触发器所构成，如图 5.4.4（a）所示，设电容初始电压 $v_C=0$。则接通电源后 v_O 输出高电平 V_{OH}，输出端通过 R 向电容 C 充电，使 v_C 升高。

当 v_C 上升到 V_{T+} 时，施密特触发器发生翻转，v_O 跃变为低电平 V_{OL}。这时 C 经 R 和施密特触发器的输出电阻 R_o 放电，使 v_C 下降。

当 v_C 下降到 V_{T-} 时，触发器又翻转，v_O 重新跃变为高电平 V_{OH}，电路又充电。电容如此周而复始地充电和放电，电路便产生了振荡，输出周期性矩形波。电路的振荡频率与充放电元件值 R、C 及 V_{CC}、V_{T+}、V_{T-} 有关。

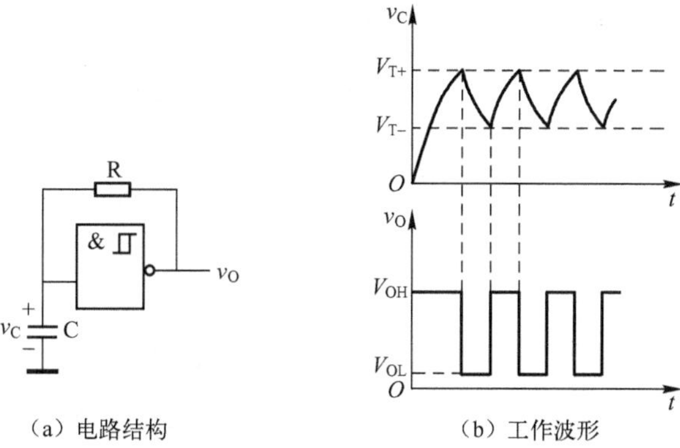

（a）电路结构　　（b）工作波形

图 5.4.4　由施密特触发器构成的多谐振荡器及其工作波形

2. 石英晶体多谐振荡器

为提高多谐振荡器频率的稳定性，在数字系统中，常采用石英晶体多谐振荡器。石英晶体具有很好的选频特性。当振荡信号的频率和石英晶体的固有谐振频率相同时，石英晶体呈现很低的阻抗，信号很容易通过，而其他频率的信号则被衰减掉。因此，将石英晶体串接在多谐振荡器的回路中就可组成石英晶体振荡器，这时，振荡频率只取决于石英晶体的固有谐振频率 f_0，而与 R 和 C 无关。另外，石英晶体不但频率特性稳定，而且品质因数 Q 很高，有极好的选频特性。石英晶体的频率稳定度可达，可满足大多数数字系统对频率稳定度的要求。

如图 5.4.5 所示为 TTL 门电路组成的石英晶体多谐振荡器，R_1 和 R_2 保证 G_1 和 G_2 正常工作，电容 C_1 和 C_2 起到频率微调及耦合的作用。

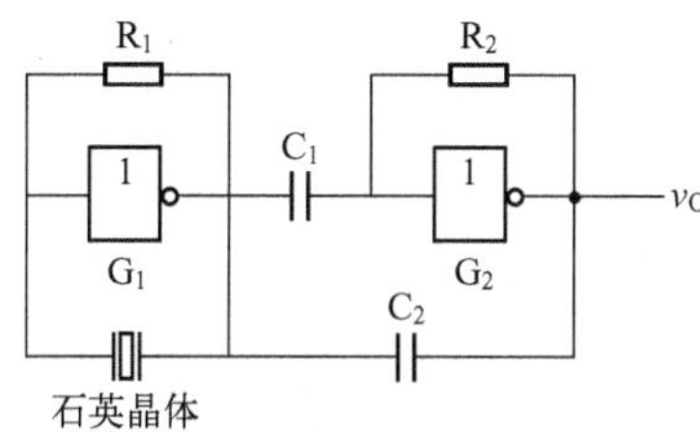

图 5.4.5　由 TTL 门电路组成的石英晶体多谐振荡器

任务 5.5　555 定时器应用实例与仿真

5.5.1　简易门铃电路

图 5.5.1 所示电路由 555 定时器组成简易门铃电路。

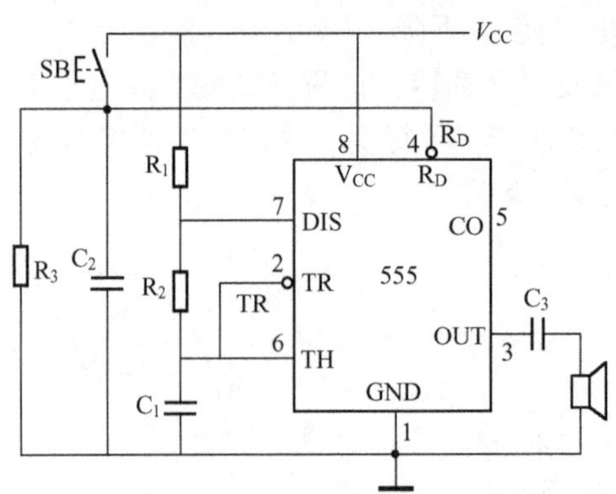

图 5.5.1 简易门铃电路

没按开关 SB 之前，$v_{C2}\approx 0$，555 定时器内部的触发器清零，输出电压 $v_O=0$，电子门铃不响，同时 555 内部的放电三极管导通，电容 C_1（与 6 端相连的电容）经过电阻 R_2和 7 端放电，使电容 C_1上的电压 v_{C1}为零。

当按开关 SB 后，电源给电容 C_2充电且 $v_{C2}\approx V_{CC}$。由于 C_1两端的电压不能突变，$v_{C1}\approx 0$，555 定时器内部的触发器为 1，电路输出 $v_O=1$，电子门铃响。同时 555 内部的放电三极管截止，电源经电阻 R_1和 R_2给 C_1充电，此后，v_C按指数规律增大，但只要 $v_C<V_{T+}$，电路输出将维持 $v_O=1$ 不变，电子门铃响。当 v_{C1}增大到 $v_{C1}=V_{T+}$，555 电路输出由 1 翻转到 0，$v_O=0$，电子门铃不响。同时，三极管导通，电容 C_1通过 R_2和 7 端到三极管的放电回路放电，v_{C1}按指数规律减小，当电压 v_{C1}减小到 $v_{C1}=V_{T-}$时，555 电路输出三极管由 0 再次翻转到 1，此后循环重复上述过程，报警器发出报警声音。

当断开开关 SB 后，电容 C_2经 R_3放电，$v_{C2}\approx 0$，555 定时器内部的触发器清零，输出电压 $v_O=0$，电子门铃不响，同时 555 内部的放电三极管导通，同时 555 内部的放电三极管导通，电容 C_1（与 6 端相连的电容）经过电阻 R_2和 7 端放电，使电容 C_1上的电压 v_{C1}为零，为下次电子门铃响做准备。

5.5.2 高温报警电路

如图 5.5.2 所示是一个高温报警电路，当温度升高时，扬声器就会发出“呜呜”的报警声。

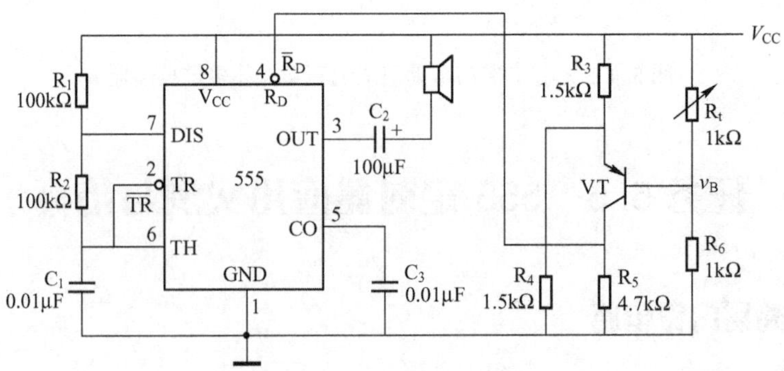

图 5.5.2 高温报警电路

三极管 VT 组成温度控制电路，在正常温度下，三极管 VT 的基极电位大于发射极电位，处于截止状态，集电极输出低电平，使 555 定时器的直接置 0 端$\overline{R_D}$为低电平，多谐振荡器停止振荡，扬声器停止振荡，扬声器不发出声响。

当温度升高时，R_t 增大，基极电压 v_B 下降到某一数值而使基极电压小于发射极电压时，VT 饱和导通，集电极输出高电平，使 555 定时器的直接置 0 端$\overline{R_D}$为高电平，多谐振荡器开始振荡，输出端 OUT 输出矩形脉冲，扬声器发出“呜呜”的报警声。

5.5.3 模拟声响电路

如图 5.5.3 所示是一个模拟声响电路，扬声器能发出周期性的、频率为 1kHz 的间歇声响。

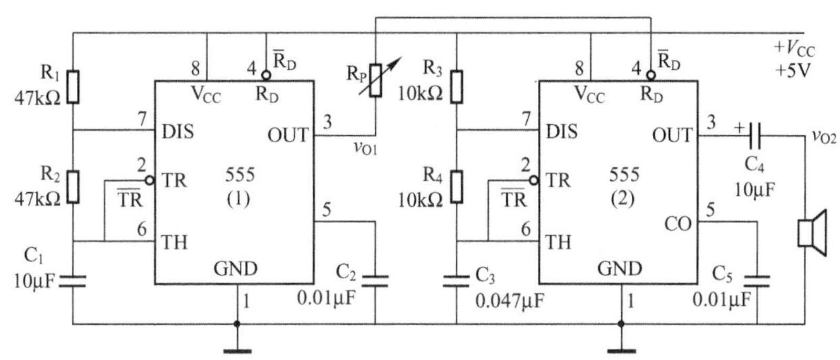

图 5.5.3　模拟声响电路

图 5.5.3 中定时器 555（1）为低频多谐振荡器，振荡频率约为 1Hz，555（2）为高频多谐振荡器，振荡频率约为 1kHz。555（1）的输出 v_{O1} 经电位器 R_p 接到 555（2）的直接置 0 端$\overline{R_D}$上，控制 555（2）多谐振荡器的振荡与停止。

当输出 v_{O1} 为高电平时，555（2）的$\overline{R_D}$为高电平，开始振荡，扬声器发出 1kHz 的声响；当输出 v_{O1} 为低电平时，555（2）的$\overline{R_D}$为低电平，停止振荡，扬声器不发声响。因此，扬声器发出周期性的、频率为 1kHz 的间歇声响。

5.5.4 秒脉冲发生器

1. 秒脉冲发生器的设计

秒脉冲发生器是由振荡器和分频器构成的，可采用 555 定时器、RC 组成的多谐振荡器和 74LS160 构成，选择适当的 R、C 参数，使多谐振荡器输出的振荡频率为 $f_0 = 10^3$ Hz，则经过 3 个十分频电路即可得到 1Hz 的标准脉冲，其电路如图 5.5.4 所示。

2. 秒脉冲发生器的仿真

（1）启动 Mutilsim 10 后，单击基本界面工具条上的“Place TTL”按钮，调出 3 片 74LS160。

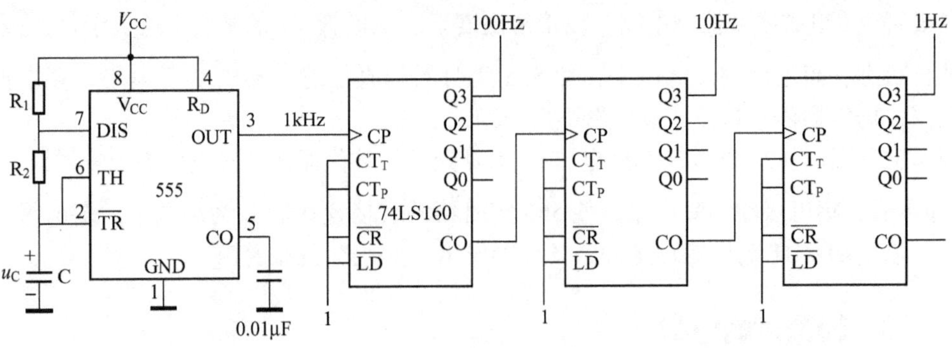

图 5.5.4　由 555 定时器构成的秒脉冲发生器

（2）单击基本界面工具条上的“Place Mixed”按钮，调出 1 片 555 定时器 LM555CN。

（3）单击基本界面工具条上的“Place Basics”按钮，调出 2 个 2kΩ 电阻、1 个 5kΩ 可调电阻。

（4）单击基本界面工具条上的“Place Source”按钮，从中调出电源线和地线。

（5）按图 5.5.5 所示连接仿真电路。从仪器库中调出一台示波器用于观察各点波形。

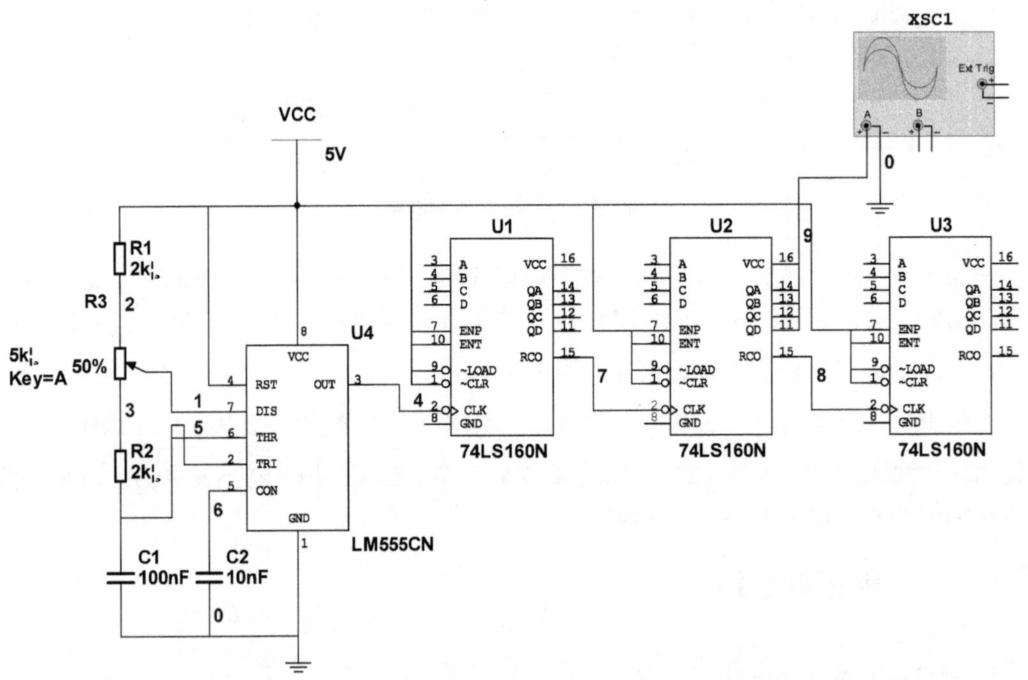

图 5.5.5　555 定时器构成的秒脉冲发生器仿真电路

（6）调节可调电阻选择合适的参数，打开仿真开关开始仿真，示波器可分别观察振荡器和各个计数器 Q_D 端的输出波形，读出信号频率。其中，振荡器和第二级计数器 Q_D 端的输出波形分别如图 5.5.6 和图 5.5.7 所示。

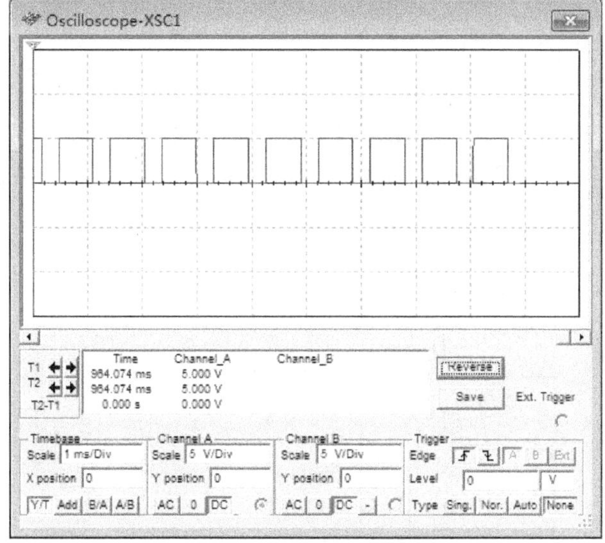

图5.5.6　振荡器输出1kHz波形

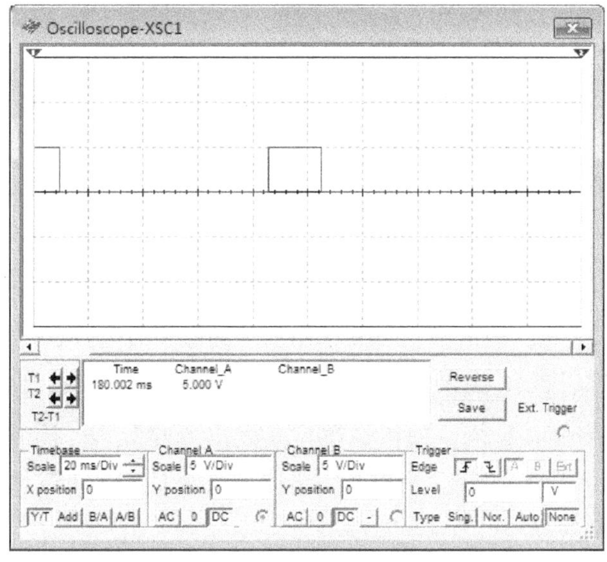

图5.5.7　第二级分频电路输出10Hz波形

任务5.6　技能训练：双音门铃电路的设计与制作

1. 训练目的

(1) 熟悉555定时器的功能和使用方法。
(2) 熟悉叮咚双音门铃电路的电路组成和工作原理。
(3) 掌握双音门铃电路的设计和制作方法，学会对电路进行故障分析和排除。

2. 项目设计

1）任务要求

制作一个双音叮咚门铃电路，电路中设置一个按钮开关，当按下按钮时发出门铃的较高频率“叮”声，松开按钮，发出较低频率的“咚”声，而且“咚”声在一段时间后会自动停止。

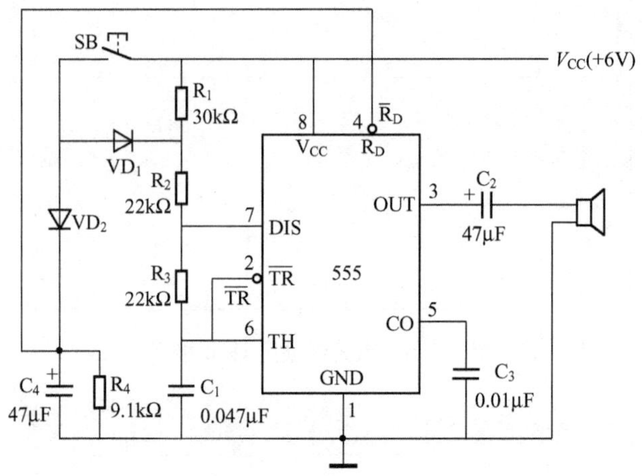

图 5.6.1 双音门铃电路

2）双音门铃电路的组成

由 555 定时器组成的双音门铃电路如图 5.6.1 所示。

在没有按下按钮 SB 时，$\overline{R_D}$为低电平，则输出置 0，保持低电平，门铃不响。当按下 SB 时，电源经 VD_2 给 C_2充电，使$\overline{R_D}$点位升高，当变为高电平时电路起振，此时 VD_1 导通，其振荡频率由 R_2、R_3、C_1决定，电路发出“叮”声。断开按钮 SB 时，此时因 VD_1、VD_2 均不导通，电路的振荡频率由 R_1、R_2、R_3和 C_4决定，发出“咚”声。同时 C_4经 R_4放电，当$\overline{R_D}$变为低电平时电路停止振动。“咚”声的长短可通过改变 C_4、R_4的数值。

“叮”的声音频率约为

$$f_1 \approx \frac{1}{0.7(R_2 + 2R_3)C_1} \approx 461\text{Hz}$$

“咚”的声音频率约为

$$f_2 \approx \frac{1}{0.7(R_1 + R_2 + 2R_3)C_1} \approx 317\text{Hz}$$

3. 项目制作

1）安装

安装前应认真理解电路原理，弄清印制电路板上元器件与电路原理图的对应关系，并对所装元器件预先进行检查，确保元器件处于良好状态。参考原理图 5.6.1，将表 5.6.1 的元器件清单的电阻、电容、555 定时器等元器件安装在印制电路板上，并焊接好。

2）调试

（1）检查印制电路板上元器件安装、焊接准确无误。

（2）接通电源，按下按钮 SB 进行测试。

（3）电路如有故障，分析原因并排除故障。

3）元器件清单如表 5.6.1 所示。

表 5.6.1　元器件清单

序　号	名　称	规　格	数　量
555	555 定时器	NE555	1
SB	按钮	—	1
R_1	电阻	30kΩ	1
R_2、R_3	电阻	22kΩ	2
R_4	电阻	9.1kΩ	1
C_1	电容	0.047μF	1
C_2、C_4	电容	47μF	2
C_3	电容	0.01μF	1
VD_1、VD_2	二极管	1N4148	2
扬声器	扬声器	0.25W/8Ω	1

项目小结

（1）555 定时器是一种多用途的集成电路。只要外接少量阻容元件便可构成施密特触发器、单稳态触发器和多谐振荡器等。此外，它还可组成其他多种实用电路。由于 555 定时器使用方便、灵活，有较强的负载能力和较高的触发灵敏度，因此在自动控制、仪器仪表、家用电器等许多领域都有着广泛的应用。

（2）单稳态触发器有一个稳定状态和一个暂稳态。其输出脉冲的宽度只取决于电路本身 R、C 定时元件的数值，与输入信号没有关系。输入信号只起到触发电路进入暂稳态的作用。改变 R、C 定时元件的数值可调节输出脉冲的宽度。

（3）单稳态触发器可将输入的触发脉冲变换为宽度和幅度都符合要求的矩形脉冲，因此常用于脉冲的定时、整形和展宽等。实用中，常选用集成单稳态触发器或采用 555 定时器构成单稳态触发器。

（4）施密特触发器具有滞回特性，它有两个稳态，有两个不同的触发电平。施密特触发器可将任意波形变换成矩形脉冲，输出脉冲宽度取决于输入信号的波形和回差电压的大小。施密特触发器还可用来进行幅度鉴别、构成单稳态触发器和多谐振荡器等。实用中，常选用集成施密特触发器或采用 555 定时器构成施密特触发器。

（5）施密特触发器和单稳态触发器是两种常用的整形电路，可将输入的周期信号整形成符合要求的同频率矩形脉冲。

（6）多谐振荡器没有稳定状态，只有两个暂稳态。暂稳态间的相互转换完全靠电路本身电容的充电和放电自动完成。因此，多谐振荡器接通电源后就能输出周期性的矩形脉冲。改变 R、C 定时元件数值的大小，可调节振荡频率。在振荡频率稳定度要求很高的情况下，可采用石英晶体振荡器。

习题

一、填空题

1. 555 定时器是一种多用途的集成电路，只需外接少量阻容元件便可构成________、________和________等矩形脉冲输出电路。

2. ________触发器有一个稳定状态和一个暂稳态。________触发器具有回差特性，有两个稳态。________没有稳定状态，只有两个暂稳态。

3. 单稳态触发器可将输入的触发脉冲变换为宽度和幅度都符合要求的矩形脉冲，因此常用于脉冲的________、________和________等。施密特触发器可将任意波形变换成________，还可用来对信号波形的________进行鉴别。

4. 在由 555 定时器组成的单稳态触发器中，为使其能正常工作，直接置零端$\overline{R_D}$应接________，通常将$\overline{R_D}$接到 555 定时器的________上。

5. 某单稳态触发器在无外触发信号时输出为 0 态，在外加触发信号时，输出跳变为 1 态，因此其稳态为________态，暂稳态为________态。

6. 施密特触发器可将输入变化缓慢的信号变换成________信号输出，它的典型应用有________________、________________、________________。

7. 在 555 定时器组成的施密特触发器中，已知 $V_{CC}=9V$ 就，则 $V_{T+}=$________，$V_{T-}=$__________，$\Delta V_T=$________。

8. 多谐振荡器没有________状态，只有两个________状态，其振荡周期 T 取决于__________。

9. 在由 555 定时器组成的多谐振荡器中，其输出脉冲的周期 T 为________。电路工作于振荡状态时，直接置 0 端$\overline{R_D}$应接________，如要求停止振荡，$\overline{R_D}$应接________。

10. 多谐振荡器接通________后就能输出周期性的矩形脉冲。改变________元件的数值大小，可调节振荡频率。在振荡频率稳定度要求很高的情况下，可采用________振荡器。

二、判断题

1. 单稳态触发器的暂稳态时间与输入触发脉冲宽度成正比。 (　　)

2. 单稳态触发器的暂稳态维持时间用 t_w 表示，与电路中 RC 成正比。 (　　)

3. 单稳态触发器可将输入幅度不等、宽度也不等的脉冲信号整形成幅度和宽度都符合要求的脉冲信号输出。 (　　)

4. 在 555 定时器组成的单稳态触发器中，加大负触发脉冲的宽度可增大输出脉冲的宽度。 (　　)

5. 施密特触发器可用于将三角波变换成正弦波。 (　　)

6. 施密特触发器可将输入的模拟信号变换成矩形脉冲输出。 (　　)

7. 施密特触发器的正向阈值电压一定大于负向阈值电压。改变多谐振荡器外接电阻 R 和电容 C 的大小，可改变输出脉冲的脉冲。 (　　)

8. 多谐振荡器的输出信号的周期与阻容元件的参数成正比。（　　）
9. 石英晶体多谐振荡器的振荡频率与电路中的 R、C 成正比。（　　）
10. 多谐振荡器能产生具有两个稳定状态的矩形波信号。（　　）

三、选择题

1. 为了将正弦信号转换成与其频率相同的脉冲信号，可采用（　　）。
A. 多谐振荡器　B. 移位寄存器　C. 单稳态触发器　D. 施密特触发器
2. 要将三角波变换为矩形波，须选用（　　）。
A. 单稳态触发器　B. 施密特触发器　C. 多谐振荡器　D. 双稳态触发器
3. 滞回特性是（　　）的基本特性。
A. 多谐振荡器　B. 施密特触发器　C. T 触发器　D. 单稳态触发器
4. 加上电源就能自动产生矩形脉冲信号的电路是（　　）。
A. 施密特触发器　B. 单稳态触发器　C. T 触发器　D. 多谐振荡器
5. 由 555 定时器构成的单稳态触发器，其输出脉冲宽度取决于（　　）。
A. 电源电压　B. 触发信号幅度
C. 触发信号宽度　D. 外接 R、C 的数值
6. 多谐振荡器可产生（　　）。
A. 正弦波　B. 矩形波　C. 三角波　D. 锯齿波
7. 能把 2kHz 正弦波转换成 2kHz 矩形波的电路是（　　）。
A. 多谐振荡器　B. 施密特触发器　C. 单稳态触发器　D. 二进制计数器
8. 用来鉴别脉冲信号幅度时，应采用（　　）。
A. 稳态触发器　B. 双稳态触发器　C. 多谐振荡器　D. 施密特触发器
9. 输入为 2kHz 矩形脉冲信号时，欲得到 500Hz 矩形脉冲信号输出，应采用（　　）。
A. 多谐振荡器　B. 施密特触发器　C. 单稳态触发器　D. 移位寄存器
10. 如将宽度不等的脉冲信号变换成宽度符合要求的脉冲信号时，应采用（　　）。
A. 施密特触发器　B. 单稳态触发器　C. 触发器　D. 多谐振荡器

11. 555 定时器构成的施密特触发器，在电源电压为 15V 时（电压控制端不用，并经滤波电容接地），其回差电压 ΔV_T 等于（　　）。
A. 15V　B. 10V　C. 7.5V　D. 5V

12. 555 定时器构成的施密特触发器，在电源电压为 15V，电压控制端接 12V 电压时，其正向阈值电压 V_{T+}、负向阈值电压 V_{T-} 分别等于（　　）。
A. 15V，5V　B. 10V，5V　C. 12V，6V　D. 9V，3V

四、综合分析题

1. 如图 T5.1 所示，555 定时器组成单稳态触发器。已知 $V_{CC}=10V$、$R=10k\Omega$、$C=0.01\mu F$，试求输出脉冲宽度 t_W，并画出 v_I、v_C、v_O 的波形。

2. 由 555 定时器构成的单稳态电路如图 T5.2 所示，试回答下列问题。

（1）该电路的暂稳态持续时间 $t_{WO}=$？

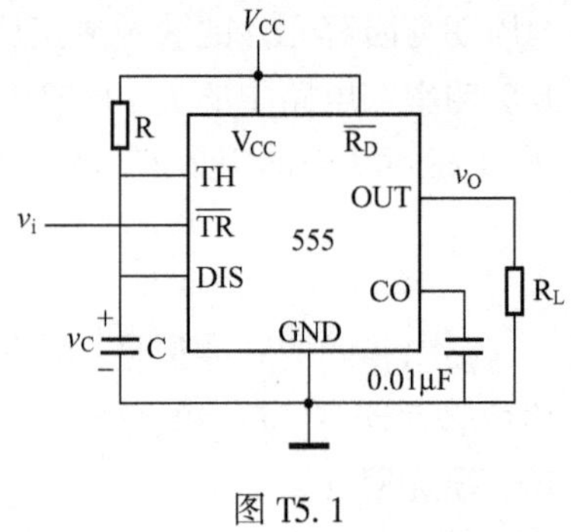

图 T5.1

（2）根据 t_{WO} 的值确定图 T5.2（b）中，哪个适合作为电路的输入触发信号，并画出与其相对应的 v_C 和 v_O 波形。

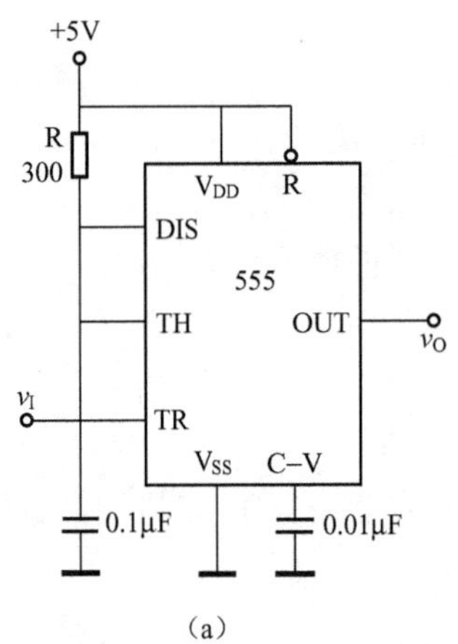

（a）

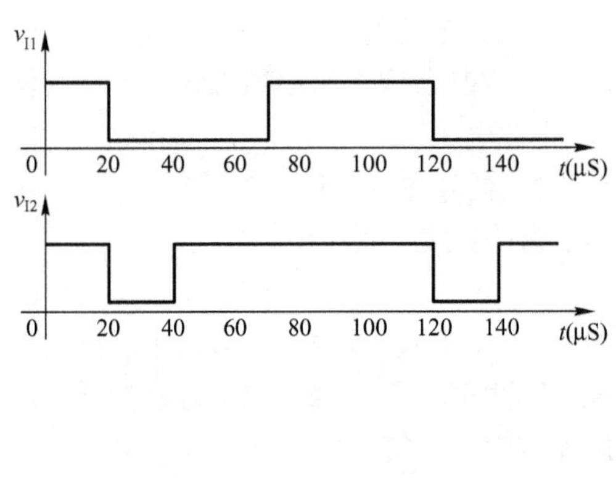

（b）

图 T5.2

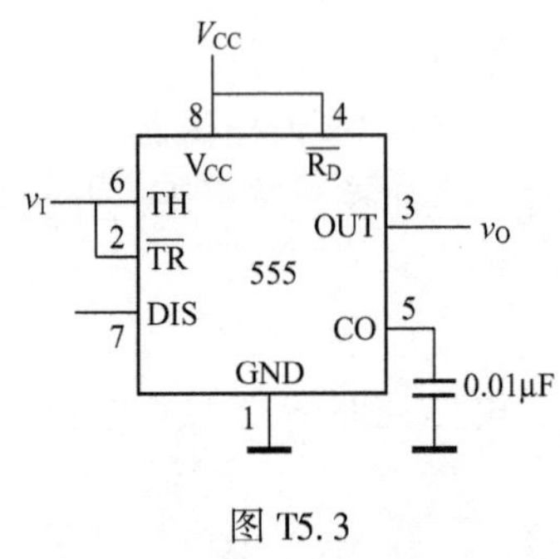

图 T5.3

3. 如图 T5.3 所示，555 定时器接成施密特触发器电路，试求：

（1）当 $V_{CC}=12V$，而且没有外接控制电压时，V_{T+}、V_{T-} 及 ΔV_T 值。

（2）当 $V_{CC}=9V$，外接控制电压 $V_{CO}=5V$ 时，V_{T+}、V_{T-} 及 ΔV_T 值。

4. 试用 555 定时器组成一个施密特触发器，要求：

（1）画出电路接线图。

（2）画出该施密特触发器的电压传输特性。

（3）若电源电压 V_{CC} 为 6V，输入电压是以 $v_I=6\sin\omega t(V)$ 为包络线的单相脉动波形，试画出相应的输出电压波形。

5. 555 定时器构成施密特触发器如图 T5.4 所示。当输入信号为图 T5.4 所示的周期性心电波形时，试画出经施密特触发器整形后的输出电压波形。

6. 如图 T5.5 所示，555 定时器组成多谐振荡器。已知 $V_{CC}=10V$、$R_1=R_2=10k\Omega$、$C=0.1\mu F$，试求：

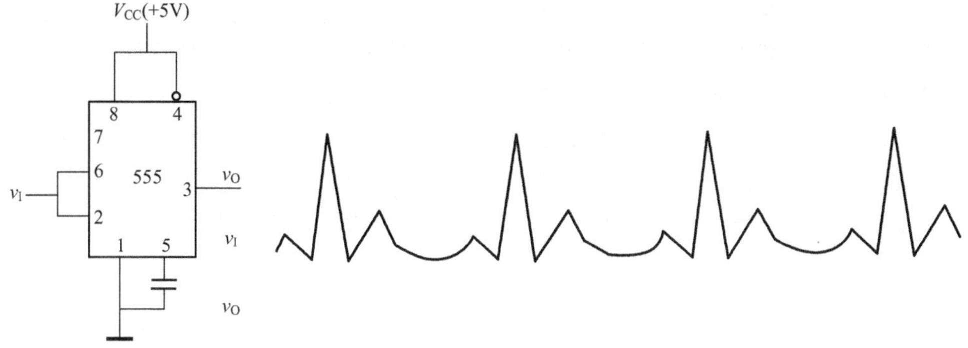

图 T5.4

(1) 多谐振荡器的振荡频率。

(2) 画出 v_C和 v_o的波形。

7. 如图 T5.6 所示，555 定时器组成的占空比可调的多谐振荡器。试问：

(1) 输出脉冲占空比 D 由哪些元件确定?

(2) 如要求 $D=50\%$ 时，应如何选择电路的参数?

(3) 写出电路振荡频率的计算公式。

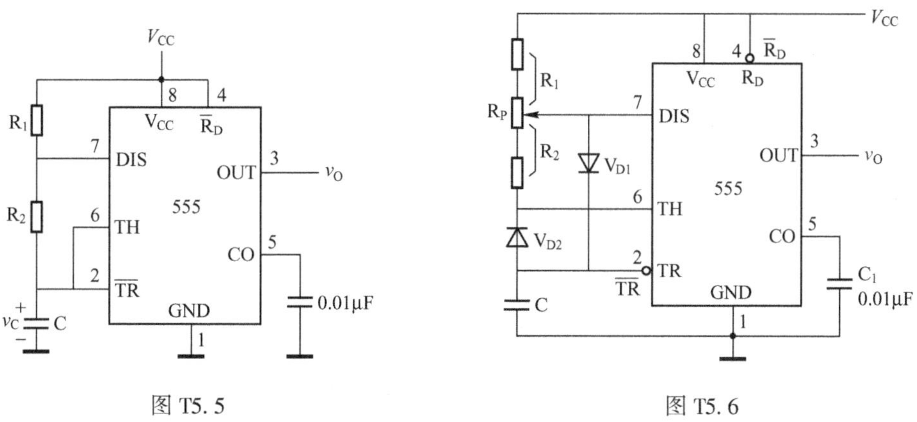

图 T5.5　　图 T5.6

8. 图 T5.7 是用两个 555 定时器接成的延时报警器。当开关 S 断开后，经过一定的延迟

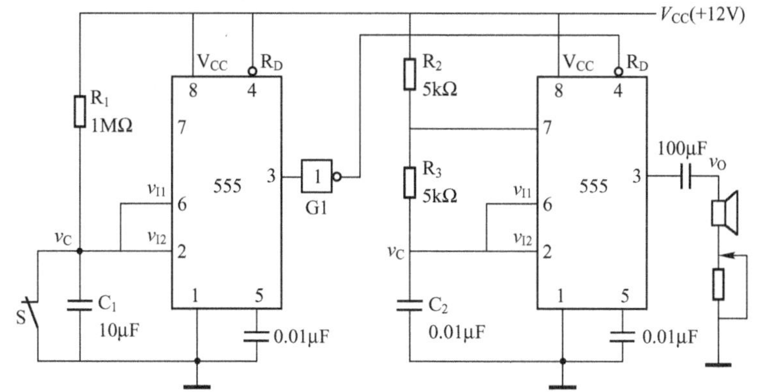

图 T5.7

时间后，扬声器开始发声。如果在延迟时间内开关 S 重新闭合，扬声器不会发出声音。试分析其工作原理，并在图 T5.7 中给定参数下，求延迟时间的具体数值和扬声器发出声音的频率。G_1是 CMOS 反相器，输出的高、低电平分别为 $V_{OH}=12V$，$V_{OL}\approx 0V$。

9. 图 T5.8 是两级 555 电路构成的扬声器高、低音发声电路。在图 T5.8 中给定的电路参数下，设 $V_{CC}=12V$ 时，555 定时器输出的高、低电平分别为 11V 和 0.2V，输出电阻小于 100Ω，试分析其工作原理，并计算扬声器发出的高、低音的持续时间。

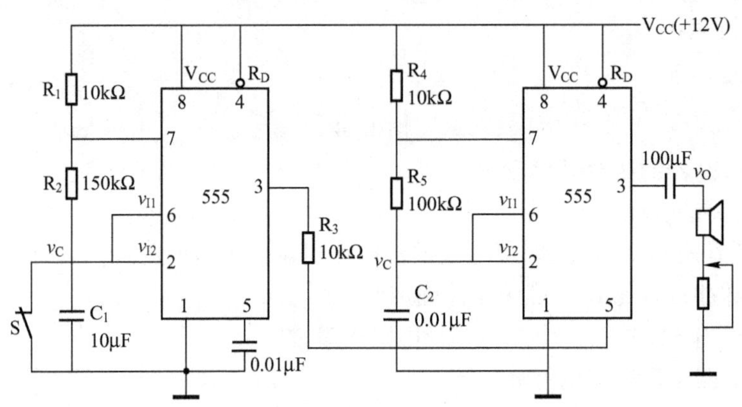

图 T5.8

项目 6

数字电压表电路的设计

项目介绍

在工业过程中，由各种传感器采集的电信号如温度、压力、流量、位移等都是连续的模拟量，必须把这些模拟量转换为数字量，才能由数字系统进行处理。而数字系统处理后的数字量，也必须还原成相应的模拟量，才能实现对模拟系统的控制。同样在数字通信中，要把模拟的音视频信号转换为数字量发送到传输信道中，在接收端再将数字量还原成模拟信号才能被识别。

实现将模拟量转换为数字量的电路，称为模数转换器（Analog/Digital Conversion，ADC），实现将数字量转换为模拟量的电路，称为数模转换器（Digital/Analog Conversion，DAC）。模数转换器和数模转换器是模拟系统和数字系统的重要接口电路。

本项目学习模数转换器和数模转换器，并利用 ADC 设计一个数字电压表。

学习目标

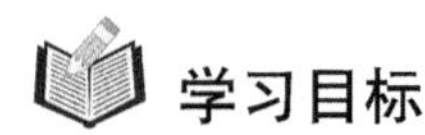

（1）了解 D/A 转换器的基本概念、种类，熟悉 $R-2R$ 倒 T 形电阻网络 D/A 转换器的电路结构，熟悉 D/A 转换器的技术指标，掌握常用集成 DAC 的使用方法和应用。

（2）了解 A/D 转换器的基本概念、种类，熟悉并联比较型 A/D 转换器的电路结构，熟悉 A/D 转换器的技术指标，掌握常用集成 ADC 的使用方法和应用。

（3）熟悉直流数字电压表的电路结构，掌握使用集成 ADC 等元器件设计直流数字电压表的方法，掌握典型电子产品设计、安装和调试的技能。

任务6.1　认识D/A转换器

D/A转换器是将输入的数字量转换成与该数字量成线性比例，并以电压或电流模拟量输出的电路。D/A转换器的种类很多，有权电阻网络D/A转换器、T形和倒T形网络D/A转换器、权电容网络D/A转换器等。

6.1.1　*R*－2*R*倒T形电阻网络D/A转换器

1. 电路结构

如图6.1.1所示为4位*R*－2*R*倒T形电阻网络D/A转换器。它主要由电阻网络、电子模拟开关和求和运算放大器三部分组成。由图6.1.1中可以看出，解码网络电阻只有两种：即*R*和2*R*，且构成倒T形，故称为*R*－2*R*倒T形电阻网络DAC。求和运算放大器构成一个电流电压变换器，将流过各2*R*支路的电流相加，并转换成与输入数字量成正比的模拟电压输出。

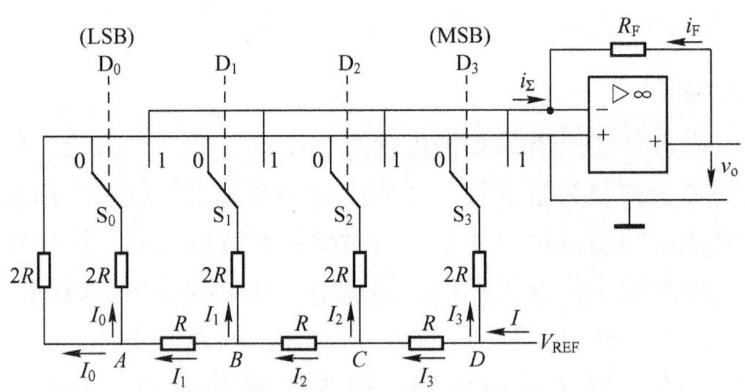

图6.1.1　R－2R倒T形电阻网络D/A转换器

2. 工作原理

在R－2R倒T形电阻网络中，4个电子模拟开关S_i，由输入数码D_i控制，当$D_i=1$时，开关S_i接运算放大器反相输入端，电流I_i流入求和电路；当$D_i=0$时，S_i则将电阻2*R*接地。由于工作在线性反相输入状态的运算放大器的反相输入端相当于接地（虚地），所以无论模拟开关S_i处于何种位置，与S_i相连的2*R*电阻均等效为接地（地或虚地）。这样，流经2*R*电阻的电流与开关位置无关，为确定值。分析*R*－2*R*电阻网络可以发现，从A、B、C、D各个节点向左看的二端网络等效电阻均为*R*，流入每个2*R*电阻的电流从高位到低位按2的整数倍递减。设基准电压源电压为V_{REF}，则总电流恒为$I=V_{REF}/R$，而流过各2*R*支路（从右到左）的电流分别为$I_3=I/2$、$I_2=I/4$、$I_1=I/8$和$I_0=I/16$。

于是可得到各支路流入求和运算放大器的总电流为

$$i_\Sigma=I_3+I_2+I_1+I_0$$

$$=\frac{I}{2}D_3+\frac{I}{4}D_2+\frac{I}{8}D_1+\frac{I}{16}D_0$$

$$=\frac{V_{REF}}{R\cdot 2^4}\left(2^3D_3+2^2D_2+2^1D_1+2^0D_0\right) \tag{6.1.1}$$

输出电压为

$$v_O=i_FR_F=-i_{\Sigma}R_F$$

$$=-\frac{V_{REF}\cdot R_F}{R\cdot 2^4}\left(2^3D_3+2^2D_2+2^1D_1+2^0D_0\right) \tag{6.1.2}$$

式（6.1.2）表明，对于电路中输入的每一个二进制数，均能在其输出端得到与之成正比的模拟电压，实现了数字量到模拟量的转换。

对于 n 位 $R-2R$ 倒 T 形电阻网络 D/A 转换器，对应的输出电压为

$$v_O=-\frac{V_{REF}\cdot R_F}{R\cdot 2^n}\left(2^{n-1}D_{n-1}+2^{n-2}D_{n-2}+\cdots+2^1D_1+2^0D_0\right)$$

当取 $R_F=R$ 时，则有

$$v_O=-\frac{V_{REF}}{2^n}\left(2^{n-1}D_{n-1}+2^{n-2}D_{n-2}+\cdots+2^1D_1+2^0D_0\right) \tag{6.1.3}$$

倒 T 形电阻网络由于流过各支路的电流恒定不变，故在开关状态变化时，无须电流建立时间，所以该电路转换速度快，在数模转换器中被广泛采用。另外，它只有 R 和 $2R$ 两种阻值的电阻，在集成工艺上非常有利。

6.1.2　D/A 转换器的主要技术指标

1. 分辨率

分辨率说明 D/A 转换器输出最小电压的能力。它是指 D/A 转换器模拟输出所产生的最小输出电压 V_{LSB}（对应的输入数字量仅最低位为 1，其余各位为 0）与最大输出电压 V_{FSR}（对应的输入数字量各位全为 1）之比，表示为

$$分辨率=\frac{V_{LSB}}{V_{FSR}}=\frac{1}{2^n-1} \tag{6.1.4}$$

式中，n 表示输入数字量的位数。

可见，分辨率与 D/A 转换器的位数有关，位数越多，能够分辨的最小输出电压变化量就越小，即分辨最小输出电压的能力也就越强。

例如，$n=8$ 时，D/A 转换器的分辨率为

$$分辨率=\frac{1}{2^8-1}=0.0039$$

而当 $n=10$ 时，D/A 转换器的分辨率为

$$分辨率=\frac{1}{2^{10}-1}=0.000978$$

显然，10 位 D/A 转换器的分辨率比 8 位 D/A 转换器的分辨率高得多。

实际中，往往用输入数字量的位数表示 D/A 转换器的分辨率，对于一个 10 位的 D/A

转换器，也可以说其分辨率是10位。

需要指出的是，分辨率只是一个设计参数，不是测试参数。

2. 转换精度

转换精度是指D/A转换器实际输出的模拟电压值与理论输出模拟电压值之间的最大误差。显然，这个差值越小，电路的转换精度越高。转换精度是一个综合指标，包括零点误差、增益误差等，不仅与D/A转换器中的元件参数精度有关，而且还与环境温度、求和运算放大器的温度漂移及转换器的位数有关。所以要获得较高精度的D/A转换结果，除了要正确选用合适的D/A转换器的位数外，还要选用低漂移高精度的求和运算放大器。

一般情况下要求D/A转换器的误差小于$V_{LSB}/2$。

3. 转换时间

转换时间是指D/A转换器从输入数字信号开始到输出模拟电压或电流达到稳定值时所需的时间。它是反映D/A转换器的工作速度的指标。转换时间越小，工作速度就越高。一般产品说明中给出的是输入从全0跳变为全1（或从全1跳变为全0）时其输出达到稳定值所需的转换时间。

【例6.1.1】 已知$R-2R$网络型D/A转换器$V_{REF}=+5V$，试分别求出4位D/A转换器和8位D/A转换器的最大输出电压，并说明这种D/A转换器最大输出电压与位数的关系。

解：4位D/A转换器的最大输出电压：

$$v_O=\frac{V_{REF}}{2^n}\times(1111)_B=\frac{5}{2^4}\times15=4.6875V$$

8位D/A转换器的最大输出电压：

$$v_O=\frac{V_{REF}}{2^n}\times(11111111)_B=\frac{5}{2^8}\times255=4.98V$$

由此可见，最大输出电压随位数增加而增加，但增加幅度并不大。

【例6.1.2】 已知$R-2R$网络型D/A转换器$V_{REF}=+5V$，试分别求出4位D/A转换器和8位D/A转换器的最小输出电压，并说明这种D/A转换器最小输出电压与位数的关系。

解：4位D/A转换器的最小输出电压：

$$v_O=\frac{V_{REF}}{2^n}\times(0001)_B=\frac{5}{2^4}\times1=0.625V$$

8位D/A转换器的最小输出电压：

$$v_O=\frac{V_{REF}}{2^n}\times(00000001)_B=\frac{5}{2^8}\times1=0.0195V$$

可见，位数越多，最小输出电压越小。

6.1.3 常用集成DAC及应用

常用的CMOS开关倒T形电阻网络D/A转换器集成电路有AD7524（8位）、AD7520（10位）、AD7546（16位）、DAC0832（8位）及DAC1210（12位）等。需要注意的是，集成D/A转换器通常只将电阻网络、电子开关等集成，集成电路中并不包含运算放大器、基准电压源等，使用时需要外接运算放大器和基准电压源。

1. 8 位集成 D/A 转换器 DAC0832 的电路结构

DAC0832 是用 CMOS 工艺制成的 20 脚双列直插式 8 位 D/A 转换器。它的内部结构和引脚排列如图 6. 1. 2 所示。它由 8 位输入寄存器、8 位 DAC 寄存器和 8 位 D/A 转换器三大部分组成。它有两个分别控制的数据寄存器，可以实现两次缓冲，所以使用时有较大的灵活性，可根据需要接成不同的工作方式。DAC0832 内部采用的是电流输出的倒 T 形电阻网络，使用时要外接求和运算放大器。芯片中已集成了反馈电阻，使用时只要将 9 脚接到运放输出端即可，若增益不够仍可串联外加反馈电阻。

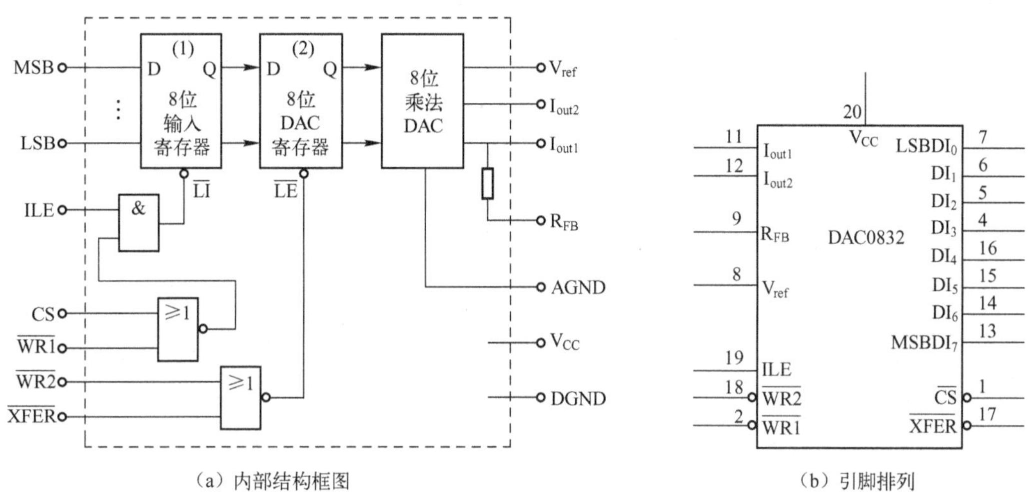

（a）内部结构框图　　（b）引脚排列

图 6. 1. 2　DAC0832 内部结构框图和引脚排列

2. DAC0832 的引脚和功能

DAC0832 芯片各引脚的名称和功能说明如下。

$\overline{CS}$：片选信号，输入低电平有效。

ILE：输入锁存允许信号，输入高电平有效。

$\overline{WR_1}$：输入寄存器写信号，输入低电平有效。

$D_0 \sim D_7$：8 位数据输入端，D_0为最低位，D_7为最高位。

信号$\overline{CS}$、ILE 和$\overline{WR_1}$共同控制输入寄存器的数据输入。只有当$\overline{CS}$、ILE 和$\overline{WR_1}$同时有效时，输入寄存器才被打开，允许 8 位数据输入端送入数据。在维持$\overline{CS}=0$、ILE $=1$ 的情况下，$\overline{WR_1}$由 0 变为 1，输入寄存器锁存输入信号，这时即使输入数据发生变化，输入寄存器的输出也保持不变。

$\overline{WR_2}$：DAC 寄存器写信号，输入低电平有效。

$\overline{XFER}$：数据传送控制信号，输入低电平有效。该信号用来控制是否允许将输入寄存器中的内容传送给 DAC 寄存器以进行转换。

当$\overline{WR_2}$和$\overline{XFER}$都为低电平，即同时有效时，DAC 寄存器处于开放状态，输出随输入的变化而变化，也就是说，将存于输入寄存器的 8 位数据传送到 DAC 寄存器中；在$\overline{XFER}$维持 0 的情况下，$\overline{WR_2}$由 0 变 1，DAC 寄存器就锁存数据，输出不随输入变化，确保 D/A 转换过程中被转换的数字量是稳定的。

I_{OUT1}：DAC 模拟电流输出端 1。此输出信号一般作为运算放大器的一个差分输入信号（通常接反相端）。

I_{OUT2}：DAC 模拟电流输出端 2，电路中保证 $I_{OUT1}+I_{OUT2}=$常数，I_{OUT2}端一般接地。

R_{FB}：反馈电阻（在芯片内部）接线端。

Vref：参考电压源输入端，可在 -10 ～ 10V 之间选择。

V_{CC}：电源输入端，可在 5 ～ 15V 范围内选取，15V 时为最佳工作状态。

DGND：数字电路接地端。

AGND：模拟电路接地端。通常与数字电路接地端连接。

3. DAC0832 的工作方式

1）双缓冲方式

DAC0832 包含输入寄存器和 DAC 寄存器两个数字寄存器，因此称为双缓冲，即数据在进入倒 T 形电阻网络之前，必须经过两个独立控制的寄存器。如图 6.1.3（a）所示，$\overline{CS}=\overline{XFER}=0$，ILE = 1，此方式应先将$\overline{WR_1}$接低电平，将输入数据先锁存在输入寄存器中。当需要 D/A 转换时，再将$\overline{WR_2}$接低电平，将数据送入 DAC 寄存器中并进行转换。

2）单缓冲方式

如图 6.1.3（b）所示，$\overline{CS}=\overline{WR_2}=\overline{XFER}=0$，ILE = 1，此方式中 DAC 寄存器处于常通状态，当需要 D/A 转换时，将$\overline{WR_1}$接低电平，输入数据送入输入寄存器后直接存入 DAC 寄存器中并进行转换。

3）直通方式

如图 6.1.3（c）所示，$\overline{CS}=\overline{WR_1}=\overline{WR_2}=\overline{XFER}=0$，ILE = 1，此时两个寄存器都处于直通状态，模拟输出能够快速反应输入数码的变化。

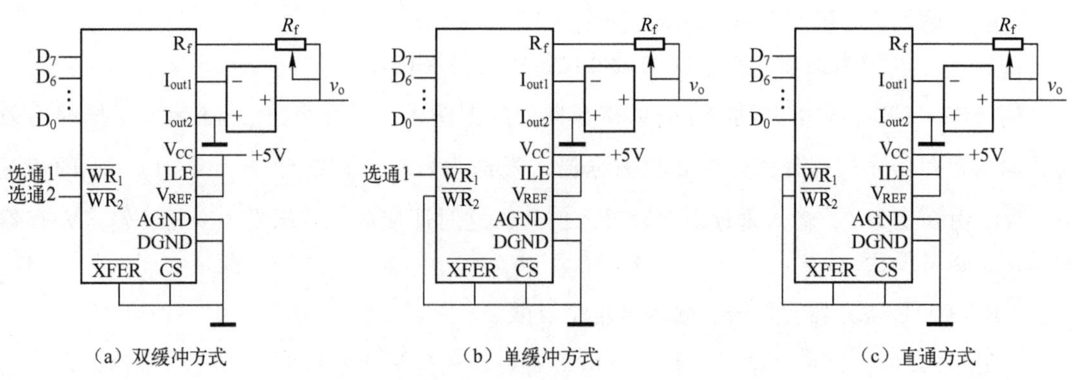

(a) 双缓冲方式　　(b) 单缓冲方式　　(c) 直通方式

图 6.1.3　DAC0832 的三种工作方式

任务6.2 认识A/D转换器

A/D转换器是将时间和幅值都连续的模拟量转换成离散的数字量，且输出数字量的数值和输入模拟量的幅值成正比的电路。A/D转换器在进行转换期间，要求输入的模拟电压保持不变，但在A/D转换器中，因为输入的模拟信号在时间上是连续的，而输出的数字信号是离散的，所以进行转换时只能在一系列选定的瞬间对输入的模拟信号进行取样，然后再把这些取样值转化为输出的数字量，一般来说，转换过程包括取样—保持、量化与编码几个步骤。

6.2.1 A/D转换的一般步骤

1. 取样—保持

取样（又称为采样或抽样）是对模拟信号进行周期性地抽取样值的过程，即将时间上连续变化的模拟信号转换为时间上离散、幅度上等于取样时间内模拟信号大小的模拟信号，即转换为一系列等间隔的脉冲。取样原理如图6.2.1（a）所示。图6.2.1中，v_i为模拟输入信号，v_s为取样脉冲，v_o为取样后的输出信号。

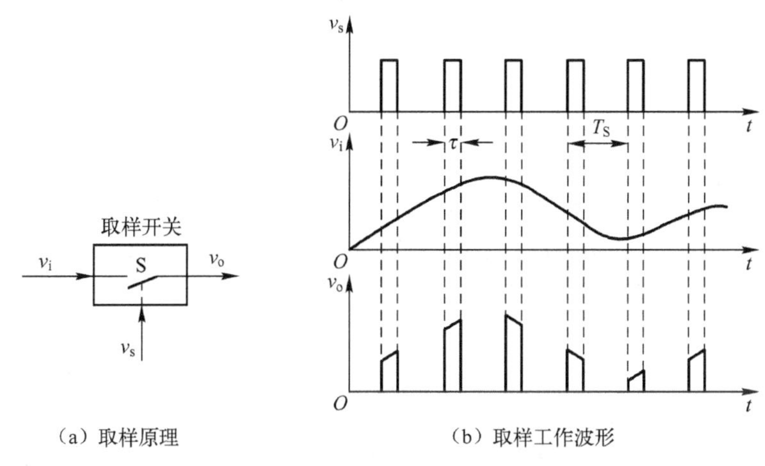

（a）取样原理　　（b）取样工作波形

图6.2.1 取样原理与工作波形

取样电路实质上是一个受取样脉冲控制的电子开关，其工作波形如图6.2.1（b）所示。在取样脉冲v_s有效期（高电平期间）内，取样开关S闭合接通，使输出电压等于输入电压，即$v_o=v_i$；在取样脉冲v_s无效期（低电平期间）内，取样开关S断开，使输出电压等于0，即$v_o=0$。因此，每经过一个取样周期T，在输出端便得到输入信号的一个取样值。v_s按照一定频率f_S变化时，输入的模拟信号就被取样为一系列的样值脉冲。取样频率f_S越高，在时间一定的情况下取样到的样值脉冲越多，因此输出脉冲的包络线就越接近于输入的模拟信号。

为了不失真地用取样后的输出信号 v_o 来表示输入模拟信号 v_i，取样频率 f_S 必须满足：取样频率 f_S 应不小于输入模拟信号最高频率分量 f_{max} 的两倍，即 $f_S \geqslant 2f_{max}$，这就是广泛使用的取样定理。

ADC 把取样信号转换成数字信号需要一定的时间，所以在每次取样结束后都需要将这个断续的脉冲信号保持一定时间，以便后续的量化与编码电路进行转换。如图 6.2.2（a）所示是一种常见的取样—保持电路，它由取样开关、保持电容和缓冲放大器组成。

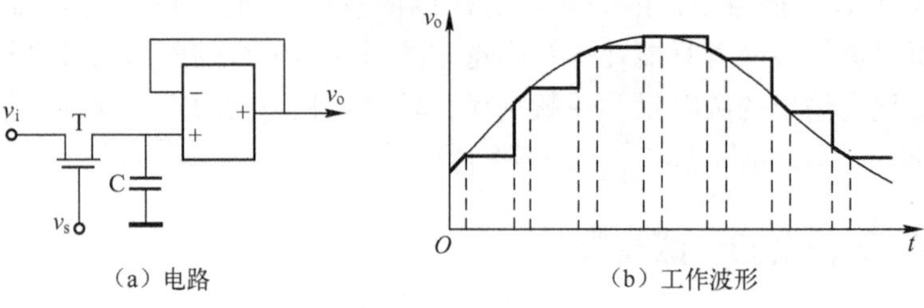

（a）电路　　（b）工作波形

图 6.2.2　基本取样—保持电路

在图 6.2.2（a）中，利用场效应管作为模拟开关。在取样脉冲信号 v_s 到来的高电平持续时间 τ 内，开关接通，输入模拟信号 v_i 向电容 C 充电，由于 C 值很小，电容 C 的充电时间常数 t_C 远小于 τ，因此电容 C 上的电压在时间 τ 内跟随 v_i 变化。取样结束，脉冲信号 v_s 为低电平时，开关断开，因运算放大器的输入阻抗很高，可认为开路，电容没有放电回路，所以电容 C 上电压可保持到下一个取样脉冲到来为止。运算放大器构成电压跟随器，具有缓冲作用，以减小负载对保持电容的影响。在输入一连串取样脉冲后，输出电压 v_o 波形如图 6.2.2（b）所示。

2. 量化和编码

输入的模拟信号经取样—保持电路后，得到的是模拟信号的阶梯形取样脉冲，它们是连续模拟信号在给定时刻上的瞬时值，是离散的模拟量，还不是数字量，必须进一步将离散的模拟量转换成与它的幅度成正比的数字量，才完成模拟量到数字量的转换。

为了使采样得到的离散的模拟量与 n 位二进制码的 2^n 个数字量一一对应，必须将采样后离散的模拟量归并到 2^n 个离散电平中的某一个电平上，这样的一个过程称为量化。量化后的值再按数制要求进行编码，以作为转换完成后输出的数字代码。

数字信号具有在时间上离散和幅度上断续变化的特点。这就是说，在进行 A/D 转换时，任何一个被采样的模拟量只能表示成某个规定最小数量单位的整数倍，所取的最小数量单位称为量化单位，用 Δ 表示。若数字信号最低有效位用 LSB 表示，1LSB 所代表的数量大小就等于 Δ，即模拟量量化后的一个最小分度值。把量化的结果用二进制码，或是其他数制的代码表示出来，称为编码。这些代码就是 A/D 转换的结果。

既然模拟电压是连续的，那么它就不一定是 Δ 的整数倍，在数值上只能取接近的整数倍，因而量化过程不可避免地会引入误差，这种误差称为量化误差 δ。将模拟电压信号划分为不同的量化等级时通常有两种方法：只舍不入法和四舍五入法。只舍不入法量化误差比较大，为了减小量化误差，A/D 转换器通常采用的都是四舍五入量化方法。

例如，要将 0 ～ 1V 的模拟电压转换成 3 位二进制码时，取量化单位 $\Delta = (2/15)\,\text{V}$，凡数值在 0 ～ 1/15V 之间的模拟电压都当为 0Δ，并用二进制码 000 表示；数值在 1/15 ～ 3/15V 之间的模拟电压都当为 1Δ，并用二进制码 001 表示；依次类推。具体量化电平划分方法如图 6.2.3 所示。

输入电平 (V)	二进制编码	代表的模拟电平
1 ～ 13/15	111	7Δ=14/15V
13/15 ～ 11/15	110	6Δ=12/15V
11/15 ～ 9/15	101	5Δ=10/15V
9/15 ～ 7/15	100	4Δ=8/15V
7/15 ～ 5/15	011	3Δ=6/15V
5/15 ～ 3/15	010	2Δ=4/15V
3/15 ～ 1/15	001	1Δ=2/15V
1/15 ～ 0	000	0Δ=0V

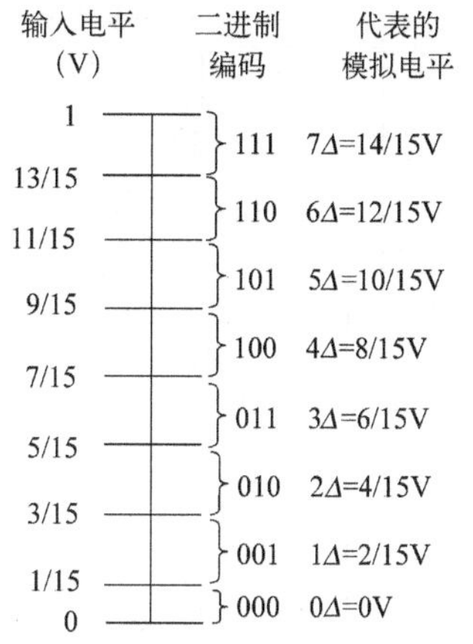

图 6.2.3　量化电平的划分

显然，无论如何划分量化电平，量化误差都不可避免，量化分级越多（即 A/D 转换器的位数越多），量化误差就越小，但同时电路也更复杂。在实际应用中，并不是量化级分得越多越好，而是根据实际要求，应根据要求合理选择 A/D 转换器的位数。

6.2.2　并联比较型 A/D 转换器

A/D 转换器的种类很多，从转换过程来看，可分为并联比较型 A/D 转换器、逐次逼近型 A/D 转换器和双积分型 A/D 转换器等。

如图 6.2.4 所示为 3 位并联比较型 A/D 转换器。它由基准电压 V_{REF}、电阻分压器、电压比较器、寄存器和代码转换器等组成。其中，电阻分压器把基准电压 V_{REF} 按照图 6.2.3 所示的方法进行量化电平划分，各个不同等级的量化电平分别加在相应电压比较器的反相输入端作为参考电压，输入模拟电压 v_i 同时加到各个电压比较器的同相输入端。各个电压比较器将输入电压 v_i 和各自的参考电压比较后，输出不同状态的数字信号。它们经寄存器送到代码转换器，完成二进制编码，输出 3 位二进制代码，从而实现了模拟量到数字量的转换。寄存器状态、输出数字量与输入模拟电压 v_i 的对应关系如表 6.2.1 所示。

表 6.2.1　3 位并联比较型 A/D 转换器真值表

输入模拟电压 v_i	寄存器状态							代码输出		
	Q_7	Q_6	Q_5	Q_4	Q_3	Q_2	Q_1	D_3	D_2	D_1
$0 < v_i \leqslant (1/15)V_{REF}$	0	0	0	0	0	0	0	0	0	0
$(1/15)V_{REF} < v_1 \leqslant (3/15)V_{REF}$	0	0	0	0	0	0	1	0	0	1
$(3/15)V_{REF} < v_i \leqslant (5/15)V_{REF}$	0	0	0	0	0	1	1	0	1	0
$(5/15)V_{REF} < v_i \leqslant (7/15)V_{REF}$	0	0	0	0	1	1	1	0	1	1
$(7/15)V_{REF} < v_i \leqslant (9/15)V_{REF}$	0	0	0	1	1	1	1	1	0	0
$(9/15)V_{REF} < v_i \leqslant (11/15)V_{REF}$	0	0	1	1	1	1	1	1	0	1
$(11/15)V_{REF} < v_i \leqslant (13/15)V_{REF}$	0	1	1	1	1	1	1	1	1	0
$(13/15)V_{REF} < v_i \leqslant V_{REF}$	1	1	1	1	1	1	1	1	1	1

【例 6.2.1】 3 位并行比较型 A/D 转换器如图 6.2.4 所示。基准电压 $V_{REF} = 5.0V$。

（1）该电路采用的是哪种量化方式？其量化误差为何值？

（2）该电路允许变换的电压最大值是多少？

（3）设输入电压 $v_i = 2.213V$，试问代码转换器（编码器）的相应输入数据 $Q_7Q_6Q_5Q_4Q_3Q_2Q_1$ 和输出数据 $d_2d_1d_0$ 各是多少？

解：（1）采用四舍五入的量化方式。$\Delta = 2/15V_{REF}/15 = 0.67V$。电路的最大量化误差不

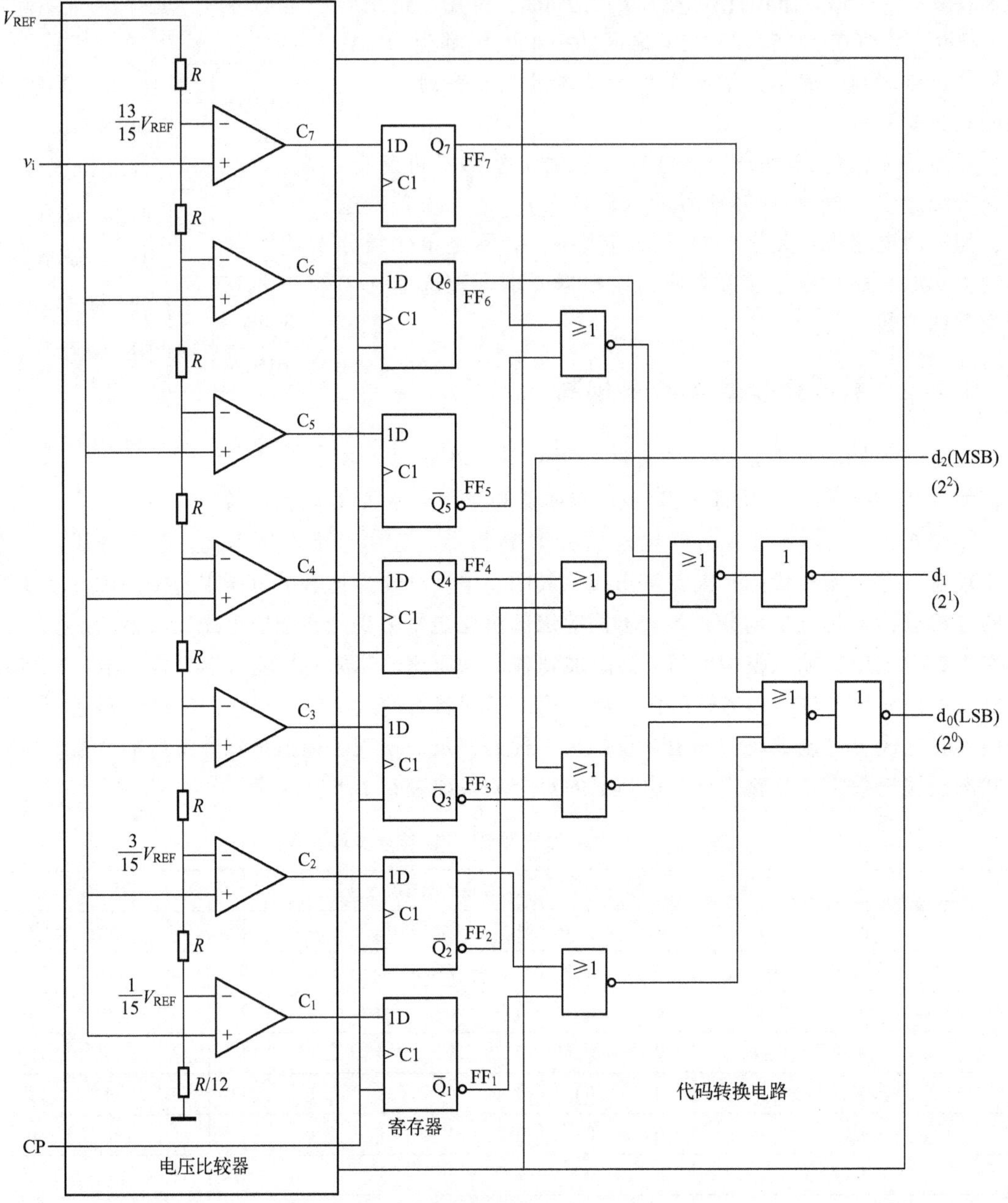

图 6.2.4　3 位并联比较型 A/D 转换器

大于 $\Delta/2 = 0.33\text{V}$。

（2）该电路允许变换的电压最大值：

$$v_{i(\max)} = \frac{14}{15}V_{REF} = 4.99\text{V}$$

（3）由于 $2.5/\Delta = 2.5/0.67 = 3.7 \approx 4$，即 $2.5 \approx 4\Delta$，因此当输入电压为 2.5V 时，代码转换器的输入数据 $Q_7Q_6Q_5Q_4Q_3Q_2Q_1 = 0001111$，输出数据 $d_2d_1d_0 = 100$。

6.2.3 A/D转换器的主要技术指标

1. 分辨率

A/D转换器的分辨率指A/D转换器对输入模拟信号的分辨能力，即A/D转换器输出数字量的最低位变化一个数码时，对应的输入模拟量的变化量。分辨率用公式表示为

$$分辨率=\frac{v_i}{2^n} \tag{6.2.1}$$

式中，v_i是输入的满量程模拟电压；n为A/D转换器的位数。

显然，A/D转换器的位数越多，可以分辨的最小模拟电压的值就越小，也就是说A/D转换器的分辨率就越高。

例如，当$n=8$，$v_i=5V$，A/D转换器的分辨率为

$$分辨率=\frac{5V}{2^8}=19.53mV$$

当$n=10$，$v_i=5V$，A/D转换器的分辨率为

$$分辨率=\frac{5V}{2^{10}}=4.88mV$$

由此可知，同样输入情况下，10位ADC的分辨率明显高于8位ADC的分辨率。

实际工作中经常用A/D转换器的位数n来表示A/D转换器的分辨率。和D/A转换器一样，A/D转换器的分辨率也是一个设计参数，不是测试参数。

2. 相对精度

相对精度是指A/D转换器实际输出数字量与理论输出数字量之间的最大差值。一般用最低有效位LSB的倍数来表示。如果相对精度不大于LSB的一半，就说明实际输出数字量与理论输出数字量的最大误差不超过LSB的一半。

工程上也用最大误差与输入模拟量满量程值之比来表示相对精度。例如，某A/D转换器的相对精度为±0.02%，则当输入满量程模拟电压10V时，其最大误差为±2mV。

3. 转换时间

转换时间，又称为转换速度，是指完成一次A/D转换所需的时间。转换时间是从模拟信号输入开始，到输出端得到稳定的数字信号所经历的时间。转换时间越短，说明转换速度越快。不同类型A/D转换器的转换速度相差很大，并联比较型A/D转换器的转换速度最快，约为几十纳秒；逐次逼近型转换速度次之，约为几十微秒；双积分型A/D转换器的转换速度最慢，约为几十至几百毫秒。

6.2.4 常用集成ADC及应用

常用的集成A/D转换器有CC14433（3位半双积分型）、CC7106（3位半双积分型）、ADC0804（8位逐次逼近型）、ADC0809（8位逐次逼近型）、AD9215（10位并联比较

型）等。

1. 8位集成A/D转换器ADC0809的电路结构

ADC0809是一个有8路模拟输入的8位逐次逼近型ADC。它采用CMOS工艺制成，有28只引脚，采用双列直插封装，其电路结构和引脚排列如图6.2.5所示。

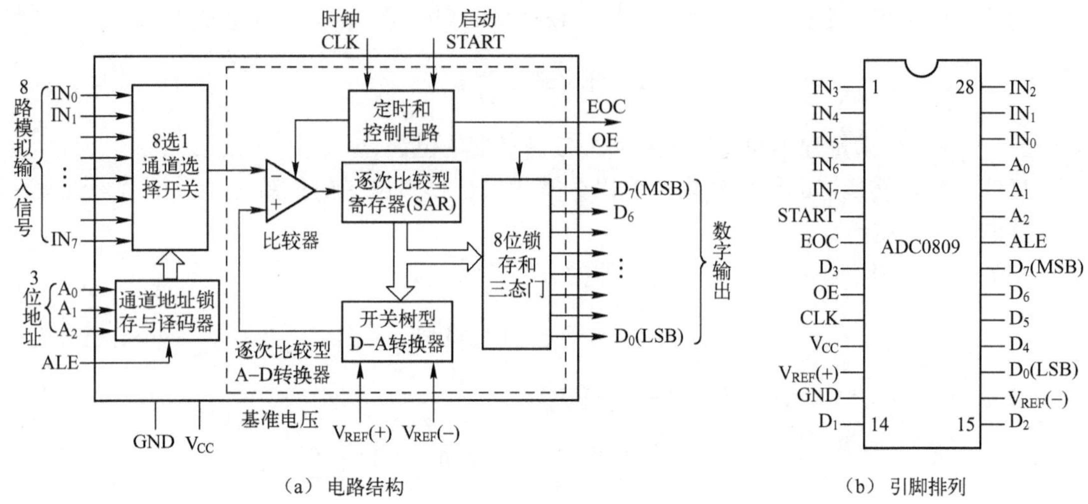

（a）电路结构　　（b）引脚排列

图6.2.5　ADC0809电路结构和引脚排列

ADC0809由8通道多路模拟开关、地址锁存与译码器、8位逐次逼近型A/D转换器和三态输出锁存缓冲器构成。它的核心部分是8位逐次逼近型A/D转换器，由256个电阻组成的电阻阶梯、树状开关、比较器、逐次比较寄存器SAR及逻辑控制和时序电路等组成。ADC0809可以根据地址码锁存译码后的信号，只选通8路模拟输入信号中的一路进行A/D转换。

2. ADC0809的引脚功能

ADC0809各引脚功能如下。

IN_0～IN_7：8路模拟信号输入端。通过3个地址码$A_2A_1A_0$来选通一路。

A_2、A_1、A_0：地址选择端。A_2为高位、A_0为低位。地址信号和选中通道的对应关系如表6.2.2所示。

D_7～D_0：A/D转换后的数据输出端。为三态可控输出，可直接和微处理器数据线连接。

CLK：控制电路与时序电路的时钟脉冲输入端。一般为100kHz，最高允许值为640kHz。

START：A/D转换启动信号输入端，正脉冲有效。当要启动A/D转换时，在START端加一个正脉冲，该信号的上升沿使逐次比较寄存器清零，下降沿时开始进行A/D转换。

ALE：地址锁存允许信号端，高电平有效。当该信号有效时，才能将地址信号锁存，并经地址译码器选中对应的模拟通道。实际使用中，通常将ALE和START连在一起使用同一个脉冲信号，以便同时锁存通道地址和启动A/D转换。

OE：输出允许端，高电平有效。QE＝1时，三态输出锁存缓冲器打开，将转换结果送到数据输出端；OE =0 时，输出端为高阻态。

EOC：转换结束信号端，由 ADC 内部控制逻辑电路产生，高电平有效。当 EOC =0 时表示转换正在进行，当 EOC =1 表示转换已经结束。因此 EOC 可作为微机的中断请求信号或查询信号。显然只有当 EOC =1 以后，才可以让 OE 为高电平，这时读出的数据才是正确的转换结果。

$V_{REF}(+)$、$V_{REF}(-)$：正、负参考电压输入端，用于提供内部 DAC 电阻网络的基准电压。单极性输入时，$V_{REF}(+)$接 V_{DD}或 V_{CC}，$V_{REF}(-)$接 GND；双极性输入时，$V_{REF}(+)$、$V_{REF}(-)$分别接正、负极性的参考电压。

表 6.2.2　地址码和 8 路通道的对应关系

地址信号			选中通道	地址信号			选中通道
A_2	A_1	A_0		A_2	A_1	A_0	
0	0	0	IN_0	1	0	0	IN_4
0	0	1	IN_1	1	0	1	IN_5
0	1	0	IN_2	1	1	0	IN_6
0	1	1	IN_3	1	1	1	IN_7

3. ADC0809 的主要计数指标

ADC0809 的主要计数指标如下。

（1）分辨率：8 位。

（2）工作电压：+5 ～ +15V。

（3）时钟频率：100 ～ 640kHz。

（4）转换时间：100ms。

（5）转换误差：≤1/2LSB。

（6）模拟电压输入范围：0 ～ 5V。

（7）功耗：15mW。

4. ADC0809 的应用

ADC0809 广泛用于微机系统，可利用微机提供的 CP 脉冲接到 CLK 端，同时微机的输出信号对 ADC0809 的 START、ALE、A_2、A_1、A_0端进行控制，选中 IN_0～ IN_7中的某一个模拟输入通道，并对输入信号进行 A/D 转换，通过三态输出锁存缓冲器的 D_7～ D_0端输出转换后的数据。

ADC0809 也可单独使用。如图 6.2.6 所示为 ADC0809 应用于分时检测温度、湿度和压力的电路。电路中控制脉冲接 START 和 ALE，每来一个脉冲，上升沿 ADC 复位，对输入模拟电压信号取样，下降沿启动 A/D 转换。根据 $A_2A_1A_0$的地址译码信号，分时选通 D_0、D_1、D_2，分别对输入的模拟电压信号进行转换，将结果送到数字系统数据总线上。

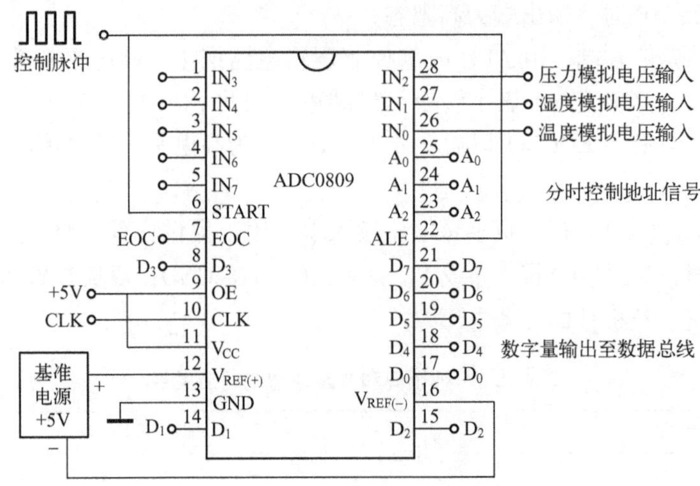

图 6.2.6 ADC0809 用于分时检测的电路

任务 6.3 技能训练：集成 DAC 和集成 ADC 的应用

1. 训练目的

(1) 理解 D/A 转换器和 A/D 转换器的电路结构和工作原理。
(2) 熟悉集成 D/A 转换器 DAC0832 的功能、使用方法和典型应用。
(3) 熟悉集成 A/D 转换器 ADC0809 的功能、使用方法和典型应用。

2. 设备和元器件

(1) 设备：数字电路实验箱、万用表、安装有 Multisim 软件的 PC。
(2) 集成电路：

8 位集成 D/A 转换器 DAC0832	1 片
8 位集成 A/D 转换器 ADC0809	1 片
集成运算放大器 μA741	1 片
开关二极管 3CK13	2 个
线性电位器 15kΩ	2 片
电阻 1kΩ	若干

3. 训练内容和步骤

1) 8 位集成 D/A 转换器 DAC0832 的应用

(1) 电路连接。8 位集成 D/A 转换器 DAC0832 内部采用倒 T 形电阻网络，它输出的是电流，使用时要外接运算放大器将电流转换为电压。如图 6.3.1 所示，将电路接成直通工作方式，即$\overline{CS}$、$\overline{WR_1}$、$\overline{WR_2}$、$\overline{XFER}$接地，ILE、V_{CC}、V_{REF}接 5V 电源，集成运放电源接 ±15V。

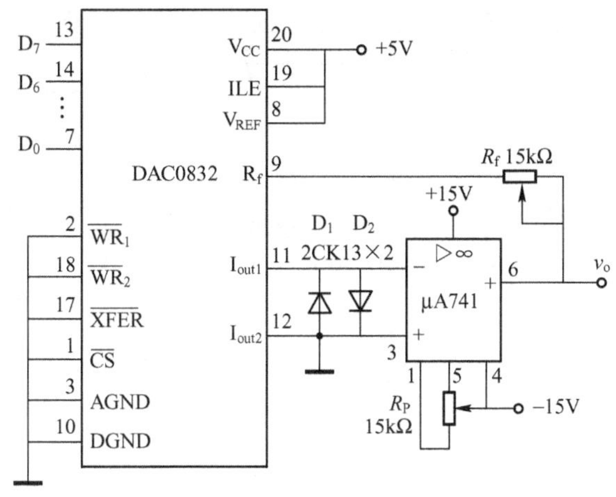

图 6.3.1 DAC0832 的应用电路

(2) 调零。将数字信号输入端 D_7～D_0全部置零，调节运算放大器的调零电位器 R_P，使输出电压 v_o为零。

(3) 按表 6.3.1 所示，在数字信号输入端 D_7～D_0分别置入相应的数字信号，用万用表测量集成运放 μA741 的输出电压 v_o，记录在表格中。

表 6.3.1 DAC0832 的数据测量

输入数字量								输出模拟电压/V	
D_7	D_6	D_5	D_4	D_3	D_2	D_1	D_0	测量值	理论值
0	0	0	0	0	0	0	0		
0	0	0	0	0	0	0	1		
0	0	0	0	0	0	1	0		
0	0	0	0	0	1	0	0		
0	0	0	0	1	0	0	0		
0	0	0	1	0	0	0	0		
0	0	1	0	0	0	0	0		
0	1	0	0	0	0	0	0		
1	0	0	0	0	0	0	0		
1	1	1	1	1	1	1	1		

2) 8 位集成 A/D 转换器 ADC0809 的应用

(1) 电路连接。ADC0809 是具有 8 路模拟输入的 8 位逐次逼近型 A/D 转换器。按图 6.3.2所示电路接线，8 路输入模拟信号 1.0 ～ 4.5V 由 +5V 电源经 10 个 1 kΩ 电阻组成的分压网络分压得到，A/D 转换结果 D_7～D_0接逻辑电平显示器输入插口输出显示，CP 时钟脉冲由计数脉冲源提供，取 f = 100kHz，输入通道地址选择信号 A_2、A_1、A_0接逻辑电平开关，启动信号 START 接单次脉冲信号源。

(2) 接通电源后，在启动端 START 加一个正脉冲，下降沿一到电路即开始 A/D 转换。

(3) 按表 6.3.2 的要求，观察、测量并记录 IN_0～$IN_7$8 路模拟信号的输入模拟电压值，

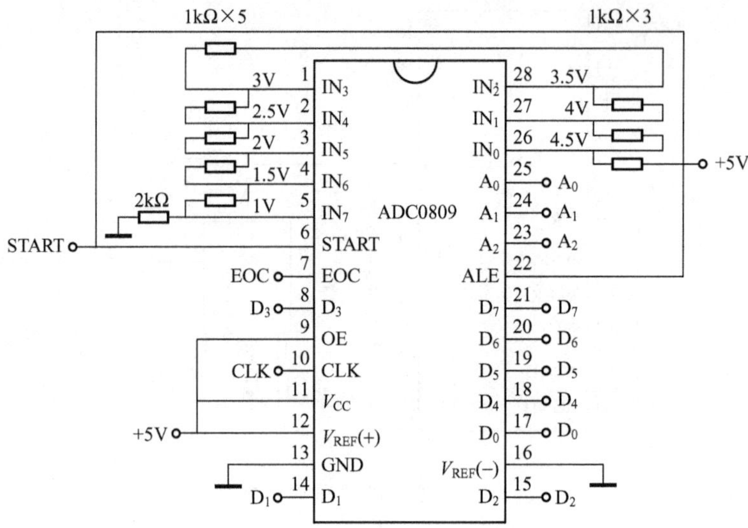

图 6.3.2　ADC0809 应用电路

ADC 转换结果，将结果换算成十进制数表示的电压值。

（4）分析讨论实验测量数据。8 位 8 通道逐次逼近型 A/D 转换器 ADC0809 的输出数字量 D_0（$D_7 \sim D_0$）与输入模拟量 V_I（$IN_7 \sim IN_0$）之间的转换关系为

$$D_0 = \frac{V_I}{V_{I(max)}} \times D_{max} = \frac{V_I}{V_{REF}} \times 255, 0 \leqslant V_I \leqslant V_{REF}$$

检查测量结果是否和理论计算结果相符，分析误差原因。

表 6.3.2　ADC0809 的数据测量

地址码 $A_2A_1A_0$	被选通道 IN	输入模拟电压 V_I(V)	输入电压测量值 V_I(V)	输出数字电压 D_0									
				测　量　值									理论值
				D_7	D_6	D_5	D_4	D_3	D_2	D_1	D_0	换算成十进制	
000	IN_0	4.5											
001	IN_1	4.0											
010	IN_2	3.5											
011	IN_3	3.0											
100	IN_4	2.5											
101	IN_5	2.0											
110	IN_6	1.5											
111	IN_7	1.0											

4. 训练总结

（1）整理表 6.3.1 和表 6.3.2 的实测数据和理论数据，分别绘制曲线做比较，分析误差产生的原因。

（2）总结 8 位集成 D/A 转换器 DAC0832 的功能和应用。

(3) 总结 8 位集成 A/D 转换器 ADC0809 的功能和应用。
(4) 说明训练出现的故障和排除方法。

任务 6.4　技能训练：直流数字电压表的设计

1. 训练目的

(1) 熟悉集成 A/D 转换器 MC14433 的功能、使用方法和典型应用。
(2) 掌握使用 MC14433 等元器件设计直流数字电压表的方法。
(3) 掌握典型电子产品设计、安装和调试的技能。

2. 设备和元器件

(1) 设备：数字电路实验箱、万用表、万能板等。
(2) 集成电路：

$3\frac{1}{2}$位双积分型 A/D 转换器 MC14433	1 片
基准电源 MC1403	1 片
七段锁存/译码/驱动器 CD4511	1 片
7 路达林顿驱动器阵列 MC1413	1 片
线性电位器 10kΩ	2 个
电阻 470kΩ、47kΩ、10kΩ、1kΩ、100Ω	若干
电容 0.1μF	若干

3. 训练内容和步骤

1) *直流数字电压表的电路设计*
(1) 电路结构。

直流数字电压表将被测模拟量转换为数字量，并进行实时数字显示。如图 6.4.1 所示为 3 位半直流数字电压表的电路结构框图。该系统采用 $3\frac{1}{2}$位双积分型 A/D 转换器 MC14433、7 路达林顿驱动器阵列 MC1413、七段 BCD 锁存/译码/驱动器 CD4511、共阴极 LED 发光数码管和能隙式精密基准电源 MC1403 组成。

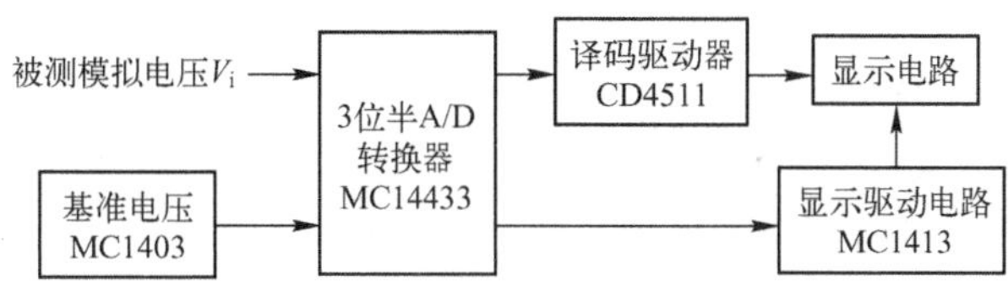

图 6.4.1　3 位半直流数字电压表的电路结构框图

该电路各部分的功能如下。

$3\frac{1}{2}$位双积分型 A/D 转换器 MC14433：将输入的模拟信号转换成数字信号。

能隙式精密基准电源 MC1403：提供精密电压，供 A/D 转换器作参考电压。

七段 BCD 锁存/译码/驱动器 CD4511：将二—十进制 BCD 码转换成七段信号，驱动显示器的 a ~ g 七段发光管，使显示器发光显示数码。

达林顿驱动器阵列 MC1413：将 A/D 转换器输出的位选通信号 DS_4 ~ DS_1 经 MC1413 缓冲后驱动各位数码管的阴极。

共阴极 LED 发光数码管：将译码器输出的七段信号进行数字显示，读出 A/D 转换结果。

（2）电路的工作过程。

基准电源 MC1403 的输出接 A/D 转换器 MC14433 的 V_{REF} 输入端，为 MC14433 提供精准的参考电压。被测输入电压 V_X 经 MC14433 进行 A/D 转换，转换后的数字信号采用多路调制方式输出 BCD 码，经译码后送给 4 个 LED 七段数码管。4 个数码管 a ~ g 段分别并联在一起，达林顿驱动器阵列 MC1413 的 4 个输出端 O_1 ~ O_4 分别接 4 个数码管的阴极，为数码管提供导电通路。MC1413 接收 A/D 转换器 MC14433 输出的位选通信号 DS4 ~ DS1，使 O_1 ~ O_4 轮流为低电平，从而控制千位、百位、十位和个位 4 个数码管轮流工作，实现扫描显示。由于选通的重复频率较高，一个 4 位数的显示周期仅为 1.2ms，因此可以看到 4 个数码管“同时”显示 3 位半十进制数码。

（3）主要元器件。

2）$3\frac{1}{2}$位双积分型 A/D 转换器 MC14433

MC14433 是 Motorola 公司推出的 $3\frac{1}{2}$位 CMOS 双积分型 A/D 转换器（3 位是指个位、十位、百位的输出数字范围均为 0 ~ 9，而半位是指千位数只有 0 和 1 两个状态）。其内部结构和引脚排列如图 6.4.2 所示。MC14433 内部集成了双积分式 A/D 转换器的 CMOS 模拟电路和控制部分的数字电路，使用时只要外接少量的电阻、电容元件，即可构成一个完整的 A/D 转换器，具有外接元件少、输入阻抗高、功耗低、电源电压范围宽、精度高等特点，并且具有自动校零和自动极性转换功能。因此，MC14433 广泛应用于数字万用表，数字温度计等各类数字化仪表及计算机数据采集系统的 A/D 转换接口中。

MC14433 的主要功能特性如下。

精度：读数的 ±0.05% V。

模拟电压输入量程：1.999V 和 199.9mV 两挡。

转换速率：2 ~ 25 次/s。

输入阻抗：大于 1000MΩ。

功耗：8mW（±5V 电源电压时，典型值）。

MC14433 采用 24 脚双列直插式封装，各引脚功能说明如下。

1 脚：V_{AG}，模拟地，是高阻输入端，作为输入被测电压 V_X 和基准电压 V_{REF} 的参考点地。

2 脚：V_{REF}，外接基准电压输入端。若 $V_{REF}=2V$，量程为 1.999V；若 $V_{REF}=200mV$，量程为 199.9mV。

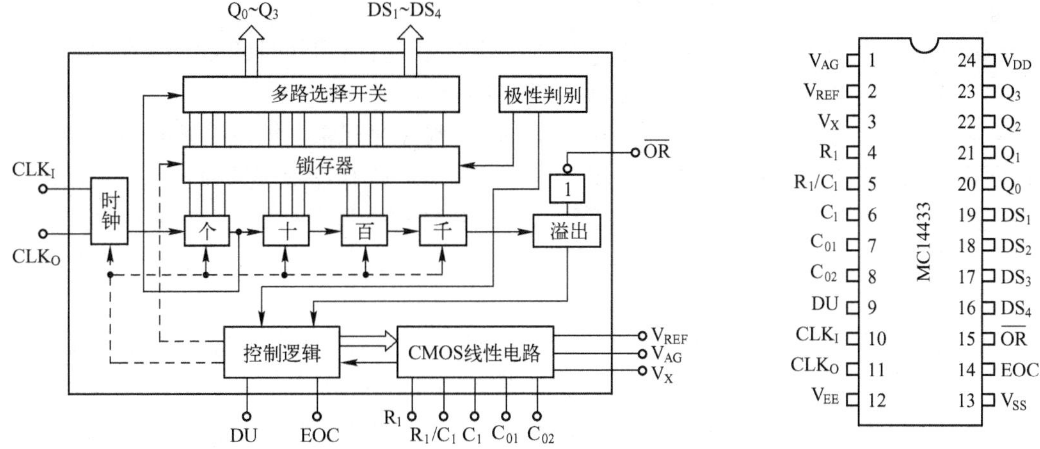

图 6.4.2　MC14433 的内部结构框图和引脚排列

3 脚：V_X，是被测电压输入端。

4 脚：R_1，外接积分电阻端。当量程为 2V 时，外接电阻取 470kΩ；当量程为 200mV 时，外接电阻取 47kΩ；

5 脚：R_1/C_1，外接积分元件电阻和电容的公共连接端。

6 脚：C_1，外接积分电容端，积分波形由该端输出，一般取 0.1μF。

7 和 8 脚：C_{01} 和 C_{02}，外接失调补偿电容端。推荐外接失调补偿电容取 0.1μF。

9 脚：DU，实时输出控制端，主要控制转换结果的输出。若在双积分放电周期即阶段 5 开始前，在 DU 端输入一个正脉冲，则该周期转换结果将被送入输出锁存器并经多路开关输出，否则输出端继续输出锁存器中原来的转换结果。若该端通过一个电阻和 EOC 短接，则每次转换的结果都将被输出。

10 脚：CP_I（CLK_I），时钟信号输入端。在 CP_I 与 CP_O 之间外接电阻 $R_{CX}=470\text{k}\Omega$，CC14433 可自行产生时钟。若外加时钟，则从 CP_I 输入。

11 脚：CP_O（CLK_O），时钟信号输出端。

12 脚：V_{EE}，负电源端。模拟电路部分的负电源，一般取 -5V。

13 脚：V_{SS}，数字地端。数字电路部分的低电平基准，通常与 1 脚模拟地连接。

14 脚：EOC，转换周期结束标志输出端。每一个 A/D 转换周期结束，EOC 端输出一个正脉冲，脉冲宽度为时钟信号周期的 1/2。

15 脚：$\overline{OR}$，过量程标志输出端，低电平有效。当 $|V_X|>V_{REF}$ 时，$\overline{OR}$ 输出低电平，正常量程 $\overline{OR}$ 为高电平。

16 ～ 19 脚：对应为 DS_4 ～ DS_1，分别是多路调制选通脉冲信号个位、十位、百位和千位输出端，当 DS 端输出高电平时，表示此刻 Q_0 ～ Q_3 输出的 BCD 代码是该对应位上的数据。

20 ～ 23 脚：对应为 Q_0 ～ Q_3，分别是 A/D 转换结果数据输出 BCD 代码的最低位（LSB）、次低位、次高位和最高位输出端。

24 脚：V_{DD}，整个电路的正电源端。工作电压范围为 4.5 ～ 8V 或 9 ～ 16V。

② 七段锁存/译码/驱动器 CD4511。

CD4511 是用于将二—十进制代码（BCD）转换成七段显示信号的 CMOS 专用标准译码器，它由 4 位锁存器、七段译码电路和驱动器三部分组成。

4 位锁存器的功能是将输入的 A、B、C 和 D 代码寄存起来。该电路具有锁存功能，在锁存允许端 LE 控制下起锁存数据的作用。当 LE =0 时，锁存器处于选通状态，输出即为输入的代码；当 LE =1 时，锁存器处于锁存状态，4 位锁存器封锁输入，此时它的输出为前一次 LE =0 时输入的 BCD 码。可见利用 LE 端的控制作用可以将某一时刻的输入 BCD 代码寄存下来，使输出不再随输入变化。

七段译码电路将来自 4 位锁存器输出的 BCD 代码译成七段显示码输出，MC4511 中的七段译码器有两个控制端 LT 和 BI。LT 是灯测试端，当 LT =0 时，七段译码器输出全 1，发光数码管各段全亮显示；当 LT =1 时，译码器输出状态由 BI 端控制。BI 是消隐端，当 BI =0 时，控制译码器为全 0 输出，发光数码管各段熄灭。BI =1 时，译码器正常输出，发光数码管正常显示。LT 和 BI 两个控制端配合使用，可使译码器完成显示上的一些特殊功能。

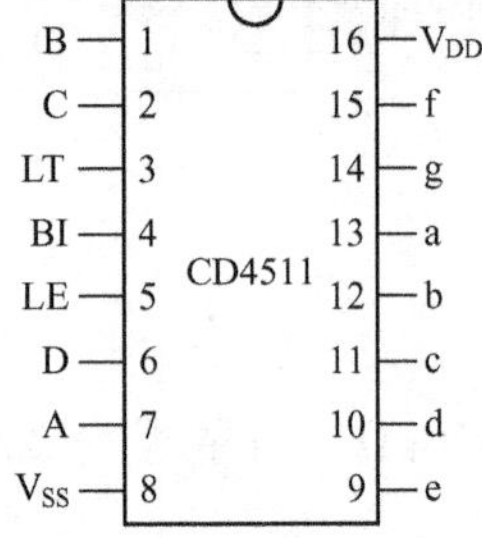

图 6.4.3　CD4511 引脚排列

CD4511 的驱动器为利用内部设置的 NPN 管构成的射极输出器，加强驱动能力，使译码器输出驱动电流可达 20mA。

CD4511 电源电压 V_{DD} 的范围为 5 ～ 15V，可与 NMOS 电路或 TTL 电路兼容工作。CD4511 采用 16 脚双列直插式封装，引脚排列如图 6.4.3 所示，功能表如表 6.4.1 所示。

表 6.4.1　七段锁存/译码/驱动器 CD4511 的功能表

输入							输出							
LE	BI	LT	D	C	B	A	a	b	c	d	e	f	g	显示
×	×	0	×	×	×	×	1	1	1	1	1	1	1	8
×	0	1	×	×	×	×	0	0	0	0	0	0	0	消隐
0	1	1	0	0	0	0	1	1	1	1	1	1	0	0
0	1	1	0	0	0	1	0	1	1	0	0	0	0	1
0	1	1	0	0	1	0	1	1	0	1	1	0	1	2
0	1	1	0	0	1	1	1	1	1	1	0	0	1	3
0	1	1	0	1	0	0	0	1	1	0	0	1	1	4
0	1	1	0	1	0	1	1	0	1	1	0	1	1	5
0	1	1	0	1	1	0	0	0	1	1	1	1	1	6
0	1	1	0	1	1	1	1	1	1	0	0	0	0	7
0	1	1	1	0	0	0	1	1	1	1	1	1	1	8
0	1	1	1	0	0	1	1	1	1	0	0	1	1	9
0	1	1	A～F				0	0	0	0	0	0	0	消隐
0	1	1	×	×	×	×	输出及显示取决于锁存前的数据							

③ 7 路达林顿驱动器阵列 MC1413。

MC1413 采用 NPN 达林顿复合晶体管的结构，因此具有很高的电流增益和很高的输入阻抗，可直接接收 MOS 或 CMOS 集成电路的输出信号，并把电压信号转换成足够大的电流信号驱动各种负载。该电路内含有 7 个集电极开路反相器，每一驱动器输出端均接有一释放电感负载能量的续流二极管。MC1413 采用 16 脚双列直插式封装，其电路结构和引脚排列如图 6.4.4 所示。

④ 基准电源 MC1403。

MC1403 是 Motorola 公司生产的高精度低漂移能隙式基准电源。当输入电压在 4.5 ~ 15V范围内变化时，MC1403 输出电压为 2.5V，变化不超过 3mV。MC1403 的输出电压的温度系数为零，即输出电压与温度无关。MC1403 用 8 脚双列直插式封装，如图 6.4.5 所示。

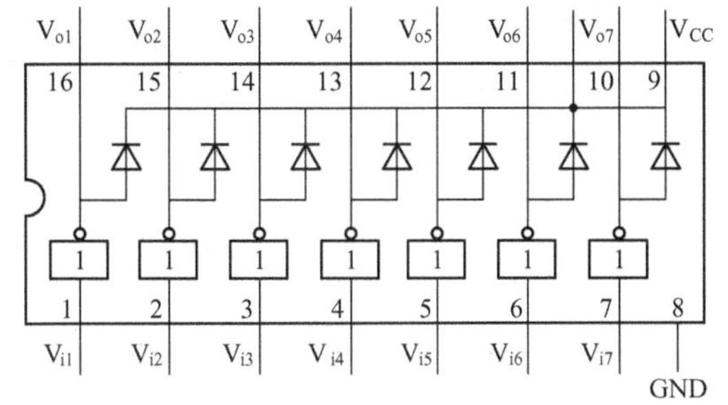

图 6.4.4 MC1413 的电路结构和引脚排列

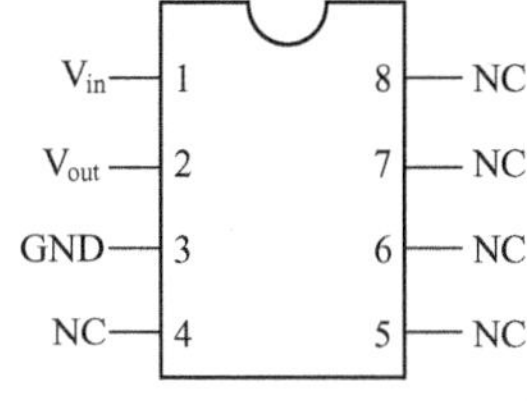

图 6.4.5 MC1403 引脚排列

(4) 电路原理图。

用 MC14433 等元器件设计的直流数字电压表的电路原理图如图 6.4.6 所示。

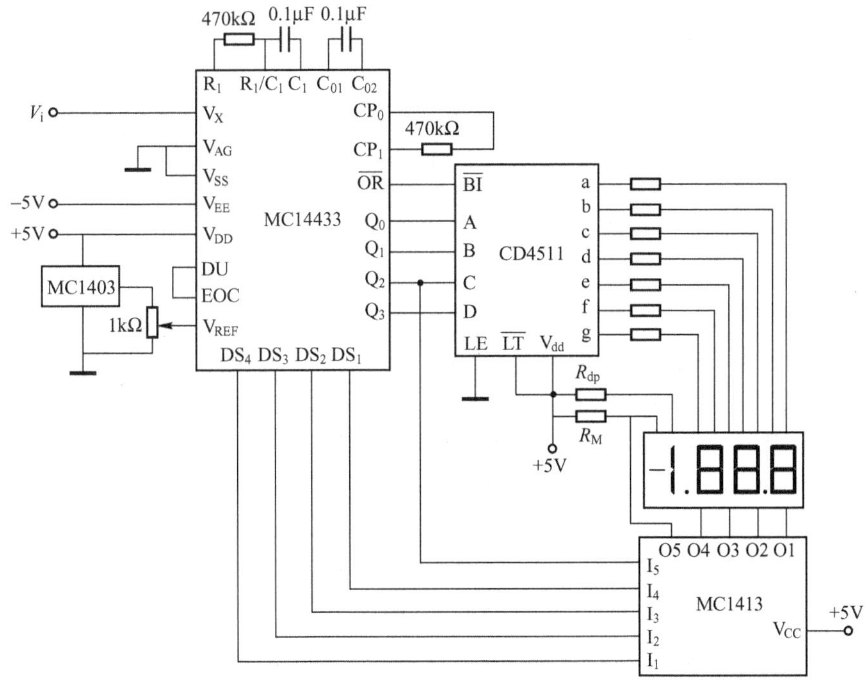

图 6.4.6 直流数字电压表的电路原理图

2）直流数字电压表的安装与调试

（1）根据图6.4.6的电路原理图，自行绘制直流数字电压表的安装布线图。

（2）将元器件进行检测，排查不合格产品。按照布线图将元器件安装在万能板上，连接导线，焊接好电路。

（3）电路调试。

① 基准电源的调试。用万用表检查MC1403的2脚输出是否为2.5V，然后调整10kΩ电位器，使其输出电压为2.0V。

② 检查自动调零功能。将输入端V_X接地，LED数码管应显示0000，如果不是，应检测电源的正负电压。

③ 调整线性度误差。用电阻、电位器构成一个简单的输入电压V_X调节电路，调节电位器，输出数码将相应变化。调节电位器，用数字万用表测量输入电压V_X，使$V_X=1.000V$，这时4位LED数码管的指示值不一定是1.000，应调整基准电源电压V_{REF}，使指示值和标准值的误差不大于5LSB。

④ 检查自动极性转换功能。改变输入电压V_X的极性，使$V_X=-1.000V$，观察数码管的"－"是否显示。同上法校正电路。

⑤ 检查超量程溢出功能。调节V_X值，当V_X为2V，或$|V_X|>V_{REF}$时，观察LED数码管的显示情况，此时$\overline{OR}$端应为低电平。

至此，一个测量范围在±1.999V的3位半直流数字电压表调试完成。

4. 训练总结

（1）简述3位半直流数字电压表的电路构成。

（2）简述3位半直流数字电压表中核心元器件$3\frac{1}{2}$位双积分型A/D转换器MC14433、7路达林顿驱动器阵列MC1413、七段BCD锁存/译码/驱动器CD4511和能隙式精密基准电源MC1403的功能作用。

（3）撰写训练总结，包括电路设计思路、功能要求、电路原理图与工作过程分析、电路布线图、制作完成情况、调试方法、存在问题与解决方法等。

项目小结

（1）D/A转换器根据工作原理可分为权电阻网络D/A转换器、$R-2R$ T形和倒T形电阻网络D/A转换等。由于$R-2R$倒T形电阻网络D/A转换器转换速度快、性能好，且只要求两种阻值的电阻，适合于集成工艺制造，因此在集成D/A转换器中得到了广泛的应用。

（2）D/A转换器的主要技术指标有分辨率、转换精度和转换速度等。D/A转换器的分辨率和转换精度均与转换器的位数有关，位数越多，分辨率和转换精度越高。

（3）A/D转换要经过取样—保持、量化与编码几个步骤来实现。取样—保持电路对输入模拟信号进行周期性地抽取样值，并保持。在对模拟信号取样时，必须满足取样定理，即取样频率f_S应不小于输入模拟信号最高频率分量f_{max}的两倍，即$f_S \geq 2f_{max}$，才能不失真地用取样后的输出信号u_o来表示输入模拟信号u_i。量化是对样值脉冲进行分级，编码是将分级后的信号转换成二进制代码。量化必然存在误差，量化分级越多，量化误差就越小，同时

A/D 转换器的位数增多，电路也更复杂。

（4）A/D 转换器按工作原理可分为并联比较型 A/D 转换器、逐次逼近型 A/D 转换器和双积分型 A/D 转换器等。不同的 A/D 转换方式具有各自的特点。在要求速度高的情况下，可以采用并联比较 ADC，但受到位数的限制，精度不高；在低速时，可以采用双积分 ADC，它精度高且抗干扰能力强；逐次逼近 ADC 在一定程度上兼顾了以上两种转换器的优点，速度、精度和价格都比较适中，应用比较广泛。A/D 转换器的主要技术指标有分辨率、相对精度和转换时间等。

（5）常用的集成 ADC 和 DAC 种类很多，其发展趋势是高速度、高分辨率、易与计算机系统接口连接，以满足各个领域对信息处理的要求。

习题

一、填空题

1. 将数字量转换成模拟量的电路称为__________；将模拟量转换成数字量的电路称为__________。

2. 如果 D/A 转换器输入为 n 位二进制数 $D_{n-1}D_{n-2}\cdots D_1D_0$，$K_v$ 为其电压转换比例系数，则输出模拟电压为__________________。

3. 如 D/A 转换器的分辨率用最小输出电压 V_{LSB} 与最大输出电压 V_{FSR} 的比值来表示。则 8 位 D/A 转换器的分辨率为________________。

4. 已知 D/A 转换电路中，当输入数字量为 10000000 时，输出电压为 6.4V，则当输入为 01010000 时，其输出电压为__________。

5. A/D 转换器的转换过程通常包括________________________等几个步骤。

6. A/D 转换器采样过程中要满足采样定理，即______________________________。

7. 已知 A/D 转换器的分辨率为 8 位，其输入模拟电压范围为 0 ～ 5V，则当输出数字量为 10000001 时，对应的输入模拟电压为______________。

8. 就逐次逼近型和双积分型两种 A/D 转换器而言，______________的抗干扰能力强，________________的转换速度快。

9. D/A 转换器的分辨率越高，能够分辨________模拟量的能力越强；A/D 转换器的分辨率越高，能够分辨________模拟量的能力越强。

10. A/D 转换器将输入的________电压转换成与之成________的________量。D/A 转换器将输入的________转换成与之成________的________。

二、判断题

1. D/A 转换器的最大输出电压的绝对值可达到基准电压 V_{REF}。（　　）

2. D/A 转换器的位数越多，能够分辨的最小输出电压变化量就越小。（　　）

3. D/A 转换器的位数越多，转换精度越高。（　　）

4. 为保证 A/D 转换器的正常工作，输入的模拟电压最小值应大于基准电压 V_{REF}。（　　）

5. 在 A/D 转换中，基准电压 V_{REF} 的值必须大于或等于输入模拟电压的最大值。（　　）

6. A/D 转换过程中，通过提高信号的采样频率，可以适当减小量化误差。（ ）

7. A/D 转换器的量化级分得越多，量化误差就越小，输出二进制数的位数就越多。（ ）

8. 采样定理的规定是为了能够不失真地恢复原模拟信号，而又不使电路过于复杂。（ ）

9. 与并联比较型 A/D 转换器相比，双积分型 A/D 转换器的转换速度更快，精度更高。（ ）

10. 与双积分型 A/D 转换器相比，并联比较型 A/D 转换器精度较低，但速度更高。（ ）

三、选择题

1. 一个 8 位数字量输入的 DAC，其分辨率为（ ）位。

A. 1　　B. 3　　C. 4　　D. 8

2. 在 4 位倒 T 形电阻网络 DAC 中，权电阻网络的电阻取值有（ ）种。

A. 1　　B. 2　　C. 4　　D. 8

3. 为使采样输出信号不失真地代表输入模拟信号，采样频率 f_s 和输入模拟信号的最高频率 f_{Imax} 的关系是（ ）。

A. $f_s \geq f_{Imax}$　　B. $f_s \leq f_{Imax}$　　C. $f_s \geq 2f_{Imax}$　　D. $f_s \leq 2f_{Imax}$

4. 将一个时间上连续变化的模拟量转换为时间上断续（离散）的模拟量的过程称为（ ）。

A. 采样　　B. 量化　　C. 保持　　D. 编码

5. 将幅值上、时间上离散的阶梯电平统一归并到最邻近的指定电平的过程称为（ ）。

A. 采样　　B. 量化　　C. 保持　　D. 编码

6. 用二进制码表示指定离散电平的过程称为（ ）。

A. 采样　　B. 量化　　C. 保持　　D. 编码

7. 在 D/A 转换电路中，输出模拟电压与输入的数字量之间（ ）关系。

A. 成正比　　B. 成反比　　C. 无　　D. 不确定

8. 在 A/D 转换电路中，输出数字量与输入的模拟电压之间（ ）关系。

A. 成正比　　B. 成反比　　C. 无　　D. 不确定

9. 8 位 D/A 转换器当输入数字量只有最低位为 1 时，输出电压为 0.02V，若输入数字量只有最高位为 1 时，则输出电压为（ ）V。

A. 0.039　　B. 2.56　　C. 1.27　　D. 都不是

10. 如图 T6.1 所示为 $R-2R$ 网络型 D/A 转换器的转换公式为（ ）。

A. $v_o = -\dfrac{V_{REF}}{2^3}\sum_{i=0}^{3} D_i \times 2^i$　　B. $v_o = -\dfrac{2}{3}\dfrac{V_{REF}}{2^4}\sum_{i=0}^{3} D_i \times 2^i$

C. $v_o = -\dfrac{V_{REF}}{2^4}\sum_{i=0}^{3} D_i \times 2^i$　　D. $v_o = \dfrac{V_{REF}}{2^4}\sum_{i=0}^{3} D_i \times 2^i$

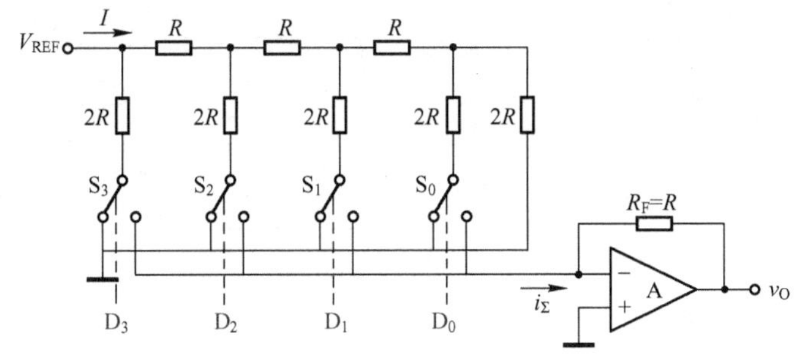

图 T6.1

四、综合分析题

1. 分析思考下列问题。

(1) A/D 和 D/A 转换器在微型电路系统中起什么作用?

(2) D/A 转换器的主要参数有哪几种? 反映了 D/A 转换器的什么性能?

(3) A/D 转换器的主要参数有哪几种? 反映了 A/D 转换器的什么性能?

(4) 试写出 A/D 转换器把模拟量信号转换为数字量信号的转换步骤。

(5) 常见的数模转换器有哪几种? 其各自的特点是什么?

(6) 集成 DAC0832 可工作在哪三种不同的工作模式?

(7) 集成 ADC0809 由哪些主要部分组成? 举例谈谈它的应用。

2. 10 位 $R-2R$ 网络型 D/A 转换器如图 T6.2 所示。

(1) 求输出电压的取值范围。

(2) 若要求输入数字量为 200H 时，输出电压 $v_O=5V$，试问 V_{REF}应取何值?

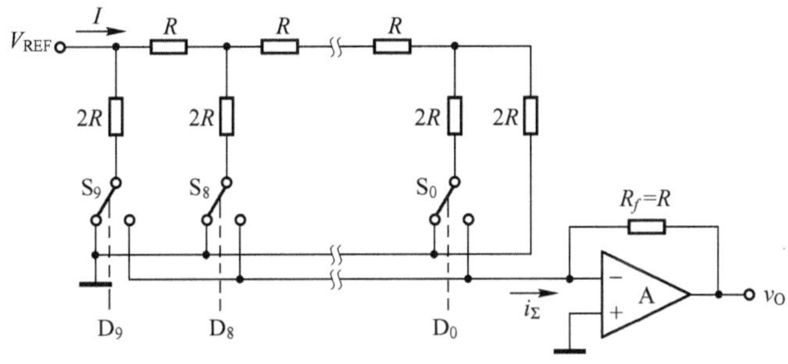

图 T6.2

3. 由 555 定时器、3 位二进制加计数器、理想运算放大器 A 构成如图 T6.3 所示电路。设计数器初始状态为 000，且输出低电平 $V_{OL}=0V$，输出高电平 $V_{OH}=3.2V$，R_d为异步清零端，高电平有效。

(1) 说明虚框①、②部分各构成什么功能电路?

(2) 虚框③构成几进制计器?

(3) 对应 CP 画出 v_O波形，并标出电压值。

4. 一个 6 位并行比较型 A/D 变换器，为量化 0 ～ 5V 电压，问量化值 Δ 应为多少? 共

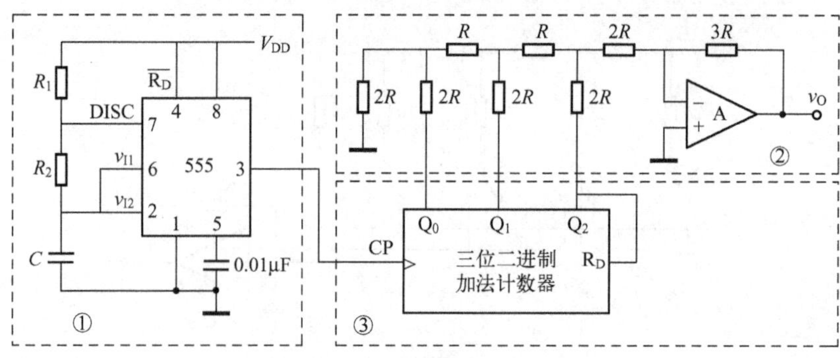

图 T6.3

需多少比较器？

5. 如图 T6.4（a）所示为一个4位逐次逼近型A/D转换器，其4位D/A输出波形 v_O 与输入电压 v_I 分别如图 T6.4（b）和（c）所示。试求转换结束时，图 T6.4（b）和（c）的输出数字量各为多少？

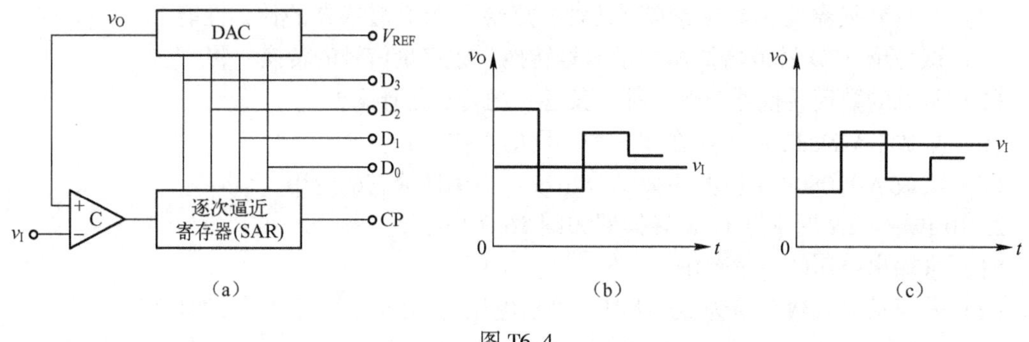

图 T6.4

附录　常用数字集成电路引脚排列图

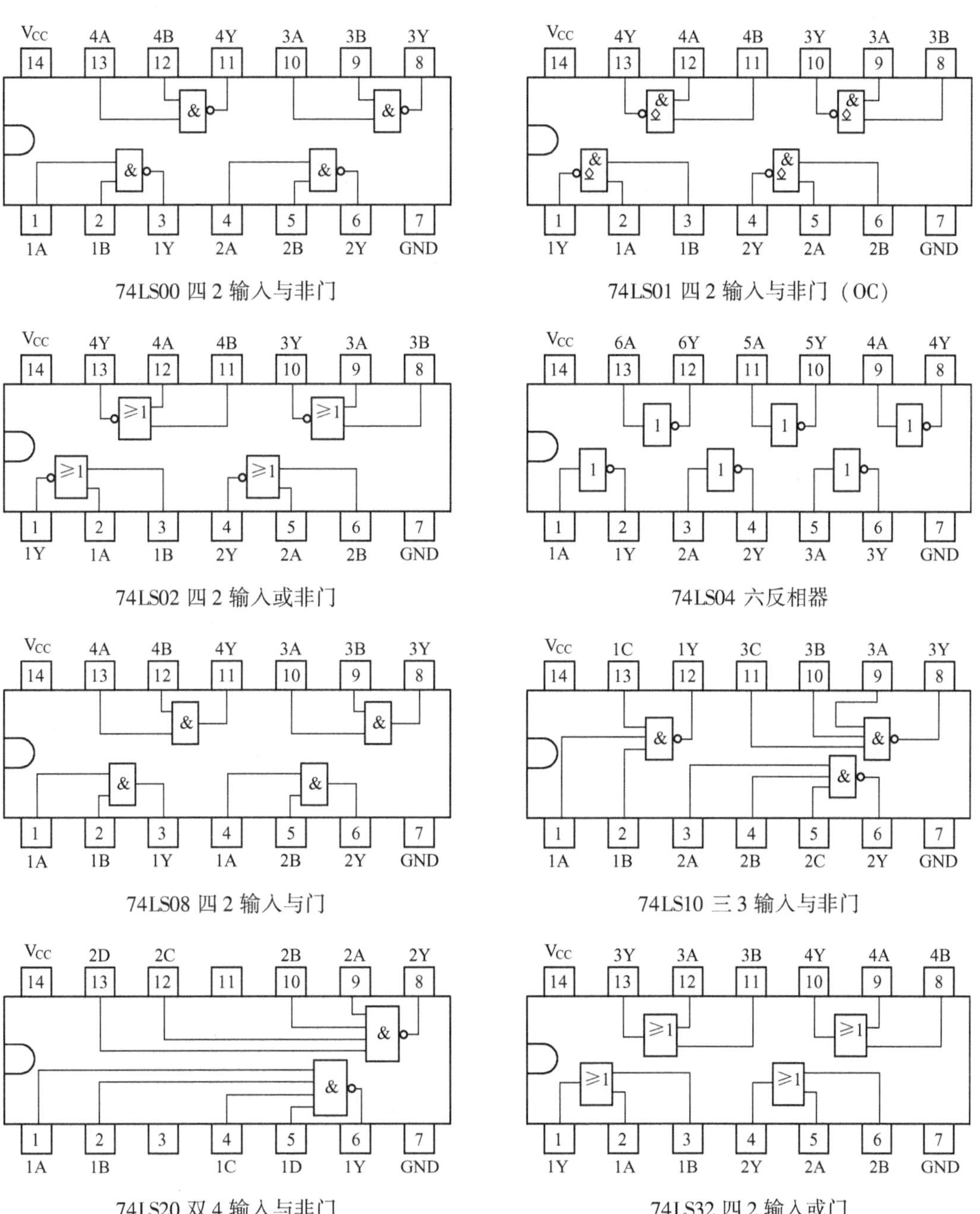

74LS00 四 2 输入与非门

74LS01 四 2 输入与非门（OC）

74LS02 四 2 输入或非门

74LS04 六反相器

74LS08 四 2 输入与门

74LS10 三 3 输入与非门

74LS20 双 4 输入与非门

74LS32 四 2 输入或门

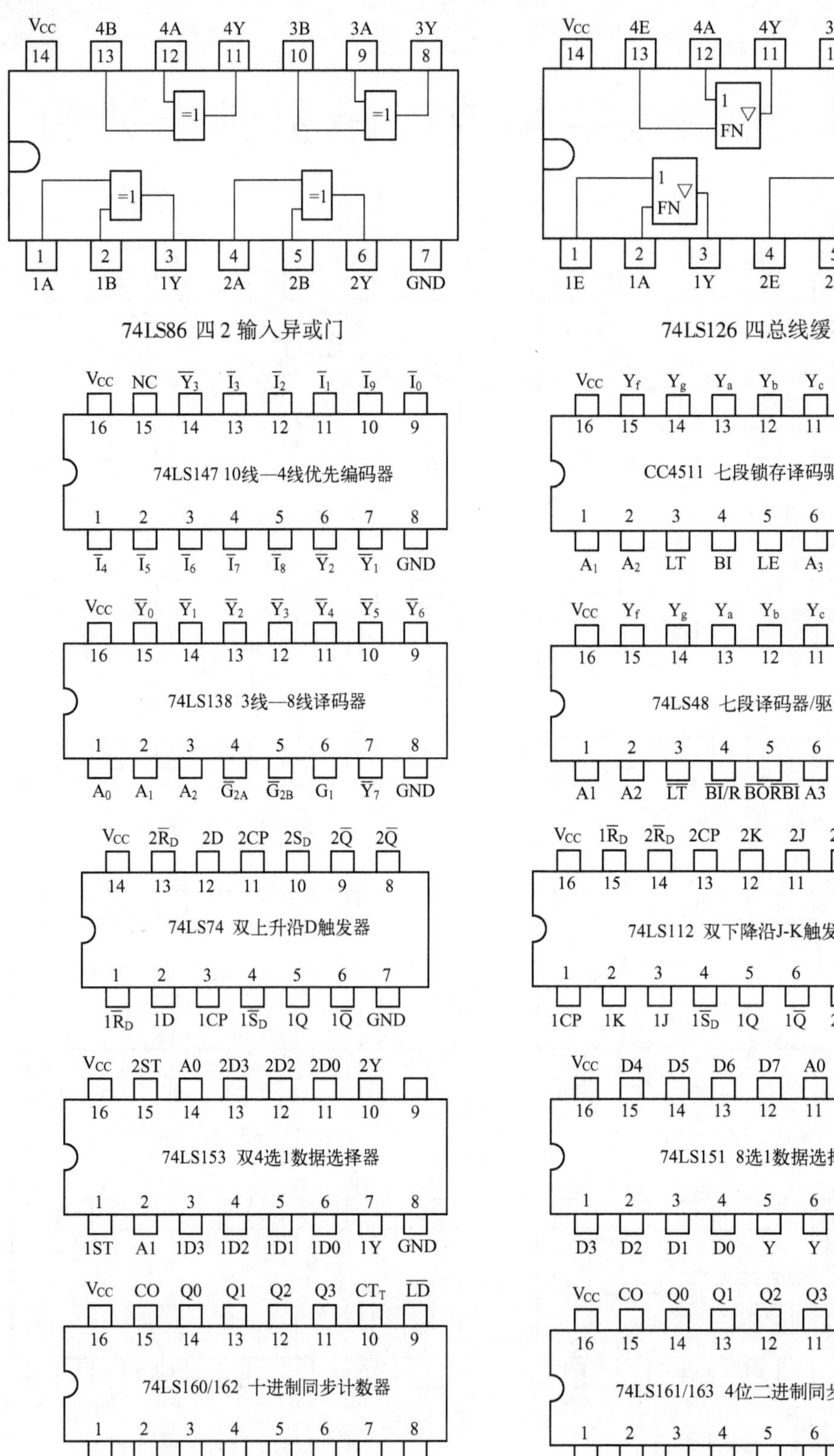

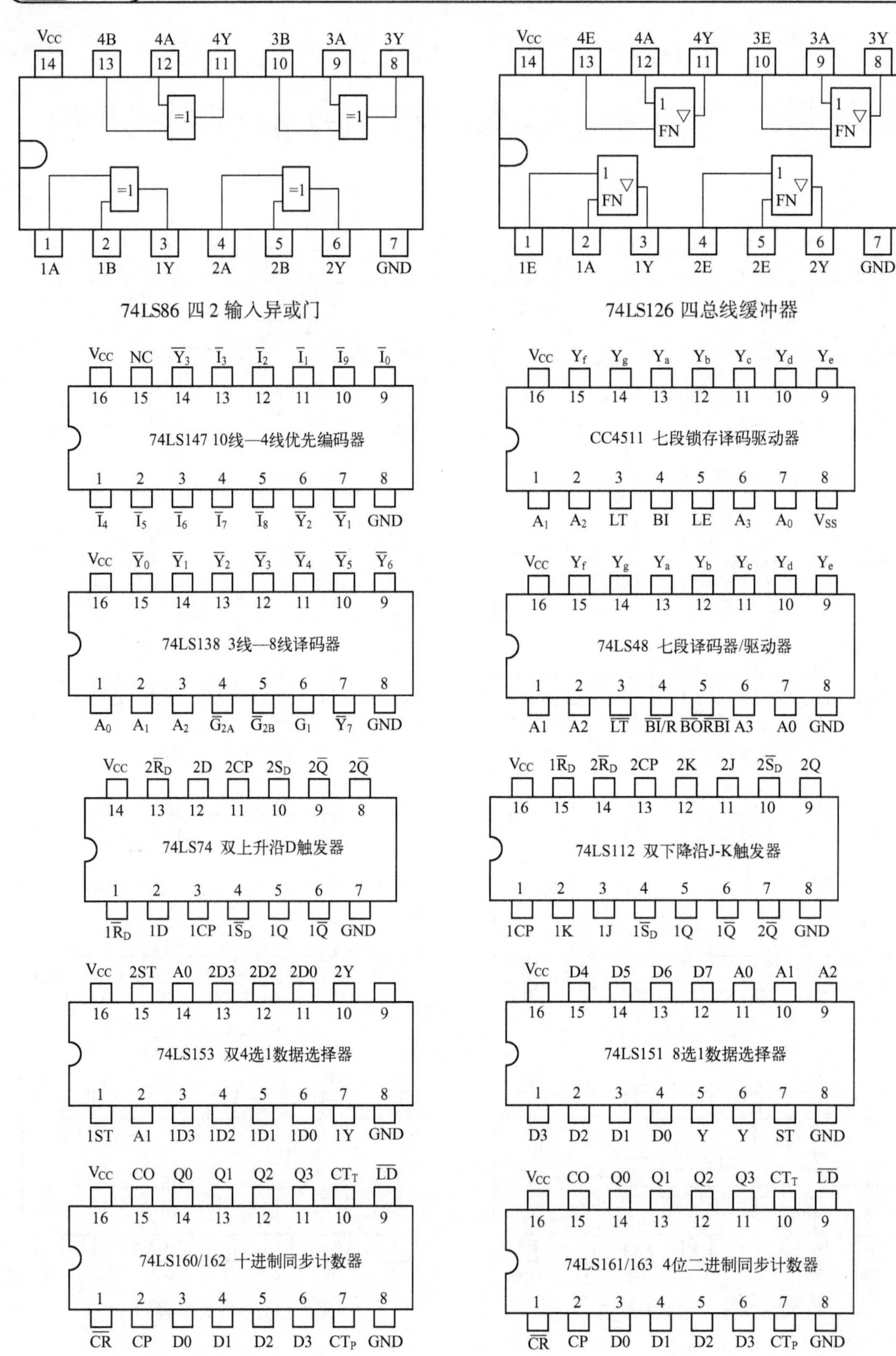

VCC 4B 4A 4Y 3B 3A 3Y
1A 1B 1Y 2A 2B 2Y GND
74LS86 四2输入异或门
VCC 4E 4A 4Y 3E 3A 3Y
1E 1A 1Y 2E 2E 2Y GND
74LS126 四总线缓冲器
74LS147 10线—4线优先编码器
CC4511 七段锁存译码驱动器
74LS138 3线—8线译码器
74LS48 七段译码器/驱动器
74LS74 双上升沿D触发器
74LS112 双下降沿J-K触发器
74LS153 双4选1数据选择器
74LS151 8选1数据选择器
74LS160/162 十进制同步计数器
74LS161/163 4位二进制同步计数器

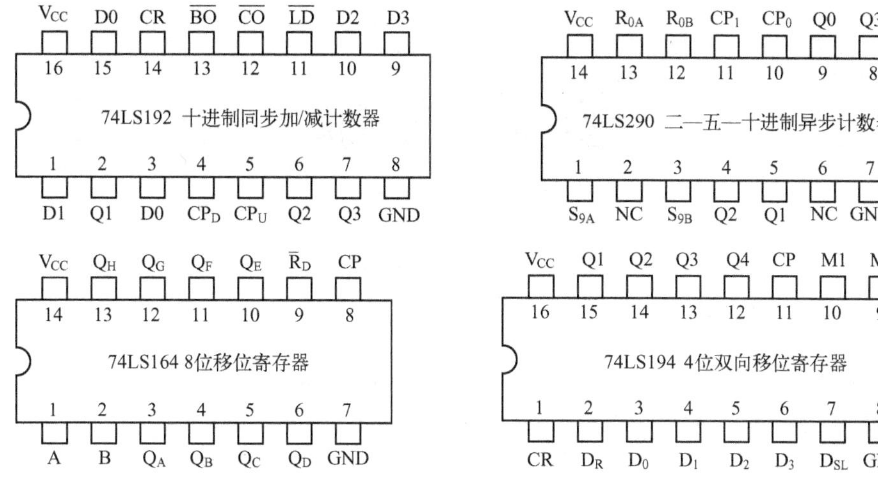

V_{CC} D0 CR $\overline{BO}$ $\overline{CO}$ $\overline{LD}$ D2 D3
16 15 14 13 12 11 10 9
74LS192 十进制同步加/减计数器
1 2 3 4 5 6 7 8
D1 Q1 D0 CP_D CP_U Q2 Q3 GND
V_{CC} R_{0A} R_{0B} CP_1 CP_0 Q0 Q3
14 13 12 11 10 9 8
74LS290 二—五—十进制异步计数器
1 2 3 4 5 6 7
S_{9A} NC S_{9B} Q2 Q1 NC GND
V_{CC} Q_H Q_G Q_F Q_E $\overline{R}_D$ CP
14 13 12 11 10 9 8
74LS164 8位移位寄存器
1 2 3 4 5 6 7
A B Q_A Q_B Q_C Q_D GND
V_{CC} Q1 Q2 Q3 Q4 CP M1 M2
16 15 14 13 12 11 10 9
74LS194 4位双向移位寄存器
1 2 3 4 5 6 7 8
CR D_R D_0 D_1 D_2 D_3 D_{SL} GND

参 考 文 献

[1] 杨志忠．数字电子技术［M］.4版．北京：高等教育出版社，2013.
[2] 余孟尝，清华大学电子学教研组．数字电子技术基础简明教程［M］.3版．北京：高等教育出版社，2006.
[3] 程勇．实例讲解Multisim 10电路仿真［M］．北京：人民邮电出版社，2010.
[4] 唐红．数字电子技术实训教程［M］．北京：化学工业出版社，2010.
[5] 阎石．数字电子技术基础教程［M］．北京：清华大学出版社，2007.
[6] 王连英．数字电子技术［M］．北京：高等教育出版社，2014.
[7] 李学明．数字电子技术仿真实验教程［M］．北京：清华大学出版社，2007.
[8] 江晓安，董秀峰，杨颂华．数字电子技术［M］.3版．西安：西安电子科技大学出版社，2012.
[9] Thomas L. Floyd，余璆．数字电子技术［M］.10版．北京：电子工业出版社，2011.
[10] 李忠国．数字电子技能实训［M］．北京：人民邮电出版社，2006.
[11] 拉贝尔，等．数字集成电路——电路、系统与设计［M］.2版．周润德，等译．北京：电子工业出版社，2010.
[12] 阎石，王红．数字电子技术基础（第五版）习题解答［M］．北京：高等教育出版社，2010.
[13] 华中科技大学电子技术课程组，康华光．电子技术基础：数字部分［M］.5版．北京：高等教育出版社，2006.
[14] 西安交通大学电子学教研组，张克农，宁改娣．数字电子技术基础［M］.2版．北京：高等教育出版社，2010.
[15] 赵负图．数字逻辑集成电路手册［M］．北京：化学工业出版社，2005.
[16] 瞿德福．实用数字电路手册（TTC CMOS）［M］．北京：中国标准出版社，2013.